细菌与古菌的多相分类

朱旭芬　方明旭　编著

科学出版社

北京

内 容 简 介

本书系统阐述了自然环境中新型细菌与古菌的分离、筛选、多相分类、命名与研究发表，包括 5 部分 41 个实验，既有微生物分离纯化、形态观察、生理生化特征及生态特征等基础性研究，又涵盖了基因型特征、化学特征和系统进化分类等综合性研究内容。每个实验均详细说明了所需要的实验试剂、仪器设备和操作过程，介绍了实验原理、提示与注意事项，并展示了一些实验结果的照片。书后还附有中英文名词和缩写。

本书可供微生物相关专业的学生及研究人员使用。

图书在版编目 (CIP) 数据

细菌与古菌的多相分类/朱旭芬，方明旭编著. —北京：科学出版社，2018.2
ISBN 978-7-03-055107-8

Ⅰ. ①细… Ⅱ.①朱… ②方… Ⅲ. ①微生物学–分子生物学–研究 Ⅳ.①Q93

中国版本图书馆 CIP 数据核字(2017)第 271230 号

责任编辑：王海光 王 好 / 责任校对：郑金红
责任印制：赵 博 / 封面设计：刘新新

科学出版社 出版
北京东黄城根北街 16 号
邮政编码：100717
http://www.sciencep.com
北京厚诚则铭印刷科技有限公司印刷
科学出版社发行 各地新华书店经销
*
2018 年 2 月第 一 版 开本：B5 (720×1000)
2019 年 1 月第二次印刷 印张：13
字数：300 000

定价：99.00 元
(如有印装质量问题，我社负责调换)

前　言

微生物个体微小，杂居混生，分布很广，但发现较晚，且由于研究手段的限制，加上鉴定工作及划分种的标准等问题复杂，估计已被研究和记载过的种类还不到总数的1%。因此，新型微生物的开发，包括分离、鉴定及应用的工作是大量且繁重的。

本书系统介绍了目前细菌与古菌分类中常用的多相分类研究，包括其形态特征、生长特征、生理生化特征、基因型特征与化学分类特征。总共包含了41个实验，按类归纳为5部分，每个实验均系统介绍了其原理、试剂、设备仪器和实验操作过程。此外，作者还依据多年研究工作的心得与体会总结了每个实验的提示与注意事项，并展示了部分实验结果的图片。本书的编写突出了当前微生物学及分子生物学研究领域中采用的新技术与新方法，可对科研人员的研究工作及学生的学习提供有益的帮助。

本书的出版得到了浙江大学生命科学学院教学经费的资助。在本书的编写过程中，我们参考了大量国内外微生物学实验技术方面的书籍和互联网资料，并引用了其中一些图片。贾小明老师提供了许多资料，研究生韩帅波、胡爽依及张冉做了大量的工作，在此一并表示衷心的感谢。

限于我们的学识水平，疏漏错误在所难免，敬请专家和同仁给予指导，热切欢迎读者提出宝贵意见。

朱旭芬

2017年夏于启真湖畔

目　　录

导　论

地球形成至今已有 46 亿年的历史，人们发现的微生物细胞在叠层石和沉积岩石中的化石遗骸为 36 亿～38 亿年。漫长的进化历史使微生物具备了近乎无限的代谢能力，似乎没有什么极端环境是其无法承受的。微生物个体微小，杂居混生，分布很广，自然界中除火山中心区域以外，在生物圈的每一个角落都有其踪迹。万米深的海底、千米以下的地层、几万米的高空，以及动植物的体表、体内，几乎都有微生物的存在。

土壤有“微生物大本营”的称号，是人类最丰富的“菌种资源库”。土壤中的微生物包含细菌、放线菌、真菌、藻类和原生动物等类群。其中细菌最多，占土壤微生物总量的 70%～90%，放线菌、真菌次之，藻类和原生动物等较少。

海洋被誉为“生命的摇篮”，覆盖了地表总面积的 70.8%，贡献了全球生物量的 95%。浩瀚的海洋拥有独特的生态环境，是生物多样性水平最高的生态系统。海洋平均深度为 4 km，含盐 3.2%～4%。其微生物总数估计有 10^{29} 个，所蕴藏的碳源高达 3×10^{17} g，承担了海洋初级生产活动的 98%，地球初级生产活动的 50%。海洋具有高盐、高压、低温、无太阳辐射及寡营养等特点，深海的大部分区域保持在 2～3℃，海水多为碱性（pH 8.3～8.5）。按每 10 m 水深增加 1 大气压（0.101 325 MPa）计算，在 11 000 m 的海洋深处，压力可以达到 100 MPa。据估计，浮游植物光合作用产生的 95%的有机质在海水表层 100～300 m 循环，仅有 1%的有机质可以到达深海底部。深海由于海底地质作用，形成了包括海底平原、海山、深海峡谷、热液口、冷渗口（cold seep）等复杂多样的特殊生境，蕴含丰富的能量和物质，加之季风洋流等影响，形成了形形色色的海底生态系统，孕育了各式各样的深海微生物群落，有“海底的生命绿洲”之称。

深海热液口（hydrothermal vent）是由于海洋板块漂移，海底地壳碰撞或断裂，海水浸入海底裂缝，同时受到地壳深处的地热加热，溶解地壳内的多种金属化合物，成为海底热液后从海底喷口喷发而出形成的柱状物。海底热液一般温度很高，达 300～400℃，pH 低，呈酸性，硫化物、甲烷、H_2、CO_2 浓度大，铁、锰、锌等金属元素含量高，但化学组分随地理位置及周围环境差异很大。在热液喷发地点，炽热而不含 O_2 的热液与冰冷而富含 O_2 的海水混合，导致热液中多种硫酸盐和金属硫化物发生沉淀，从而在喷口处形成以硫酸盐和硫化物为主的烟囱状结构，称为黑烟囱（black chimney）。当热液中钙和硅含量较高时，便形成以碳酸盐为主的“白烟囱”。黑烟囱附近的生物量往往是附近深海环境中生物量的数万倍，生活着大量奇形怪状的生物。此外，深度在 1 万 m 的海底温泉中，硫细菌的含量达每毫升 100 万～100 亿个，它们既耐高温（100℃）又耐高压（1140 大气压）。所以，海洋热液口生态系统被认为与生命形成初期的环境特征相类似，对了解生命起源和进化都具有十分重要的意义（图 i）。

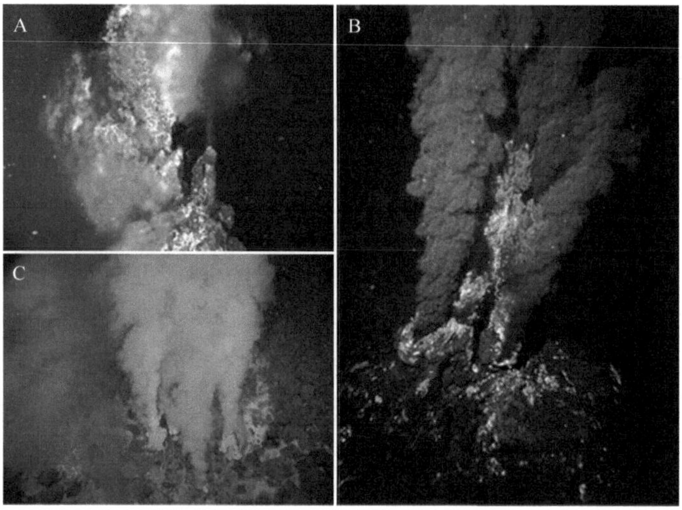

图 i　深海热液区中由硫化物构成的烟囱结构（A）、黑烟囱（B）和白烟囱（C）（wikipedia，http://www.wikipedia.org）

研究发现，人体肠道中栖居着多达上千种不同的微生物，每个人肠道中平均有 160 种微生物物种，其细胞数量超过人体自身细胞的 10 倍，所含的基因数约是人类自身基因组总和的 100 倍。这些肠道菌群（intestinal flora）形成了复杂而动态平衡的微生物区系，对宿主的消化吸收、营养代谢、肥胖、自身发育、免疫及疾病的产生有着极其重要的作用。肠道菌群的稳态可以调节机体免疫、拮抗病原微生物定植，与炎症性、代谢性、过敏性、精神心理性疾病及心血管病、肿瘤的发生发展相关。最新的研究表明，神经退行性疾病帕金森病（Parkinson disease）和自闭症（autism）可能与肠道中的微生物变化有关，即肠道菌群的组成变化，可能促使甚至导致运动机能恶化，成为帕金森病的重要推手；肠道微生物多样性的大幅增加，并且某些细菌，特别是一种革兰氏阴性菌普雷沃菌属（*Prevotella*）数量的大量增加，与以前发现的自闭症儿童患病率很低是相关联的。

此外，自然界还存在着形形色色的极端（extremophile）微生物，如嗜热（thermophile）、嗜冷（psychrophile）、嗜酸（acidophile）、嗜碱（alkaliphile）、嗜压（barophile）、嗜盐（halophile）和抗辐射（radiation-resistant）等类型。嗜盐微生物是指最适生长盐浓度大于 0.2 mol/L 的微生物，有的细菌可在饱和盐水中生长。嗜酸微生物

(acidophilus）是指生长的最适 pH 在 4 以下，典型的是酸矿水中的化能自养硫氧化细菌、自发热的煤堆和酸热泉中的嗜热嗜酸细菌；而极端嗜酸微生物则是那些生长 pH 上限为 3.0、最适生长 pH 为 1.0～2.5 的微生物，一般分布于金属硫矿床酸性矿水、生物滤沥堆、煤矿床酸性矿水及含硫温泉和土壤中，如硫杆菌属的细菌可在 pH 为 1～2 的条件下生存。已发现的支持极端微生物生长的最低 pH 为 0，1996 年发现的广古菌门热原体目（Thermoplasmales）中的嗜苦菌属（*Picrophilus*）是迄今发现的最为嗜酸的微生物，最适生长 pH 为 0.7。嗜热微生物的温度上限高于 50℃。例如，在大西洋热液口的热泉中发现了一种生活在 113℃的古菌；目前已知的最嗜热的是 121 菌株，这是一种能够在 121℃高温下生长繁殖的食铁微生物，被发现于温度高达 400℃的太平洋深海海床火山口。

有分析表明，微生物占地球生物总量的 60%，全世界海洋中微生物的总量估计达 280 亿 t。但由于微生物很小，发现较晚，现有的实验室无法完全再现其原位环境条件，大多数微生物难以获得纯培养，且一部分微生物处于活的不可培养（viable but nonculturable，VBNC）状态。海水和沉积物的细菌可培养率分别为 0.01%～0.1% 和 0.25%。再加上鉴定工作及划分种的标准等问题复杂，1973 年已知微生物约有 10 万种，1995 年据《国际微生物学会联盟通讯》（*IUMS News*）的报道，微生物约 20 万种，估计不到微生物总数的 1%。最新的研究预测，自然界微生物总数可达到 10^{11}～10^{12} 种，截至 2017 年 5 月，通过标准发表的微生物有 15 626 种。所以，微生物的研究工作是大量且繁重的，新种微生物的分离、定位也是任重而道远的。

微生物主要包括原核微生物、真核微生物和病毒，其中原核微生物又分为细菌和古菌。按照微生物的亲缘关系，把它们安排成条理清楚的各种分类单元或分类群，这就是微生物分类学的任务。其包括鉴定、分类与命名。鉴定（characterization）是详细描述微生物各项生理生化及遗传、化学指标的工作。分类（classification）则是根据鉴定的结果将生物归属为类群或分类单元。命名（nomenclature）是给予分类类群单元与公布规则相符的名称。微生物分类学的发展历史可分为兴起、发展与分子生物学 3 个时期。

一、兴起时期

在地球上的各种生命形式中，微生物发生最早、分布最广、生物量最大、生物多样性也最丰富。真正认识微生物是从显微镜技术出现后开始的，自从 1676 年列文虎克（Leeuwenhoek）在显微镜下发现微生物，之后就不断有新微生物的描述，报道的种类也日益增多，促使人们对所观察到的微生物进行归类、归群，从而推动了微生物分类学的产生。

第一个分类系统是丹麦动物学家 O. F. Muller 于 1773 年提出的，包括了原生动物、藻类、细菌等。他将微生物分为百余种，根据形态分成弧菌属（*Vibrio*）和单胞菌属（*Monas*）。并首次倡导在微生物中使用林奈（Linnaeus）的双名法。1838年，德国生物学家 C. G. Ehrenberg 把微生物归为纤毛虫纲，分为单胞菌科与弧菌科两科，还引入了模式种的概念。1857 年，德国植物学家 K. M. Nageli 在植物学杂志上发文，认为这些微小具有细胞壁的生物，应归为植物界，另立裂殖菌纲（Schizomycetes）。

催生微生物学诞生的除了显微镜技术外，还有培养技术，即通过创造一定的环境条件，把微生物培养成群体的生存状态，从而开展生物学性状的一系列研究。1854 年，科赫（R. Kock）等发明了固体培养基，出现了细菌纯培养技术，这对细菌分类学产生了深远影响。1872～1876 年，德国的植物学教授 Cohn 根据系统的形态学特征，把细菌分为 4 个类群 6 个属。①球菌类：细胞球形，小球菌属（*Micrococcus*）。②微杆菌类：细胞单个短杆状，杆菌属（*Bacterium*）。③丝状细菌类：细胞长或呈丝状，芽孢杆菌属（*Bacillus*）、弧菌属（*Vibrio*）。④螺旋菌类：细胞螺旋形，螺旋菌属（*Spirillum*）、螺旋体属（*Spirochaeta*）。1875 年，Cohn 对细菌分类又做了重大修改，认为细菌与蓝绿藻有关，其主要区别在于细菌缺少叶绿素，把细菌与蓝绿藻归入裂殖植物门。1888 年，荷兰细菌学家 M. W. Beijerinck 发现根瘤菌，最先对分离获得的根瘤菌进行纯培养，1891 年又分离出固氮菌。1887年，俄国微生物学家 S. Winogradsky 发现了硝化细菌，1889 年发表了对硫细菌的形态与生理的研究。此后，细菌分类开始采用生理特征作为分类指标。

19 世纪最后 10 年出现了两种重要的新分类法。一是 1894 年首次发表并于 1900 年修订的 Migula 分类法；二是 1896 年发表的 Lehmann 和 Neumann 的分类法。Migula 把裂殖菌纲分为两个目。①真细菌目（Eubacteriales）：细胞无核，无色或淡色，不含硫磺颗粒或菌紫素，无叶绿素。②硫细菌目（Thiobacteriales）：细胞无核，含有硫磺颗粒或菌紫素。真细菌目再按形态特征分为球菌科、杆菌科和螺菌科 3 个科。Lehmann 和 Neumann 在《细菌学大纲和图谱》中，把染色反应和形成内生芽孢的能力作为分类的表观判别特点。提议把裂殖菌纲分为两个目：裂殖菌目与放线菌目。裂殖菌目包括球菌科（Coccaceae）、杆菌科（Bacteriaceae）与螺菌科（Spirillaceae）；放线菌目包括原放线菌科（Proactinomycetaceae）与放线菌科（Actinomycetaceae）。原放线菌科包括棒状菌属（*Corynebacterium*）与分枝杆菌属（*Mycobacterium*）。

1901 年，Chester 把化学引入细菌分类的领域。Orla-Jensen 首先应用生化特征作为主要鉴别依据，突破了纯形态的分类局限。1905 年后，不少学者提出了动植物病原菌的分类，除了形态外，还引用了对空气的敏感性、色素和致病性等生理及生态指标。1915 年后，美国微生物学家 R. E. Buchanan 在《细菌学杂志》上发表了“细菌的命名和分类研究”系列论文。依据形态、染色反应、生理生化及病原性等方面的特征，把细菌分成科、族和属。1916 年，Buchanan 在美国细菌学会上提出了"细菌分类纲要"，后经补充，把裂殖菌都归入裂殖菌纲（Schizomycetes），共分为真细菌目（Eubacteriales）、放线菌目（Actinomycetales）、鞘杆菌目（Chlamydobacteriales）、粘细菌目（Myxobacteriales）、硫细菌目（Thiobacteriales）与螺旋体目（Spirochaetales）6 目。该纲要又经数次修改补充，成为美国细菌学会出版的《伯杰氏细菌鉴定手册》的基础。

从 Leeuwenhoek 发现细菌到 1773 年 Muller 提出最初的细菌分类系统经历了一个世纪。1773 年后细菌分类学从无到有，至 20 世纪 30 年代末已初具规模。例如，在《伯杰氏细菌鉴定手册》第 8 版中，肠杆菌科共描述了 12 属，其中有 8 属是这一时期建立的。这一时期细菌分类的主要依据是形态特征、生理性状和生态环境。

二、发展时期

20 世纪 40～50 年代是细菌分类学的发展时期，增加了更多的生理学、生物化学、血清学反应及生态学等内容。但由于实验手段的限制，只能是各持已见，出现了美国的伯杰（Bergey）分类系统、苏联的克拉西里尼柯夫（Krassilnikov）分类系统与法国的普雷沃（Prévot）分类系统 3 个系统并存的局面。

1）美国的伯杰手册是由美国细菌学家协会所属的细菌鉴定和分类委员会直接指导、布瑞德（R. S. Breed）等主编的一本有代表性、参考价值极高、比较全面系统的《伯杰氏细菌鉴定手册》（*Bergey's Manual of Determinative Bacteriology*）。该手册自 1923 年出版第 1 版后，于 1925 年、1930 年、1934 年、1939 年、1948 年、1957 年、1974 年相继出版了第 2～第 8 版，每个版本均反映了当时细菌学发展的新成就，其内容不断扩充和修改，逐渐确立了在国际上对细菌进行全面分类的权威地位。其中第 8 版由美国、英国、德国、法国等 15 个国家的 130 多位细菌学家参加了编写，对系统内的每个属和种都做了较详细的属性描述。

1984 年初，美国 Willams & Wilkins 公司分卷出版了伯杰氏系统另外一种新版本，称为《伯杰氏系统细菌学手册》（*Bergey's Manual of Systematic Bacteriology*），1986 年出版了第 2 卷，1989 年出版了第 3、第 4 卷。2001 年后又出了《伯杰氏系统细菌学手册》第 2 版，到 2012 年出齐了 5 卷。

2）1949 年，苏联的克拉西里尼柯夫著有《细菌和放线菌的鉴定》，该分类系统是在植物界原生植物门下分为裂殖菌类及裂殖藻类，将所有的细菌及近似于细菌的裂殖菌都归入裂殖菌类，下分为放线菌纲、真细菌纲、粘细菌纲和螺旋菌纲 4 纲。各纲下设目、科、属、种。分类系统以形态作为分类的主要依据，特别强调鞭毛的有无。

3）1961 年，法国的普雷沃著有《细菌分类学》，1977 年著有《细菌学概论》。普雷沃把细菌归入原核生物界，下分真细菌、分枝细菌、藻细菌和原生动物状细菌四大类群，下设纲、目、科、属、种。

三、分子生物学时期

微生物培养技术的形成奠定了微生物分类、生理、生化、遗传、代谢等发展的基础。20 世纪 60 年代后，由于科学的发展和各种新技术的广泛应用，细菌分类学的内容不断增加，如电子显微镜的发明和超薄切片技术的应用，在分类的表型特性中增添了细胞超微结构的指征。电子计算机的发展普及，致使数学方法渗入细菌分类，使以质的差别为主的分类学增加了量的概念，并建立了细菌数值分类学。特别是 50 年代初 Watson 和 Crick 提出 DNA 双螺旋结构后，分子分类成为主要方法，如蛋白质的氨基酸序列、细胞壁和细胞化学组成分析、DNA 的（G+C）%测定、rRNA 基因分析系统发育关系、杂交技术得到广泛应用。从分子水平上分析微生物类群之间的亲缘关系，展示了一个更为丰富多彩的微生物世界，发现了大量多样的微生物栖生在不同的环境中或宿主内（包括人、动物、植物等），形成微生物群系（microbiota）和多种形式的复杂生态体系。研究还发现能在实验室培养的微生物，仅占自然界总微生物的很小一部分，而绝大多数是“未培养微生物”（uncultured microorganism），如处理生活污水的活性污泥中未知的微生物占了 85%以上。海洋和陆地上 99%的微生物，目前还不能培养。对未培养微生物的生物学及生态学的特性与功能的认识，依赖于宏基因组（metagenome）技术的广泛应用，从而跳出纯培养的限制，进入微生物菌群的层次，甚至可将菌群的宏基因组与其生态环境的基因组进行整合并加以研究，即微生物组。微生物组（microbiome）是指一个特定环境或者生态系统中全部微生物及其遗传信息，包括细胞群体和数量、全部遗传物质，涵盖了微生物群体及其全部遗传与生理功能，也包括微生物与其环境和宿主的相互作用。微生物组是保证地球生态系统健康的重要因素之一，一旦出现结构失衡和功能失调，系统就会出现病态。例如，目前面临的疾病流行、生态恶化、气候变化等复杂系统，背后几乎都有微生物组失调的影响。而微生物组学（microbiomics）则是以微生物组为对象，研究其结构与功能、内部群体间的相互关系和作用机制，研究其与环境或者宿主的相互关系。

微生物分类学现已有 5 个技术层面。①细胞形态和行为：显微结构、运动性、酶实验、生理学实验及营养需求。②细胞组分：细胞壁组分、脂类分析、细胞色素、噬菌体等。③蛋白质：氨基酸序列，可溶性蛋白凝胶电泳及血清等。④基因组：（G+C）%、核酸 DNA 杂交、DNA 的随机引物扩增、DNA 测序、质粒及遗传物质的转导等。⑤生物信息学：需要电子计算机、互联网数据库。

20 世纪 70 年代前，微生物分类利用的是以生理生化等表型特征为主的传统分类法。仅仅依靠某些特征就确定一个物种的分类往往具有一定的局限性，生物的每个特征都有可能在不同的条件下呈现不同的现象，并且对于结果的观察，人为因素较多，难以正确认识微生物系统的发育地位。当前，使用的是 1970 年 Colwell 提出的微生物多相分类法（polyphasic taxonomy），即综合了一系列不同的研究特征，如表型、生态、生理生化、化学分类、基因型及系统发育等，对未知微生物，特别是细菌与古菌进行分类和系统进化的研究（表 i）。多相分类所包括的众多研究特征，有一些占主导地位，如基因型研究，有一些仅仅用于区别种或亚种，甚至只能作为辅助或是支持其他分类方法的结果，如形态、生理生化特征等。利用多种方法相互结合及相互印证，可以比较全面合理地确定细菌的分类地位及系统进化的关系。

表 i 细菌与古菌的分类鉴定

技术	内容
培养特性	菌落、形态、颜色、气味
形态观察	细菌染色形态、大小、运动性、形成芽孢否、鞭毛、内含物等
生理特性	生长温度范围、pH 范围、耐盐性、需氧特性等
生化特性	碳源利用、碳水化合物氧化反应与发酵、酶谱等
抑制实验	选择培养基、抗生素抗性、染料等
核酸分析技术	16S rRNA 序列的分析、核酸杂交、（G+C）%的测定
化学分类技术	脂肪酸、极性脂、分枝菌酸、醌类、糖类、多胺分析、全菌蛋白和外膜蛋白电泳分析等

通常可培养微生物的研究思路为：微生物分离→DNA 提取→PCR 法扩增 16S rRNA 基因→16S rRNA 序列测定与分析→系统进化树的构建（图 ii）。

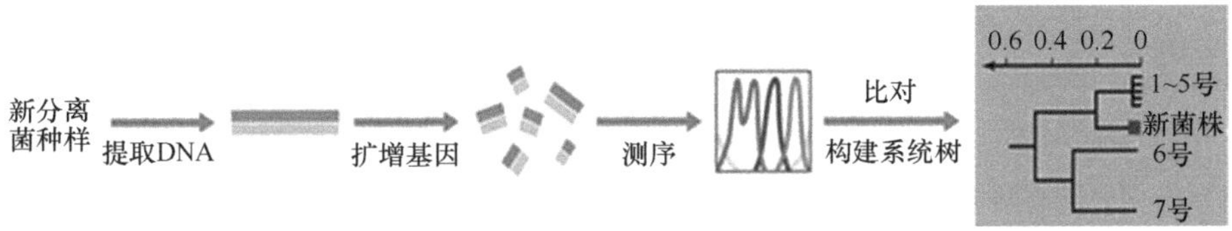

图 ii 可培养微生物的研究

当 16S rRNA 的序列与基因库中其他微生物的同源性小于 97%时（目前提高到 98.8%以上），可初步认定为疑似新种。接着，进行系统进化分析，构建系统发育树。在此基础上，进行表型特征（形态、生态、生理生化等）、化学特征（肽聚糖、脂肪酸、极性脂、呼吸醌等）、基因型特征［（G+C）%］等研究。如果 16S rRNA 基因的相似度大于 97%，还需要进行核酸杂交来进行进一步的判断。当 DNA 杂交值小于 70%，可确认为是不同的种。微生物多相分类包括了现代分类中所有的方面，被认为是目前研究各级分类单位最有效的手段。

参考文献

杨苏声. 1997. 细菌分类学. 北京: 中国农业大学出版社: 1-145.

Bourzac C. 2014. The bacterial tightrope. Nature, 516: S14-S16.

Eisentein M. 2016. Bacterial broadband. Nature, 533: S104-S106.

Kashefi K, Lovley DR. 2003. Extending the upper temperature limit for life. Science, 301: 934.

Kennedy J, Flemer B, Jackson SA, et al. 2010. Marine metagenomics: new tools for the study and exploitation of marine microbial metabolism. Mar Drugs, 8: 608-628.

Loceya KJ, Lennon JT. 2016. Scaling laws predict global microbial diversity. PNAS, 113(21): 5970-5975.

Stackbrandt E, Ebers J. 2006. Taxonomic parameters revisited: tarnished gold standards. Microbiology Today, 33: 152-155.

Steward EJ. 2012. Growing uncultureable bacteria. J Bacteriol, 194: 4151-4160.

Takai K, Nakamura K, Toki T, et al. 2008. Cell proliferation at 122℃ and isotopically heavy CH_4 production by a hyperthermophilic methanogen under high pressure cultivation. Proceedings of the National Academy of Sciences, 105(31): 10949-10954.

Ulrih NP, Gmajner D, Raspor P. 2009. Structural and physicochemical properties of polar lipids from thermophilic archaea. Appl Microbiol Biotechnol, 84(2): 249-260.

Volckaert FA, Barbier M, Canário AV, et al. 2008. Empowering marine science through genomics. Marine Genomics, 1: 33-35.

Whitaker RJ, Grogan DW, Taylor JW. 2003. Geographic barriers isolate endemic populations of hyperthermophilic archaea. Science, 301(5635): 976-978.

Whitman WB, Coleman DC, Wiebe WJ. 1998. Prokaryotes: the unseen majority. Proc Natl Acad Sci USA, 95: 6578-6583.

第一章　菌种分离与培养

自然界微生物的样品极其丰富，据估计目前已知的微生物还不到其总量的10%，而未知微生物或许是环境微生物的主体，也是地球上最大的尚未开发的新资源。

地球上微生物生存的环境类型多样，特别是各种极端环境，有众多复杂的因素，且天然生境中微生物种群间关系复杂，如共生（symbiosis）、拮抗（antagonism）、寄生（parasitism）、竞争共栖（competition）、协同共栖（synergism）、互利共栖（mutualism）、偏利共栖（commensalism）、互生（metabiosis）等。不同微生物群落之间还存在着群体感应（quorum sensing），通过信息交流来判断群体密度大小和生长环境中出现的变化。

要获取新的微生物资源，寻找合适的取样地点，获取样品是非常重要的一个环节。另外，采集样品后，利用富集培养将自然环境下的劣势菌培养成为优势菌，并设计合适的分离培养基，以及采用快速有效的筛选方法也是至关重要的。由于各种微生物对碳源、氮源的需求不同，有的还有特殊的要求，事先了解目标微生物的营养要素及培养条件，设计一种合理的富集培养基及分离培养基，会有事半功倍的效果。

实验1.1　采样与保存

一、实验原理

采集微生物样品应根据其营养需求、代谢类型、生理特性等确定采样地点。要获得新种微生物，就需要到没人去的地方或很少有人采集样品的地方采样，如海洋的水体与沉积物、盐山、盐湖、盐碱地、火山、温泉与极端的环境等地，各种污水、废水处理厂、活性污泥及垃圾处理场等地，这些地方什么样的物质都有，降解相关物质的微生物就有可能存在。如果是要处理某种污水，就可以在这种污水周围采集样品，进行研究。

所以，采集微生物样品应参考前人的实践经验，根据所要分离微生物的分布特点，有针对性地确定取样的地点，如土壤、污泥、海洋、空气等，收集那些最有可能存在目标微生物的样品。

（一）土壤中采样

土壤具备微生物所需的营养、空气和水分，是微生物聚集地，且空气、水中的微生物也来源于土壤。通常，土壤中含细菌数量最多，每克土壤的含菌量大约有如下的递减规律：细菌（10^8）＞放线菌（10^7）＞霉菌（10^6）＞酵母菌（10^5）＞藻类（10^4）＞原生动物（10^3），其中放线菌和霉菌指其孢子数。从土层的纵剖面看，5 cm 的表层土由于阳光照射，蒸发量大，水分少，且有紫外线的杀菌作用，因而微生物数量比 5～25 cm 土层少；25 cm 以下土层则因土质紧密，空气量不足，养分与水分缺乏，含菌量也逐步减少。

（二）水中采样

水体微生物是第二大微生物资源，地球表面有 70.8%为海洋，储存了地球上 97%的水，其余 2%储存于冰川与两极，0.009%储存于湖泊中，0.000 09%储存于河流中，还有少量储存于地下水中。海洋是一个特殊的局部环境，尽管许多微生物也是经河水、污水、雨水或尘埃等途径而来，但由于深海独特的高盐、高压、低温与无太阳辐射等条件，海洋微生物具备特殊的生理活性，相应也产生了一些不同于陆地来源微生物的特殊产物。

从海洋中采样，可参考其中不同种类微生物的分布规律：海洋海面 0～10 m 微生物较少，主要为光合藻类，如绿藻、硅藻等；而 10～50 m 微生物较多，一般为兼性厌氧菌；50 m 以下微生物的数量随海洋深度增加而减少。在海底沉积有丰富的有机质，微生物数量增加，但溶解氧缺乏，硫化氢含量高，兼性厌氧菌、厌氧异养菌和硫酸盐还原菌较多，海底表层与底层之间则多为紫色硫细菌。

二、实验器具

小铲子、塑料袋、采样瓶、水采集器、滤膜（如 0.22 μm 或 0.45 μm）、pH 计、冰箱等。

三、实验操作

（一）土样

1）确定采样的地点，了解该土样的酸碱度、有机质含量及周围的生态环境。

2）采样的方式：用无菌的小铲子，将表层 5 cm 左右的浮土除去，取 5～25 cm 处的土样 10～25 g，装入事先准备好的塑料袋内扎好。北方土壤干燥，可在 10～30 cm 处取样。

3）标明每个土样所取的地点、周围环境的情况。给塑料袋编号并记录地点、土壤质地、植被名称、时间及其他环境条件。

4）采集的样品一般要求立即进行研究，或置于 4℃冰箱中保存。

（二）水样

1）确定采样的位置及周围的环境条件。

2）先将带有塞子的灭菌空瓶浸入水中距水面 10～15 cm 的深度，打开盖子，水样即流入瓶中，装满后，将塞子塞好，再从水中取出；或采用海洋水采集器（图 1-1）采集样品。

3）水样取出后最好立即进行分离与检测或放入冰箱 4℃保存备用。

4）测定水样的盐度、pH，作为培养基配制的参考条件。

5）将适量的水样通过一定孔径的滤膜（如 0.22 μm 或 0.45 μm）过滤器过滤，然后将截留有细菌的滤膜进行富集培养。

图 1-1　海洋水采集器

（三）生物体上的样品

对于生物体上的微生物样品的采集，通常要求取下一定量的组织，用无菌溶液把其中的微生物洗涤下来。所采样品应尽快进行实验研究，或置于冰箱中保存。

四、实验提示与注意事项

1）水中的微生物含量较少，需经滤膜进行富集。但滤膜法不适用于悬浮物含量高的水样。且水体样品采集用的容器或过滤用滤纸、滤膜等过滤器应是无菌的。

2）深水微生物的取样，使用一种泥芯提取装置进行深度采样，然后剥去样品表面污染层。为使微生物细胞从样品中释放游离出来，要对样品进行浸泡或振摇处理。

3）样品取回后应立即分离，但有时样品较多，或到外地取样，路途遥远，则可事先用选择性培养基做好试管斜面，随身带走。每到一处将取好的土样混匀，取 3～4 粒土粒撒到试管斜面上，可避免菌株因不能及时分离而死亡。

五、思考题

1）土样的采集过程中应注意什么？

2）如何进行水样采集与处理？

实验 1.2 非培养样品的分析

一、实验原理

自然环境中栖息和生存着大量肉眼看不见的微生物，研究发现 1 g 土壤中的细菌种类超过 100 万种。由于自然界中多数微生物难以在实验室里形成纯培养，利用现有常规的平板划线法分离，只能分离到一些在普通实验条件下能够生长的微生物，某些因条件的改变而处于无法增殖状态的微生物就很难被发现。目前，实验室培养的方法仅能获得 0.1%～1%的种类，环境中 99%的微生物在目前实验室条件下无法培养，且一部分是处于活的不可培养（VBNC）的状态。由于培养困难，海洋环境中可培养微生物比例更低，可培养的比例不到 0.1%，极端微生物中的可培养成员所占的比例就更低（表 1-1）。

表 1-1 环境样品中细菌的可培养率

生活环境	可培养率/%
海水	0.01～0.10
沉积物	0.25
淡水	0.25
土壤	0.3
中等营养湖水	0.1～1.0
无污染的江河口水	0.1～3.0
活性污泥	1～15

20 世纪 80 年代，Pace 等将 Woese 新的系统发育理论与分子生物学相结合，提出了分子微生态学（molecular microbial ecology），以 SSU rRNA 为研究对象，通过其同源关系反映物种间的系统发育，开展微生物进化、多样性和生态的相关研究。1998 年，Handelsman 等首先提出了宏基因组的概念，即利用现代基因组技术直接研究自然状态环境中的全部生物的基因组 DNA。它不同于基因组学分析单个个体或细胞的基因组 DNA，宏基因组中既包含可培养微生物的基因组，也包含未培养微生物的基因组，从而克服了大部分微生物无法被分离培养的困难。跳出纯培养的限制，进入微生物菌群的层次，甚至可将菌群的宏基因组与其生态环境的基因组整合研究，即“微生物组”。

相对于培养方法来说，这种不需要得到纯培养物的研究方法被称为非培养方法（culture-independent method）。可从环境中直接提取宏基因组（生态环境中全部 DNA），扩增克隆 16S rRNA 基因，分析 16S rRNA 序列及其在分子进化树上的位置，就可以对环境中可能存在的微生物作一个初步的评估（图 1-2），使环境微生物的多样性分析趋于完整、客观。

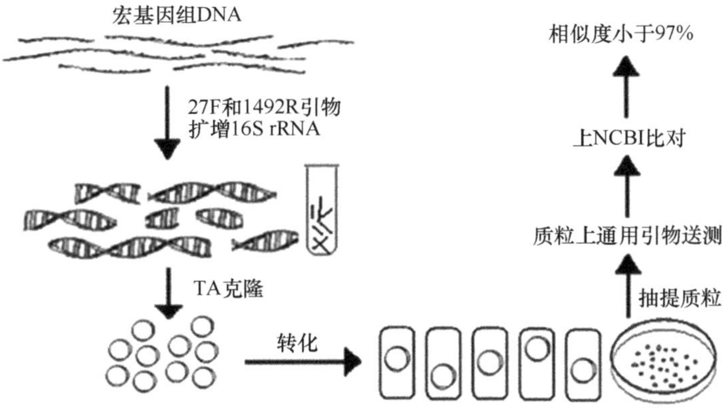

图 1-2　环境微生物 16S rRNA 基因的分析

利用这种研究方法发现多达 99%以上的微生物目前还无法分离培养。该方法已广泛被应用在包括热泉、土壤、淡水和浅海底泥、海底热液口及肠道等生境研究中。当然，随着高通量测序技术的发展，目前 PCR 扩增出来的 16S rRNA 基因产物还可以直接测序，然后进行下游分析。非培养方法避免了培养方法的选择性，更加全面、真实地反映了生态系统中微生物的组成。

二、实验试剂

1）脱腐缓冲液：100 mmol/L Tris-HCl（pH 8.0）、100 mmol/L EDTA（pH 8.0）、100 mmol/L Na_3PO_4（pH 8.0）、100 mmol/L NaCl、0.05% Triton X-100，pH 10.0。

2）DNA 提取缓冲液：100 mmol/L Tris-HCl（pH 8.0）、100 mmol/L EDTA（pH 8.0）、100 mmol/L Na_3PO_4（pH 8.0）、1.5 mol/L NaCl、1% CTAB。

3）溶菌酶、20% SDS、蛋白酶 K、苯酚：氯仿：异戊醇（25：24：1）、氯仿：异戊醇（24：1）、异戊醇、70%乙醇、TE 溶液。

三、实验器具

漩涡振荡仪、水浴锅、摇床、制冰机、PCR 仪、培养箱、高压蒸汽灭菌锅、电子计算机等。

四、实验操作

（一）非培环境宏基因组 DNA 提取

1）土壤与沉积物加 10 mL 脱腐缓冲液，漩涡振荡 3 min，60℃水浴 5 min，再漩涡振荡 30 s，3000 *g* 离心 5 min，弃上清液，重复洗涤一次。

2）称取 1 g 样品，置于 50 mL 离心管中。加入 4.5 mL DNA 抽提缓冲液，漩涡振荡至混合均匀，置于摇床振荡（37℃，90 r/min）30 min。

3）加入溶菌酶至终浓度 5 mg/mL，继续振荡 30 min。

4）加入 0.5 mL 20% SDS，65℃保温 30 min。

5）冷却至室温，加入 25 μL 蛋白酶 K（20 mg/mL），37℃保温 2 h，每隔 15～20 min 颠倒混匀。

6）6000 *g* 离心 10 min，将上清液转移入新的离心管中。

7）沉淀重复抽提 2 次，步骤为：往沉淀中加入 1.9 mL DNA 抽提缓冲液及 0.1 mL 20% SDS，65℃水浴 10 min，6000 *g* 离心 5 min。

8）合并 3 次上清液，加入等体积苯酚∶氯仿∶异戊醇（25∶24∶1）溶液轻轻颠倒混匀（3 min），16 000 *g* 离心 15 min，将上层水相移入新的离心管。

9）加入等体积氯仿∶异戊醇（24∶1），反复混匀呈乳浊液（3 min），16 000 *g* 离心 15 min，将上层水相移入新的离心管。

10）加入 0.6 倍体积异戊醇，于–20℃中沉淀 1 h。

11）4℃，16 000 *g* 离心 20 min，弃上清液，沉淀用 70%乙醇洗两次，室温干燥或放入 55℃烘箱中 5 min 或真空干燥 10 min。

12）沉淀用 200 μL 含有 RNaseA（终浓度 50 μg/mL）的 TE 溶液溶解，37℃水浴 30 min，–20℃保存备用。

或利用试剂盒 FastDNA Spin Kit for Soil（MPbio）抽提环境总基因组。

（二）PCR 扩增 16S rRNA 序列

细菌的上游与下游引物

U341F：5′-CCTACGGGRSGCAGCAG-3′

U926R：5′-CCGTCAATTCCTTTRAGTTT-3′

古菌的上游与下游嵌套引物

第一轮　A340F：5′-CCCTACGGGGYGCASCAG-3′

　　　　UA1406R：5′-ACGGGCGGTGWGTRCAA-3′

第二轮　A571F：5′-GCYTAAAGSRICCGTAGC-3′

　　　　UA1204R：5′-TTMGGGGCATRCIKACCT-3′

具体实验见实验 1.9。

（三）系统发育树的构建

1）测序：送生物公司通过高通量基因分析仪测序，测序返回的结果经 Chromas 分析，截取其中的有效序列（实验 3.5）。

2）嵌合体的在线分析：运用 CHECK_CHIMERA 程序在 RDP（ribosomal database project）在线数据库（http://rdp.cme.msu.edu/cgis/index.jsp）中对得到的序列进行嵌合体检验，剔除嵌合体。

3）序列对比：将有效序列输入 NCBI 的 GenBank 数据库中，以 Blast N 程序对数据库中所有序列进行相似性分析，下载获取与其 16S rRNA 基因同源性较高的菌株信息与序列。

4）系统发育树的构建（实验 3.6）：选取相关序列菌株的 16S rRNA 基因序列，通过 MEGA6 的 Clustal W 程序，与从 GenBank 数据库中获得的其他类似菌株的 16S rRNA 基因序列进行多序列匹配排列，构建系统发育树。采用 Kimura 双参数模型（two-parameter model）计算各序列分化距离，缺少和不确定的位点在计算中被省略。用邻接法（NJ）获得分支系统，通过自举分析（Bootstrap）进行拓扑结构置信度的检测，自举数据集为 1000～2000 次。

（四）稀释曲线建立及克隆覆盖率的建立

1）利用 PHYLIP 软件包中的 DNADIST 程序计算距离矩阵。

2）结合 DOTUR（distance-based OTU and richness determination）软件（http://www.plantpath.wisc.edu/fac/joh/dotur.html）生成稀释曲线。

3）采用 Chaol 和 ACE（abundance-base coverage estimator）丰度指数、Shannon-Wiener 多样性指数及 Simpson 优势指数进行样品中微生物多样性的比较分析。

4）通过 LIBSHUFF 软件进行数据分析，来比较 16S rRNA 基因克隆间的差异性。获取同源覆盖率曲线（homologous coverage curve）、异源覆盖率曲线（heterologous coverage curve）、两曲线间的差异曲线 ΔC 及描述 ΔC 显著性的参数 P。

$$同源覆盖率曲线\ C_x=1-(N_x/n)$$

$$异源覆盖率曲线\ C_{xy}=1-(N_{xy}/n)$$

$$两曲线差异\ \Delta C=(C_x-C_{xy})^2$$

式中，ΔC 的显著性通过 P 描述；n 为 x 文库的克隆数；N_x 为在 x 文库中独特（unique）的序列数；N_{xy} 为在 x 文库中那些在 y 文库中没有的序列数目；N_x 和 N_{xy} 取决于进化距离（D）。

五、实验提示与注意事项

1）得到序列后首先提交到 RDP II 数据库，采用在线检测工具 CHECK-CHIMERA 剔除嵌合体，构建系统发育树。

2）对比结果不存在覆盖率为 100%的序列，且相似性均小于 98%，则将此序列复制到 RDP 网站上的 Chimera detection 项目中进行嵌合体分析。如果检验峰呈钟形，且（N_1+N_2-N）/N＞10%，则判断该序列为嵌合体。

3）对非培养样品的 16S rRNA 进行相似性比较，相似度高于 97%～98%的克隆归于同一个操作分类单元（operator taxonomy unit，OTU）。以进化距离 0.03 为标准划分不同的分类单元 OTU。

4）一般 Chaol 和 ACE 丰度指数高，显示其细菌物种多样性可能相对较高。

5）1∶1 参考线是在假定每个克隆都分属一个 OTU 的前提下所得出的直线。如果样品的稀释曲线接近 1∶1 参考线，说明其具有较高的多样性。若稀释曲线趋于平稳，说明其种群多样性理论上较低。

六、思考题

如何判断嵌合体？

实验 1.3　变性梯度凝胶电泳

一、实验原理

20 世纪 80 年代，Lerman 等开发了变性梯度凝胶电泳（denaturing gradient gel electrophoresis，DGGE）用于检测 DNA 中的点突变，90 年代后被用于微生物群落结构研究。此后，DGGE 被广泛应用于各微生物生态系统的研究，绝大部分是通过扩增细菌或古菌的 16S rRNA 基因来研究各生态系统中的微生物群落多样性。

原核生物 16S rRNA 对应大肠杆菌（*Escherichia coli*）的 1540 个核苷酸，包括 10 个保守区和 9 个可变区（图 1-3）。可变区因不同细菌而变化，具有属或种的特异性，如果两种或两株微生物亲缘关系越接近，则所产生的核苷酸序列也越接近，反之亦然。

DGGE 是根据长度相同而碱基序列不同的双链 DNA 扩增片段具有不同的解链温度 T_m 值（单碱基替代可引起 1.5℃的差异），在一般聚丙烯酰胺凝胶基础上，加入了不同浓度梯度的解链变性剂（尿素和甲酰胺），从而把长度相同但序列不同的 DNA 片段区分开来。该方法能够分辨相同长度 DNA 片段中单个碱基的差异，与 16S rRNA 基因的 PCR 扩增相结合可以反映微生物群落结构和组成的变化。

DGGE 胶是在 6%聚丙烯酰胺凝胶中添加线性梯度的变性剂，其浓度由上到下、从低到高。一定温度下，在相同浓度的变性剂位置，序列不同的产物，其部分解链程度也不同，从而影响其电泳迁移率，结果不同的产物在凝胶上被分离开来。在引物的 5′端加上 40 个碱基左右的“GC 钳”（clamp），富含 G+C 的 DNA 形成一个人工高温解链区，而片段的其他部分处在低温解链区，从而使 DGGE 对序列差异的分辨率提高到近 100%。使用 PCR/GC 钳时，选择扩增长度为 100～500 bp 的 DNA 片段。

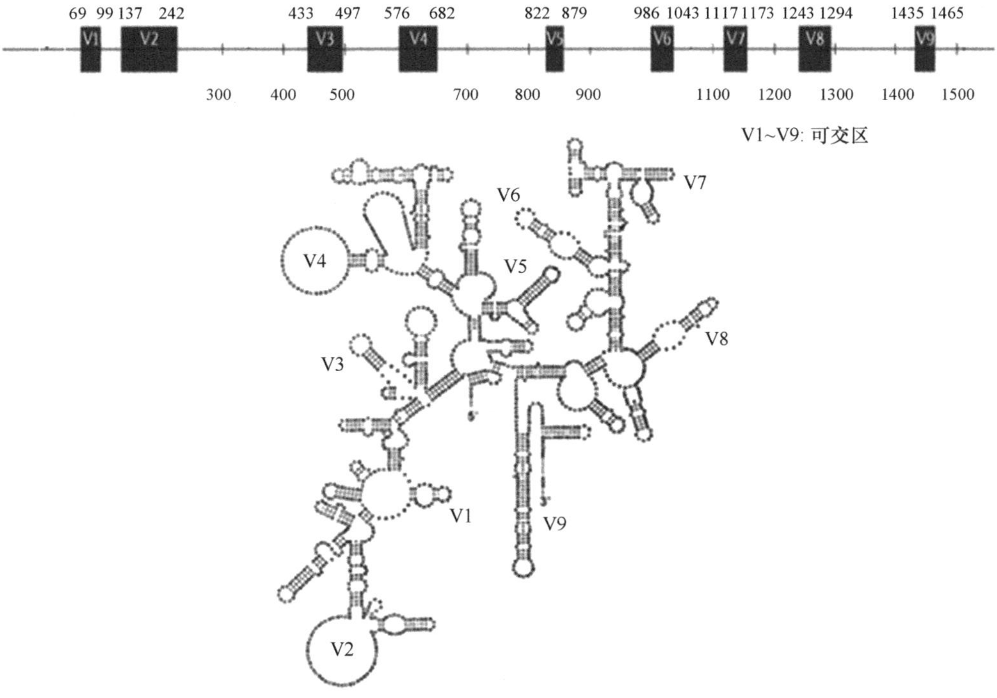

图 1-3　16S rRNA 的二级结构与可变区

1）选择两个相对长度为 20～25 个核苷酸的序列作为特异引物，通过 PCR 合成靶片段。理想的引物核苷酸序列应该最少有 50%（G+C），且不应有间接重复序列（表 1-2）。

表 1-2　细菌所用引物的序列

引物	目的序列/bp	引物序列	PCR 产物
P1		5′-CTGCTGCCTYCCG-3′	V1～V2 可变区
		5′-GAGTTTGATCCTGGCTCAG-3′	350～400 bp
P2：341F-GC	341～357	5′-CCTACGGGAGGCAGCAG-3′	V3 高可变区
534R	517～534	5′-ATTACCGCGGCTGCTGG-3′	234 bp
P3：514F		5′-GTGCCAGCMGCCGCGGTAA-3′	V4 可变区
805R		5′-GGACTACHVGGGTWTCTAAT-3′	
P4		5′-CAACGCGAAGAACCTTACC-3′	V6 可变区
		5′-CGACAGCCATGCANCACCT-3′	60～80 bp
P5：341F-GC	341～357	5′-CCTACGGGAGGCAGCAG-3′	V8 高可变区
907R	907～926	5′-CCGTCAATTCMTTTGAGTTT-3′	626 bp
P6：1055F	1055～1070	5′-ATGGCTGTCGTCAGCT-3′	V9 高可变区
1406R-GC	1392～1406	5′-ACGGGCGGTGTGTAC-3′	392 bp

2）两引物中的一个有额外的 40 个 G+C 核苷酸附加在 5′端作为 GC 钳，避免在 GC 钳序列中重复延伸。在设计的 GC 钳中，最好 C 碱基比 G 碱基多，使引物中连续的 G 碱基降至最低。

3）对于大多数 DNA 片段，只需其中一个的末端具有单一的 GC 钳。

GC 钳：5′-CGCCCGCCGCGCCCCGCGCCCGTCCCGCCGCCCCCGCCC-3′

DGGE 可用于环境样品微生物的多样性分析、微生物群落结构的研究、微生物种群动态的分析、富集培养物及分离物的分析、核糖体 RNA 同源性的分析、动植物体内外共生微生物的检测、食品微生物的检测、医学领域碱基突变的检测、杂合子检测等。

在 DGGE 技术的基础上又发展了它的衍生技术，如温度梯度凝胶电泳（temperature gradient gel electrophoresis，TGGE）。

二、实验试剂

1）土壤样品、DNA 提取与纯化试剂盒、DGGE 引物、去离子水（Millpore 纯化柱）。

2）丙烯酰胺/双丙烯酰胺储存溶液（40%，37.5∶1）：丙烯酰胺 38.63 g、双丙烯酰胺 1.04 g，溶于 100 mL 去离子水中。

3）尿素、Tris、EDTA、乙酸、甲酰胺、TEMED、Triton X-100、硝酸银、无水乙醇、NaOH、甲醛、10%过硫酸铵（APS）。

4）固定液/显色停止液：17.5%冰醋酸，可常温放置较长时间。

5）银染液：0.1% $AgNO_3$，需即配即用。

6）显色液：3% $NaCO_3$，需即配即用，用前需冷却至 4℃。

7）0.4%硫代硫酸钠溶液，需每周新配制一次。

8）甲醛溶液：取 15 mL 40%甲醛水溶液（市售），加入 85 mL 去离子水。

三、实验器具

PCR 扩增仪、凝胶成像分析仪、DGGE system（D-Code、Bio-Rad）（图 1-4）、TGGE system（Biometra，German）等。

四、实验操作

（一）16S rRNA 基因扩增

1）设计引物：PCR 扩增采用针对 16S rRNA 基因 V3 可变区的通用引物 F338

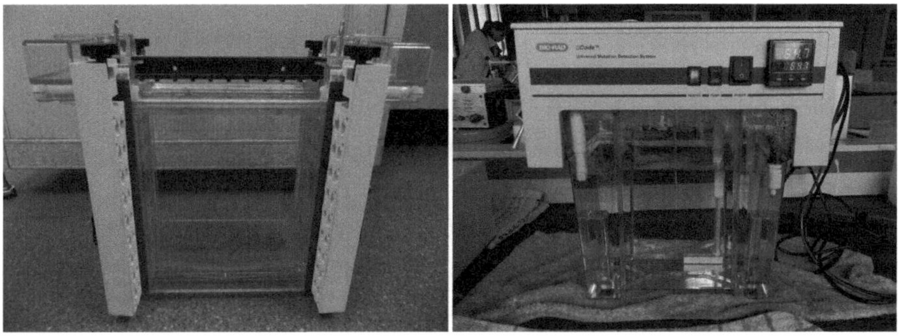

图 1-4　DGGE 系统（D-Code、Bio-Rad）
左为制胶装置，右为电泳装置

（5′-CGCCCGCCGCGCGCGGCGGGCGGGGCGGGGCCACGGGGGGACTCCTACGGGAGGCAGCAG-3′）和 R518（5′-ATTACCGCGGCTGCTGG-3′），其中正向引物 F338 的 5′端连接一个含有 40 个碱基的 GC 钳。

2）取一个 0.2 mL Eppendorf 管，在其中添加以下各种成分反应液（总体积 50 μL）。

ddH_2O	35 μL
模板 DNA	1 μL（50～500 ng）
上游引物（10 μmol/L）	2 μL
下游引物（10 μmol/L）	2 μL
10×缓冲液	5 μL
$MgCl_2$（25 mmol/L）	3 μL
dNTP 混合物（10 mmol/L）	2 μL（各 20 nmol）
Taq 酶（5 U/μL）	0.5 μL

3）稍作离心，将反应管放入 PCR 仪中，按下列条件设计好程序，进行 PCR。

4）反应程序。

94℃条件下使模板 DNA 变性 5 min。

变性	94℃	30 s	30 个循环
复性	55℃	30 s	
延伸	72℃	30 s	

最后在 72℃条件进行延伸 7～10 min。

5）PCR 结束后，取 5 μL 反应液用 1.5%琼脂糖凝胶进行电泳（用标准 λDNA/*Hin*dIII作 marker），鉴定 PCR 产物是否存在及其大小。

6）PCR 产物用试剂盒纯化。

（二）DGGE凝胶图谱分析

1）将海绵垫固定在制胶架上，把类似“三明治”结构的制胶板系统垂直放在海绵上方，用分布在制胶架两侧的偏心轮固定好制胶板系统，注意一定是短玻璃的一面正对着自己。

2）共有3根聚乙烯细管，其中两根较长的为15.5 cm，短的那根长9 cm。将短的那根与“Y”形管相连，两根长的则与小套管相连，并连在30 mL 的注射器上。

3）在两个注射器上分别标记“高浓度”与“低浓度”，并安装上相关的配件，调整梯度传送系统的刻度到适当的位置。

4）逆时针方向旋转凸轮到起始位置。为设置理想的传送体积，旋松体积调整旋钮。将体积设置显示装置固定在注射器上并调整到目标体积设置，旋紧体积调整旋钮。例如，16 cm×20 cm胶（1 mm厚度）设置体积调整装置到14.5 mL，如果是18 cm×20 cm胶则设为16 mL。

5）配制两种变性浓度的丙烯酰胺溶液到两个离心管中（10%聚丙烯酰胺凝胶，凝胶的尿素变性浓度为35%～65%）。

6）每管加入18 μL TEMED，80 μL 10%过硫酸铵（APS），迅速盖上并旋紧帽后上下颠倒数次混匀。用连有聚乙烯管标有“高浓度”的注射器吸取所有高浓度的胶；对于低浓度的胶操作同上。

7）通过推动注射器推动杆小心赶走气泡并轻柔地晃动注射器，推动溶液到聚丙烯管的末端。注意不要将胶液推出管外，因为这样会造成溶液的损失，导致最后凝胶体积不够。

8）分别将高浓度、低浓度注射器放在梯度传送系统的正确一侧并固定好，再将注射器的聚丙烯管同“Y”形管相连。

9）轻柔并稳定地旋转凸轮来传送溶液，在这个步骤中最关键的是要保持恒定匀速且缓慢地推动凸轮，使溶液恒速地被灌入“三明治”式的凝胶板中。

10）小心插入梳子，让凝胶聚合2 h至过夜。并把电泳控制装置打开，预热电泳缓冲液到60℃。

11）聚合完毕后拔走梳子，将胶放入电泳槽内，清洗点样孔，盖上温度控制装置使温度上升到60℃。

12）上样，电泳（200 V，5～7 h）。

13）电泳结束后拨开一块玻璃板，将胶放入盘中。用去离子水冲洗，使胶和玻璃板脱离。

14）倒掉去离子水，加入5 mm深固定液，摇床上放置5～30 min。

15）在等待固定时，配制新鲜的银染液、显色液（每100 mL显色液加入50 μL 0.4%硫代硫酸钠溶液），并将配制的显色液放入4℃保存，同时可将固定液放入4℃，以作停止显色之用。

16）倒掉固定液，加入去离子水并放置在摇床上摇 5 min，重复两次。

17）倒掉去离子水，加入 5 mm 深甲醛溶液中，摇床上处理 5～30 min。

18）倒掉甲醛溶液，加入 5 mm 深银染液，摇床上处理 10～60 min。

19）倒掉银染液，加入去离子水略微润洗（小于 10 s）（图 1-5）。

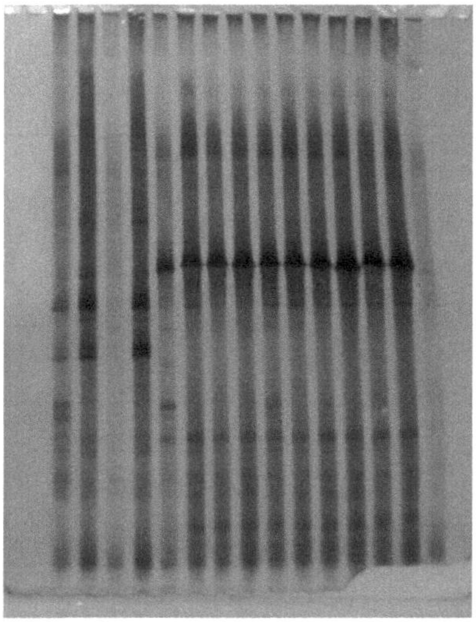

图 1-5　DGGE 凝胶（彩图请扫封底二维码）

20）倒掉去离子水，加入 5 mm 深预冷至 4℃的显色液，显色即刻开始，条带会慢慢出现，需要实时观察并判断是否达到满意的效果。

21）一旦较清晰条带显现出后，应倒掉显色液，并立刻加入 5 mm 深预冷的固定液并放置在摇床上 5～15 min 以终止显色。

22）观察 DGGE 凝胶结果的分析，了解判断环境样品多样性的程度。

（三）TGGE 技术

1）用去离子水仔细洗涤制胶所用玻璃板，用纸巾擦干。再用酒精棉球擦一遍，用纸巾擦干。将支持膜（polybond film）夹在两块玻璃板之间，用夹子夹住，放置在桌上。

2）配胶（每块胶配 5 mL），胶的配方如表 1-3 所示。

3）将玻璃板倾斜放置，用 1 mL 移液器将上面配制的胶慢慢灌入两玻璃板之间。将玻璃板水平放置 30 min 以上，使胶凝固。

4）待胶凝固后，先用手拔去没有点样孔的玻璃板。用去离子水将支持膜背面冲洗干净，用纸擦干，再揭开支持膜。

表 1-3 胶的配方

胶的组成	储存溶液	5 mL 胶
丙烯酰胺（8%）	40%（37.5：1）	1 mL
尿素（8 mol/L）		2.4 g
TAE	50×	0.1 mL
甲酰胺（20%）	100%	1 mL
ddH_2O		1.22 mL
TEMED		7 μL
过硫酸铵	10%	23 μL

5）用 1 mL 移液器在 TGGE 的温度面板（thermoblock）上（图 1-6）加 800 μL 0.1% Triton X-100。

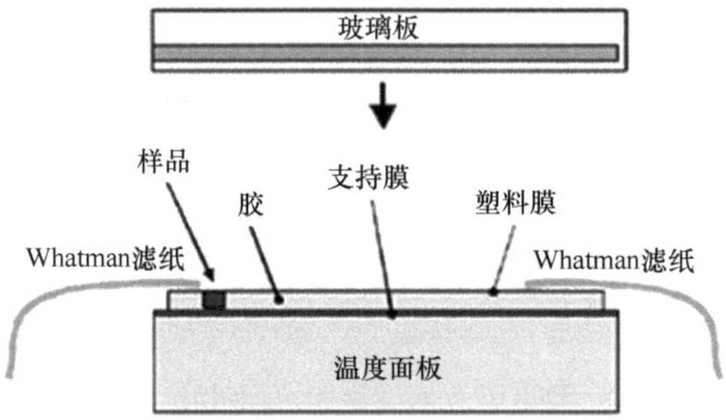

图 1-6 TGGE 铺膜示意图

6）用手抓住支持膜的两边，先将膜中部放于温度面板上，再慢慢地将膜铺展开，在膜和温度面板间尽量不要形成气泡。温度梯度方向和电泳方向一致。

7）将预先准备好的样品加入上样孔中，每孔最多加 3 μL 样品。

8）在胶的两端盖上 Whatman 滤纸，滤纸的另一端浸入电泳缓冲液中。盖上盖子，预电泳（200 V，7 min）。

9）预电泳快结束时，暂停反应，打开盖子，揭开滤纸，在凝胶中间慢慢盖上一层塑料膜，再将滤纸盖在胶上，然后用一块玻璃板压在滤纸上。盖上盖子，继续电泳（200 V，3 h）。

10）电泳结束后，终止程序。将支持膜取出，先用去离子水冲洗一次。将膜转移至固定液中，放置 5 min。

11）将膜转移至去离子水中冲洗一次，再转移至银染液（0.2% $AgNO_3$，用之前加入 40 μL 甲醛）中，放置在摇床上摇荡，染色 10 min。

12）将膜在去离子水中冲洗 2 次，转移至显色液中。待条带出现后，将膜用去离子水冲洗 3 次，拍照。

五、实验提示与注意事项

1）DGGE 实验中制胶是关键。在往玻璃板中灌胶时，要匀速地转动滑轮，将凝胶液匀速地灌入玻璃板。灌完胶后，立刻清洗注射器，以防丙烯酰胺凝固，堵塞管子。

2）TGGE 保护层（protection foil）用来保护温度面板，防止试剂浸入，每次用完后要把残余的试剂吸干。TGGE mini system T_1～T_2 的温度差不能超过 45℃。支持膜和温度面板间一定要加 0.1% Triton X-100，从而确保能形成稳定的温度梯度。

3）在铺支持膜于温度面板上时，要尽量避免气泡，否则会导致温度梯度不稳定。如果需中途暂停或中断电泳，一定要在打开盖子前先关掉电源。

4）从胶放到温度面板上到点样完毕要尽量快速，最好不要超过 5 min。电泳过程中，不要触摸电极线和电泳缓冲液（高压!）。

5）不同双链 DNA 进行 DGGE 时，开始变性剂浓度较小，不能使双链 DNA 解链，但一旦迁移到一特定位置，变性剂浓度使双链 DNA 片段最低的解链区域发生解链，部分解链的 DNA 片段在胶中的迁移速率会急剧降低。而长度相同但序列不同的 DNA 片段会在胶中不同位置达到各自最低解链区域的解链温度。当变性剂浓度达到 DNA 片段最高的解链区域温度时，DNA 会完全解链，此时它们又能在胶中继续迁移。因此，如果不同 DNA 片段的序列差异发生在最高的解链区域时，这些片段就不能被区分开来。而在 DNA 片段的一端加入一段富含 GC 的 DNA 片段，可防止 DNA 片段在 DGGE/TGGE 胶中完全解链。当加了 GC 钳后，DNA 片段中每个碱基处的序列差异基本上都能被区分开。

6）研究表明，不同的 DNA 条带在 DGGE/TGGE 胶中可迁移到相同的位置，单一 DGGE/TGGE 条带可能含有不止一种序列，如复杂的环境样品。DGGE/TGGE 一般只能分析 500 bp 以下的 DNA 片段，得到的系统进化相关的信息少。

7）选择比较长的寡核苷酸引物（25～30 个核苷酸而不是 20 个，不包括 GC 钳序列）有时能改善反应的特异性。实际上，30 个核苷酸长的引物在 PCR 过程中可直接在两温度间（通常是 70～72℃和 93℃）进行循环反应，不需要通过复性步骤，从而有助于防止非特异带的产生。

8）银染是一种需多加练习的技术。显色液温度过高会让显色反应太过快速而无法控制，停止溶液的温度控制在 4～10℃为好，否则加入停止溶液后反应仍会进行。曝光时间的长短需根据不同上样量摸索。硝酸银溶液有毒性，需要妥善处理废液。处理银染样品时要注意时刻戴手套，有条件的话可以专门为银染准备一套电泳及染色器具。配胶前要用去离子水洗净玻璃板，防止杂质金属离子增加成像背景。

六、思考题

1）为什么在引物一端要引入一段富含 GC 的 DNA 片段？
2）DGGE 分析中哪些因素可能导致实验失败？

实验 1.4　目标菌株的富集

一、实验原理

采集的样品中，优势菌往往是一些常见的微生物，而新种微生物却是劣势种，要使目标微生物由自然条件下的劣势种变成人工环境下的优势种，就需要进行富集培养。利用选择性培养基（selective medium），或加入某种抑制剂造成只利于目标微生物生长，而抑制其他微生物生长的环境。

（一）控制营养条件

选择特定的能源和碳源，如富集产纤维素酶或几丁质酶的微生物，可将样品接种到以纤维素或几丁质为唯一碳源的培养基中进行培养。能分解利用该底物的菌类得以繁殖，而其他微生物因得不到碳源而无法生长。此外，微生物对环境因子的耐受范围具有可塑性，可通过连续富集培养的方法分离降解高浓度污染物的环保菌。例如，以苯胺为唯一碳源对样品进行富集培养，再以一定接种量转接到新鲜的含苯胺的富集培养液中，如此连续移接培养数次，同时将苯胺浓度逐步提高，便可得到降解苯胺占优势的菌株培养液。

在自然界中，大多数微生物生存于营养物质极度匮乏的条件下，长期处于中低营养甚至是“贫营养”状态，海洋中的专性寡营养微生物具有高效的营养吸收机制。当这类微生物从自然环境转移到营养丰富的人工培养基时，因高浓度营养物质的抑制而停止生长。因此，要从海洋中分离菌株，将常规的 2216 培养基稀释 1～5 倍，分离得到新种的机会反而会增加。

（二）控制培养条件

通过微生物对 pH、温度及通气量、添加金属离子等其他一些条件的特殊要求加以控制培养，达到有效分离的目的。

微生物群落中存在着群体感应，当微生物从天然环境骤然转到人为设置的培养环境中时，原生境中的生态依存关系遭到破坏，菌群间的生物信息交流体系也会发生改变，使得一部分微生物因种群信息流通的障碍而受到抑制。有些菌是与其他菌共生的，不能独立生长，无法单独培养，这就需要将混合菌群进行共同培养，然后利用它们的培养液作为分离目标细菌的培养基的必需成分，即在分离培养基中添加混合菌群培养液的上清物，就有可能成功获得纯培养的目标菌株。

（三）添加抑制剂

加入专一性的抑制剂减少其他微生物的数量，可富集目标微生物。

1）分离细菌，在培养基中加入浓度为 30～50 U/mL 的制霉菌素（nystatin）或者20 U/mL 的灰黄霉素（griseofulvin），以及10 μg/mL 的丙酸钠（sodium propionate）能抑制真菌而不抑制细菌的生长；从土壤中分离芽孢杆菌时，可先将土样加热到80℃或在 50%乙醇溶液中浸泡 1 h，杀死不产芽孢的菌种后再进行分离。

2）分离放线菌，加入 0.05% SDS 不仅可抑制细菌，还能激活放线菌孢子的萌发。加入诺氟沙星（5 mg/L）、制霉菌素（50 mg/L）与青霉素（0.8 mg/L）也可有效地抑制细菌和真菌；由于酚可抑制细菌和霉菌的生长，富集培养时样品悬浮液中可加入 10 滴 10%的酚；另据报道，重铬酸钾对土壤真菌、细菌有明显的抑制作用，可加入 0.1%～0.15%重铬酸钾；而分离除链霉菌以外的放线菌时，则先将土样在空气中干燥，再加热到 100℃保温 1 h，可减少细菌和链霉菌的数量。

二、实验试剂

1）蒸馏水、0.2% K_2HPO_4、几丁质或壳聚糖、0.9%生理盐水。

2）厌气分解纤维素细菌培养液：$Na(NH_4)HPO_4$ 2 g、$MgSO_4 \cdot 7H_2O$ 0.5 g、KH_2PO_4 1 g、$CaCl_2 \cdot 6H_2O$ 0.3 g、$CaCO_3$ 5.0 g、蛋白胨 1.0 g，用水定容至 1000 mL。每支试管装 7～10 cm 高度溶液，放入 1 cm×6 cm 滤纸一条。

三、实验器具

试管、吸管、摇床、培养箱、移液器、吸头、小离心管等。

四、实验操作

（一）几丁质或壳聚糖分解菌的富集培养

1）将 3～5 g 土壤样品放入大试管。

2）添加 4 倍量的蒸馏水，剧烈振荡，使微生物进入水层。

3）静置一段时间后，取上清液 1 mL，加入 10 mL 0.2% K_2HPO_4。

4）再添加 0.2 g 几丁质或壳聚糖。

5）30℃振荡培养 1 周，观察培养液的状态及颜色变化。如果产生浑浊，可以进行下一步的分离。

（二）产纤维素酶菌株的富集培养

1）取水稻田泥土或阴沟泥 2～5 g 接种到厌气分解纤维素细菌培养液中。

2）套上试管套，再用塑料纸及橡皮筋将管口扎紧。

3）放入 30～37℃条件下静置培养 7～15 d。

4）观察培养液中有无分解，如有空洞或滤纸边缘有破碎现象，表示厌氧菌已大量繁殖（图 1-7）。

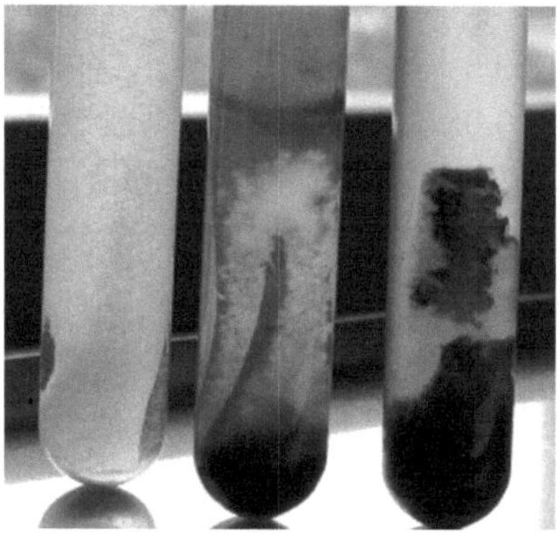

1　　2　　3

图 1-7　滤纸空洞或破碎（彩图请扫封底二维码）

1. 对照；2. 滤纸有空洞；3. 滤纸条破碎

五、实验提示与注意事项

1）超净台上尽量少放杂物，使用前应打开紫外线灯照射 20 min。需确认紫外线灯关闭才能进入。操作前，先用 70%乙醇对手及台面进行消毒。注意等手上的乙醇蒸发后，再操作，以免不小心引起烧伤。

2）称量后放入无菌水中的土壤最好是分散的土样，如果是颗粒状的土壤最好先碾细。

3）富集培养过程中要随时注意对培养液中微生物生长情况的观察，以便适时进行分离。

4）对样品中未知培养条件的菌种分离，特别是要进行微生物多样性分析时，最好不要进行富集培养。若既要反映环境的微生物类群，又要分离微生物新的种类，一般可以采用富集分离与直接分离相结合的方法。

六、思考题

如何进行目标微生物的富集？

实验 1.5　目标菌株的分离纯化

一、实验原理

自然环境是微生物群居的场所，要想获得其中的新种微生物就需要进行纯种分离。而经富集培养以后的样品中，目标微生物得到增殖，占了优势，还需要进行分离、纯化。菌株分离可通过“菌落纯”与“细胞纯”的方法进行。

- 纯种分离
  - 菌落纯
    - 平板划线法
    - 稀释平板涂布法
    - 组织分离法
  - 细胞纯
    - 用分离小室分离单细胞
    - 用显微操纵器分离单细胞
    - 用菌丝尖端切割单分离细胞

（一）通过菌落纯进行纯种分离

平板划线法（streak plate method）、稀释平板涂布法（spread-plate method）、平板倾注法（pour-plate method）、组织分离法等方法较为粗放，但较常用。

1）平板划线法：用接种环取少量菌体样品，在事先准备好的培养基平板上划线。平板划线法有连续划线法（continuous streak method）和分区划线法（quadrate section streak method）（图 1-8）。

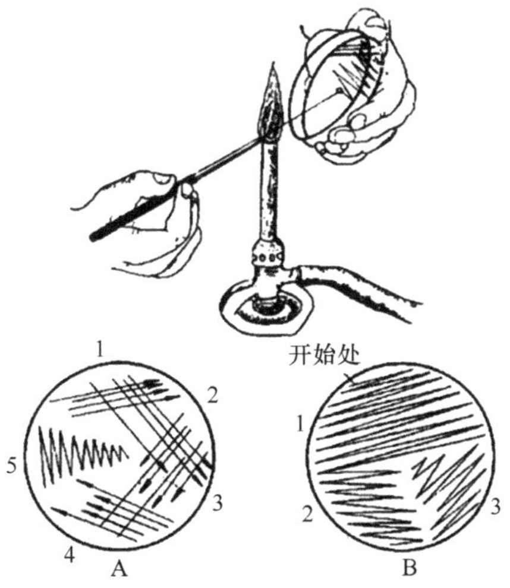

图 1-8　平板划线操作示意图（生物秀，http://www.bbioo.com）

A. 分区划线；B. 连续划线

2）稀释平板涂布法：把样品以 10 倍的级差，用无菌水或生理盐水进行稀释，制成菌悬液，使微生物细胞充分分散为单细胞（图 1-9）。取一定量的某一稀释度悬浮液，用无菌涂棒涂抹于分离培养基的平板上。

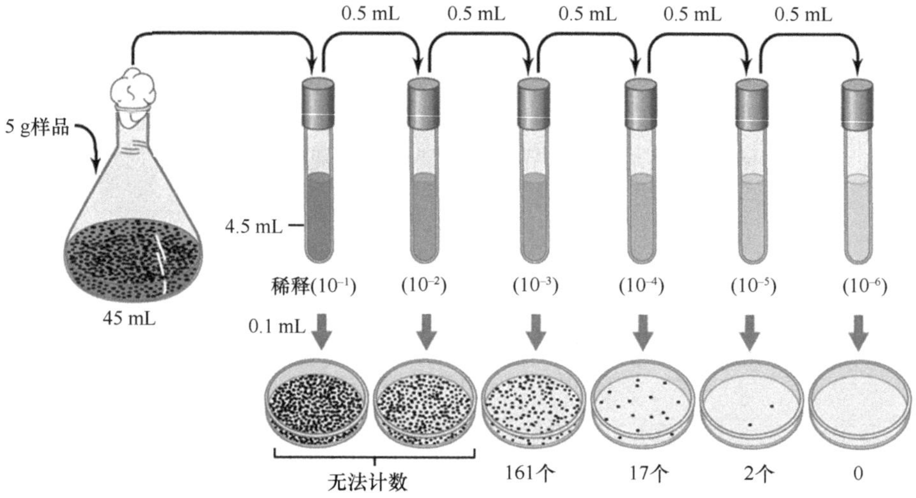

图 1-9　菌液的稀释

3）组织分离法：从有病或特殊组织中分离菌株，切出小块含菌组织，用干净水洗去组织表面污物。以 10%漂白粉或 0.1% $HgCl_2$ 浸泡 2～5 min 进行表面消毒，无菌水冲洗。将消毒后的组织移到平皿培养基上，置于适宜温度培养一定时间，即可在组织周围长出微生物。

（二）通过细胞纯进行纯种分离

单细胞或单孢子分离方法，可达到“菌株纯”或“细胞纯”的水平。这类方法需专门的仪器设备，复杂的如显微操作装置，简单的可利用培养皿或凹玻片作分离小室进行分离。

二、实验试剂

1）新鲜土壤或富集后的样品，灭菌的培养基。

2）无菌水或生理盐水：带有玻璃珠、装 45 mL 水的锥形瓶、3～5 支装 4.5 mL 水的试管。

三、实验器具

三角瓶、培养皿、接种环、试管、微量移液器、吸头、涂棒、记号笔、酒精灯、水浴锅、超净台、培养箱等。

四、实验操作

（一）制备土壤稀释液

1）取土壤 5 g 入 45 mL 无菌水的三角瓶中，振荡 5～10 min，即为稀释 10^{-1} 的土壤悬液，或者直接利用富集培养后的菌液。

2）另取装有 4.5 mL 无菌水试管 4 支，用记号笔标上 10^{-2}、10^{-3}、10^{-4}、10^{-5}。

3）取已稀释成 10^{-1} 的土壤悬液，振荡后静置 0.5 min，用无菌吸管或微量移液器吸取 0.5 mL 土壤悬液加入装有 4.5 mL 无菌水的试管中，充分混匀，即成 10^{-2} 土壤稀释液。

4）同法依次连续稀释成 10^{-3}、10^{-4}、10^{-5} 的土壤稀释液。

（二）稀释平板涂布法

1）先在无菌培养皿底部写好标记。

2）以无菌操作法取已熔化的培养基 2 管，分别倒入培养皿，铺平，制成平板。

3）凝固后，按无菌操作法吸取一定稀释度的土壤稀释液或富集培养液 0.1～0.2 mL 加在平板中间。

4）用无菌涂棒将稀释液在平板表面涂抹均匀。

5）在一定温度的培养箱中倒置，培养一段时间，观察菌落形态（图 1-10）。

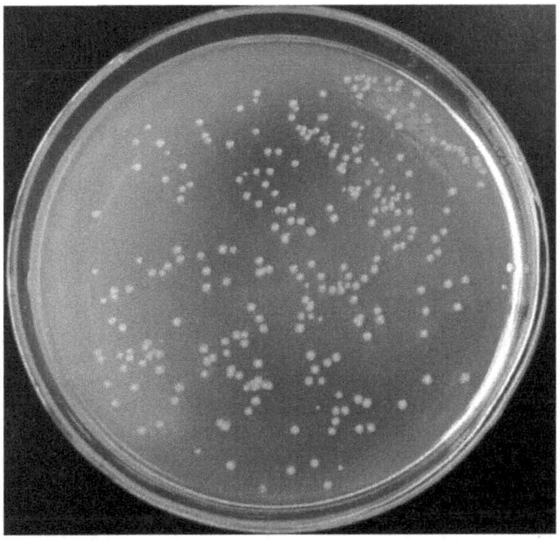

图 1-10 稀释平板涂布法分离的菌落（彩图请扫封底二维码）

6）挑取不同形态的单个菌落，接种于相应的斜面培养基上，如果不纯，再移植纯化，至最后得到纯培养为止。

（三）平板划线法

1）取已熔化的培养基，倒入平皿，制成平板。

2）凝固后，用接种环取相应的菌液在平板上划线。

3）分区划线法：用接种环以无菌操作法挑取土壤稀释液一环，先在培养基的一边作第一次平行划线 3 条，再转动培养皿约 60°角，并将接种环上的剩余物烧掉，待冷却后通过第一次划线部分作第二次划线，同法依次作第三次和第四次划线。划线完毕，于特定的温度条件下倒置培养（图 1-11）。

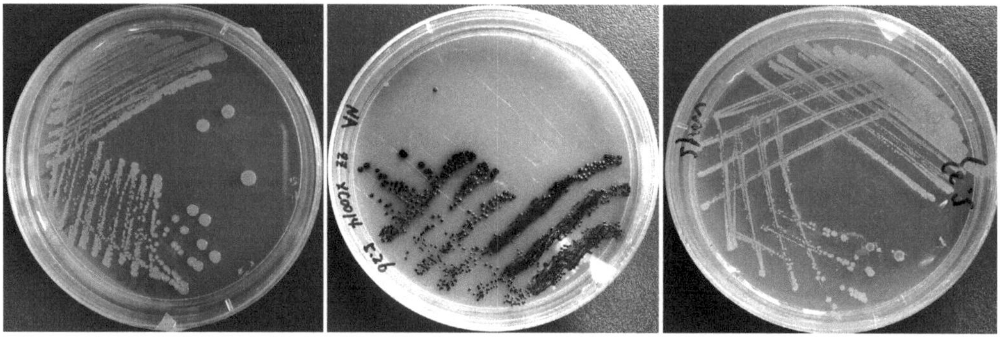

图 1-11　分区划线法分离的菌落（彩图请扫封底二维码）

4）挑取单个菌落，特别是形态特征有差异的菌落，接种于斜面培养基上，如果不纯，再移植纯化，直到获得纯培养。

五、实验提示与注意事项

1）稀释平板涂布法应采用适当稀释的微生物样品。如果样品信息很少不确定，可以先做一个预实验，选用各相隔百倍的 3 个稀释度（如 10^{-5}、10^{-7}、10^{-9}）涂布平板。稀释涂布法所用的样品量为 0.1～0.2 mL，不能太多，否则涂布后培养时会引起样品四处流淌。涂布要均匀，但不能反复过度地涂布。

2）平板划线法分离菌株的操作中，每次划线结束，转动培养皿后，再次划线前一定要将接种环上的菌株进行灭活，再从原先最后一次划线的地方开始划线。

3）微生物分离过程中，要避免染菌。最好使用高压灭菌后的接种环，否则如遇到芽孢菌就很容易引起污染。也可以使用微量移液器上的吸头来代替接种环，利用灭菌后的吸头进行菌落的挑取与接种。此外，涂布用的涂棒也最好是经高压灭菌处理的。

4）接种环在平板或斜面上划线，动作要轻、勿划破斜面或平板培养基的表面。一般划完线，以仔细看才能看到痕迹为宜。观察平板培养物时，不可以完全打开盖子。

5）通常在实验条件下，往往关注的都是些能快速形成较大菌落或菌群的微生物，而生长缓慢的小菌落却很容易被忽略。所以，分离培养的平板，挑完第一批菌落后，不要立即处理掉，应继续培养，有可能要挑一些生长缓慢的第二批小菌落，甚至是第三批的菌落。这样获得新种的机会就会增加。

6）生长缓慢、因养分限制无法生长形成菌落的菌株，还有一些生存在寡营养环境下的在平板培养基中仅在表面迁徙生长或扩散生长，在显微镜下只能观察到几个细胞组成的小型集合等难以发现，可以采用原位培养法进行。

7）培养古菌等生长缓慢的菌株时，平板培养基的量应加多些，并且需要多层塑料薄膜进行包裹，否则，长时间后培养基会干燥，不利于菌株的生长。

六、思考题

1）当平板上长出的菌落不是均匀分散的而是集中在一起时，你认为问题可能出在哪里？

2）试设计一个从盐湖水中分离出嗜盐菌的实验。

实验 1.6　目标菌株的筛选

一、实验原理

在混杂的微生物群体中，按照其代谢特征，分离出具有特定功能的微生物菌株，并进行纯化，鉴定直至获得单一菌株的过程。微生物的筛选分初筛与复筛，先进行以量为主的大范围的初筛，以便获得大量的具有潜在应用价值的微生物或新种菌株，再通过以质为主的复筛确定获得活性较高的优质菌株。

（一）初筛、纯培养

根据目标微生物的特殊生理特性或利用某些代谢产物生化反应来设计分离培养基，对大量混杂微生物进行初步分离。初筛过程中应把握好 3 点：①快速，要尽快预测或预见所筛选的目的微生物；②敏捷，迅速处理好众多的样品；③经济，通过一次筛选要得到具有广泛目标的有用微生物。

将富集培养的样品进行适当稀释后，涂布接种到特定培养基上进行培养，使其形成单菌落，并观察微生物各种代谢产物在琼脂平板上的典型反应（表 1-4）。

1）透明圈法（水解圈）：在平板培养基中加入溶解性较差的底物（如碳酸钙等），使培养基呈浑浊状态。能分解底物的微生物便会在菌落周围形成肉眼可见、清晰的透明圈（图 1-12），圈的大小初步反映该菌株利用底物的能力。该法在分离水解酶（几丁质酶、壳聚糖酶、脂肪酶、淀粉酶、蛋白酶、核酸酶）产生菌时常采用。

表 1-4 微生物代谢产物的快速检测方法

代谢物	检测方法
淀粉酶	以碘着色，显示淀粉溶解与消化情况
蛋白酶	以酪素（1%脱脂牛奶）的溶解度来检测
脂肪酶	在橄榄油琼脂中加入 0.05%～0.25% OsO_4 溶液，显出消除乳化的变化
果胶酶	果胶（1.5%聚甲胶钠）的液化，聚糖的沉淀
核酸酶	用盐酸湿润可见无水核苷酸的沉淀或用丫啶橙在紫外线下检测荧光，以 DNA 改变联甲苯胺蓝的荧光
磷酸酯酶 C	可由水溶性溶血卵磷脂形成，卵磷脂琼脂的浑浊区
纤维素酶	从纤维素琼脂中清除滤纸纤维，形成清除区
脂酶	在培养基中从吐温-20 和 $CaCl_2$ 脱掉月桂酸后形成月桂酸钠的沉淀。或通过水解 7-羟基-4-甲基伞形酮产生的 7-羟基-4-甲氧基香豆素形成荧光
过氧化物酶	喷雾，*p*-茴香胺-H_2O_2
酶抑制剂	用含有酶的琼脂，通过酶的抑制反应区域进行筛选
有机酸	以 pH 指示剂反映呈色变化，或在琼脂中放入 $CaCO_3$ 通过其溶解程度来观察

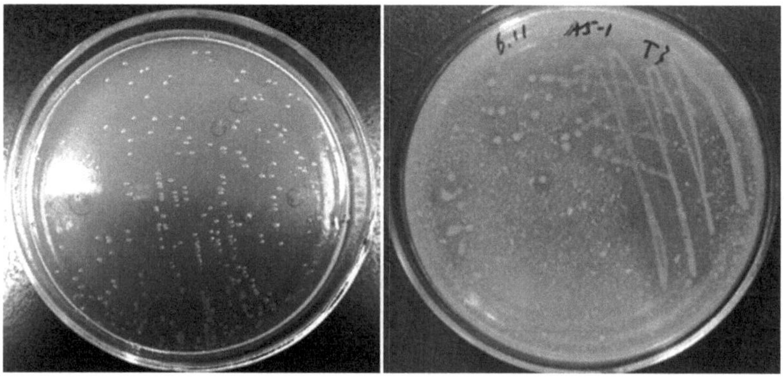

图 1-12 脂肪酶产生菌（彩图请扫封底二维码）

2）变色圈法：对于一些不易产生透明圈的菌株，可在底物平板中加入指示剂或显色剂，如筛选果胶酶产生菌时，用含 0.2%果胶为唯一碳源的培养基平板，对含微生物样品进行分离，待菌落长成后，加入 0.2%刚果红溶液染色 4 h，具有分解果胶能力的菌落周围便会出现绛红色水解圈。分离内肽酶产生菌，除了用酪蛋白作底物平板产生透明圈进行鉴别外，还可以用吲羟乙酸酯为底物加到分离培养基中，产生蛋白酶的菌落由于水解吲羟乙酸酯为 3-羟基吲哚，后者能氧化生成蓝色产物，根据呈色圈便可选出平板上产蛋白酶的菌落。

3）抑菌圈（zone of inhibition）法：琼脂块培养法，常用于抗生素产生菌的分离筛选。抑菌圈法的指示菌采用抗生素的敏感菌。若被检菌能分泌某些抑制菌生长的物质，如抗生素等，便会在该菌落周围形成指示菌不能生长的抑菌圈（图 1-13）。采用该方法已经得到很多有用的抗生素，如春雷霉素和青霉素等。

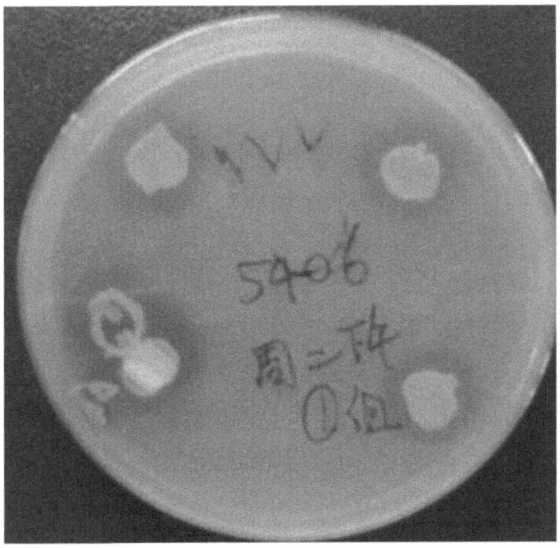

图 1-13　抑菌圈的琼脂块（彩图请扫封底二维码）

4）生长圈法：利用某些具有特殊营养要求的微生物作为指示菌，要分离的微生物能在一般培养条件下生长合成该营养物而使指示菌能生长，形成生长圈。生长圈法通常用于分离筛选氨基酸、核苷酸和维生素的生产菌。

（二）复筛

分离出的微生物经过初筛鉴定、生产菌株的性状实验以后，要进行复筛，用液体培养基进行摇瓶培养、小型发酵罐培养及提取实验等。另外进一步考察供试菌株的生产水平，同时摸索、确定筛选菌株的最佳发酵工艺条件。

二、实验试剂

1）0.9%生理盐水、碘液、0.1%刚果红。

2）胶体壳聚糖平板：A1 液与 B 液 120℃灭菌后等量混合。

A1 液：75 mL 0.4 mol/L HCl 溶液中加入 2 g 壳聚糖，用玻璃棒将其搅匀，使其成均一的胶状物质，用 2 mol/L NaOH 溶液缓慢将其调 pH 至 5.0。最后定容至 200 mL。

B 液：K_2HPO_4 2 g、KH_2PO_4 1 g、$MgSO_4·7H_2O$ 0.7 g、NaCl 0.5 g、KCl 0.5 g、$CaCl_2$ 0.1 g、酵母抽提粉 0.5 g、琼脂粉 15 g，加水定容至 1000 mL。

3）纤维素分解菌筛选培养基：KH_2PO_4 0.2%、$(NH_4)_2SO_4$ 0.14%、$MgSO_4$ 0.03%、$CaCl_2$ 0.03%、$FeSO_4$ 0.0005%、$MnSO_4$ 0.000 16%、$ZnCl_2$ 0.000 17%、$CoCl_2$ 0.0002%、羧甲基纤维素钠（carboxymethyl cellulose sodium，CMC）2%、琼脂 1.5%、Na_2CO_3 1%（分开灭菌），适当 pH。

三、实验器具

培养皿、记号笔、接种环、微量移液器、吸头、酒精灯、超净台、培养箱等。

四、实验操作

（一）壳聚糖酶菌株的分离纯化

1）观察富集样品（菌液相对浑浊、壳聚糖颗粒似溶化）。

2）将富集样品稀释 100～1000 倍，各取 10^{-2}、10^{-3}、10^{-4} 样品 0.2 mL 涂布胶体壳聚糖平板，在 28～30℃培养 2～7 d。

3）观察平板上微生物的生长情况及透明圈的形成情况（图 1-14）。

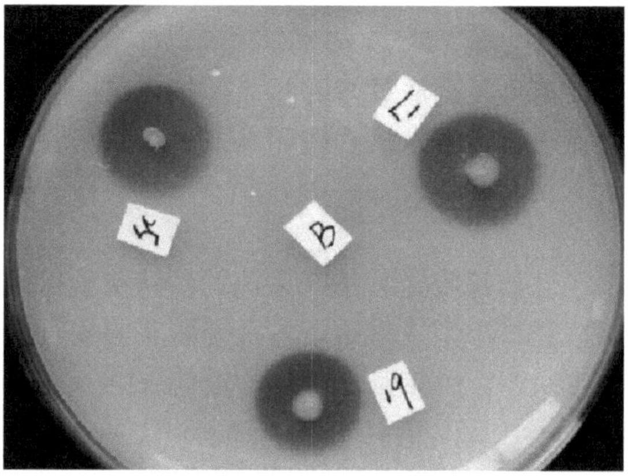

图 1-14　壳聚糖分解菌及透明圈（彩图请扫封底二维码）

4）选取透明圈与菌落直径比值比较大的菌株，接入斜面培养基，4℃保存。

5）移植并进一步纯化水解圈与菌落直径比值较大的菌株，培养后 4℃冰箱保存。

（二）纤维素酶菌株

1）将浑浊的富集样品进行适当的稀释（10^{-4}～10^{-2}）。

2）各取 10^{-2}、10^{-3}、10^{-4} 样品 0.2 mL 涂布纤维素分解菌筛选培养基平板，放入培养箱 30～37℃培养 2～6 d。

3）加入适量 0.1%刚果红溶液染色 1 h。

4）弃去染液，加入适量 1 mol/L NaCl 溶液，洗涤 1 h。若细菌产生纤维素酶，则在菌落周围出现清晰的水解圈（图 1-15）。

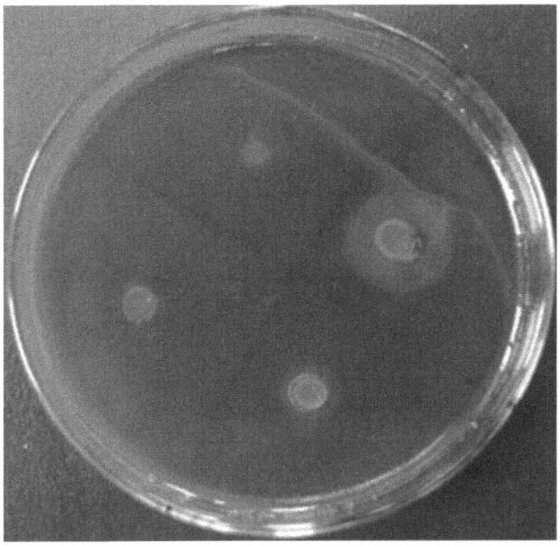

图 1-15　纤维素酶菌株（彩图请扫封底二维码）

5）依据水解圈的直径大小选择产酶菌株，接入斜面培养基，培养后置 4℃保存。

五、实验提示与注意事项

1）同一平板上菌株酶活性可根据菌落直径与透明圈（变色圈）直径的比值得到初步的确定，一般筛选菌落直径较大，且水解圈直径与菌落直径的比值较大的菌株具有较强的繁殖能力和水解底物的能力。但在不同的平板上因培养基的厚度等影响有时无法进行比较。

2）可用 0.4%微晶纤维素钠（microcrystalline cellulose）代替羧甲基纤维素钠（CMC）。

3）菌落挑选出来后，应进行多次纯化，保证是纯培养物。

六、思考题

如何分离具有各种酶活性的细菌？

实验 1.7　厌氧菌的研究

一、实验原理

厌氧微生物在有氧条件下无法生存，因为 O_2 是一种反应活性非常高的分子，微生物在有氧条件下生长代谢会产生某些有害的毒副产物，如超氧阴离子自由基（O_2^-）、过氧化氢（hydrogen peroxide）、羟基自由基（hydroxyl radical）和纯态氧等。这些毒副产物在细胞内积累，并与蛋白质、脂类或核苷酸等生物大分子发生反应而导致细胞损坏，引起机体中毒死亡。其中羟基自由基是有氧呼吸中产生的最具有反应活性的毒副产物，其氧化性很强，很容易通过电离辐射生成。

通常好氧微生物代谢过程中产生的超氧化物、过氧化氢可以通过好氧菌所含有的超氧化物歧化酶（superoxide dismutase，SOD）、过氧化氢酶（catalase）或过氧化物酶（peroxidase）被消除而形成水（图 1-16）。而厌氧菌因为缺乏这些酶，则在有氧的环境中被杀死。

1) 过氧化氢酶

$$H_2O_2 + H_2O_2 \rightarrow 2\,H_2O + O_2$$

2) 过氧化物酶

$$H_2O_2 + NADH + H^+ \rightarrow 2\,H_2O + NAD^+$$

3) 超氧化物歧化酶

$$O_2^- + O_2^- + 2\,H^+ \rightarrow H_2O_2 + O_2$$

4) 超氧化物歧化酶与过氧化物酶组合

$$4\,O_2^- + 4\,H^+ \rightarrow 2\,H_2O + 3\,O_2$$

5) 超氧化物还原酶

$O_2^- + 2\,H^+$ + 还原型红素氧还蛋白 → H_2O_2 + 氧化型红素氧还蛋白

图 1-16　氧的毒害方式

厌氧菌的研究采用美国微生物学家 Hungate 于 1950 年提出的亨盖特厌氧滚管技术（hungate roll-tube technique）。在制备、保存等各个环节中，采用物理、化学方法相结合，以达到除氧的目的。①利用高纯 N_2 或混合气（H_2、N_2 与 CO_2）驱除小环境气相中的空气。②煮沸培养基液体以驱除溶解氧。③向培养基中加入还原剂（如 Na_2S、半胱氨酸等），利用其还原作用驱除氧，使培养基的配制、分装、灭菌和储存，以及菌种的接种、培养、观察、分离、移种和保藏等过程始终处于高度无氧条件下。

亨盖特厌氧滚管技术中要使用一种厌氧试管，其管口有丁基橡胶塞，当把菌液稀释，接种到熔化的无氧琼脂培养基中，并用丁基橡胶塞严密塞住厌氧试管的管口，盖好盖子后，平放并经过均匀滚动，使含菌培养基布满在试管的内表面上，长出许多菌落。

二、实验试剂

1）CJW 培养基：1.0 g Na_2SO_4、30.0 g NaCl、5.0 g $MgCl_2·6H_2O$、0.7 g KCl、1.0 g $CaCl_2·2H_2O$、0.5 g NH_4Cl、0.4 g K_2HPO_4、0.4 g KH_2PO_4、2.0 g $NaHCO_3$、2.0 mg $Fe(NH_4)_2(SO_4)_2$、3.0 g 酵母提取物（Difco）、4.0 g 胰蛋白胨（Difco），pH 6.8，去离子水定容至 1000 mL。

2）Gs 培养基：0.5 g K_2HPO_4、1.0 g KH_2PO_4、0.5 g $MgCl_2·6H_2O$、1.0 g 尿素、3.0 g 酵母提取物、1.0 g 半胱氨酸、3.0 g 胰蛋白胨、1 mL 微量元素 SL-10，pH 7.0，去离子水定容至 1000 mL。

3）微量元素 SL-10：1.5g $FeCl_2·4H_2O$、190.0 mg $CoCl_2·6H_2O$、100.0 mg $MnCl_2·4H_2O$、70.0 mg $ZnCl_2$、36.0 mg $Na_2MoO_4·2H_2O$、24.0 mg $NiCl_2·6H_2O$、6.0 mg H_3BO_3、2.0 mg $CuCl_2·2H_2O$、10.0 mL 25% HCl，去离子水定容至 1000 mL，121℃灭菌 15 min。

4）0.2%刃天青（resazurin）母液（*m*/*V*）、5% $Na_2S·9H_2O$ 溶液、半胱氨酸。

三、实验器具

装有分压表的氮气钢瓶、调压变压器、高压蒸汽灭菌锅、15 mL 厌氧试管和 50 mL 厌氧瓶（图 1-17）、电炉、圆底烧瓶（500 mL、1000 mL）、各种规格的定量注射器（1 mL、2 mL、5 mL）、18#针头、微量移液器、吸头、酒精灯等。

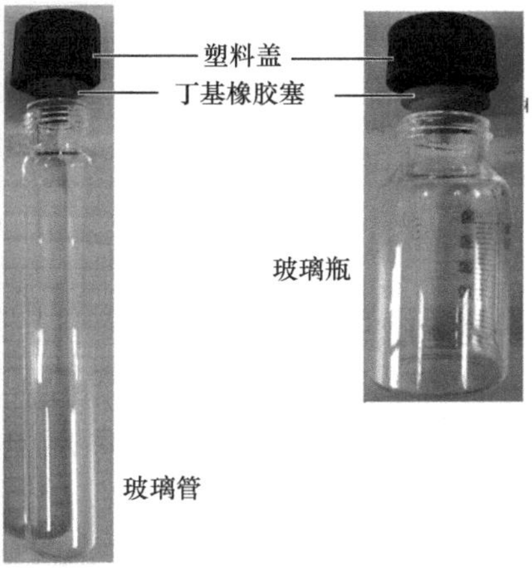

图 1-17　厌氧试管（左）和厌氧瓶（右）

四、实验操作

（一）高压钢瓶的使用

1）钢瓶装上配套的减压阀，检查减压阀是否关紧，逆时针旋转调压手柄至螺杆松动为止。

2）打开钢瓶总阀门，此时高压表显示出瓶内储气总压力。

3）慢慢地顺时针转动调压手柄，至低压表显示出实验所需压力为止。

4）停止使用时，先关闭总阀门，待减压阀中余气逸尽后，再关闭减压阀。

（二）无氧无菌水的配制

1）将 500 mL 去离子水沿玻璃棒倒入固定在铁架台上的 1000 mL 圆底烧瓶中，最好放入几个防爆玻璃珠。向 500 mL 水中加入终浓度为 0.0002%的刃天青，即加入 0.5 mL 0.2%刃天青母液，并加入 0.2 g 半胱氨酸（终浓度 0.04%）。在烧瓶外壁溶液水平面处划一刻度后，加入适量水。

2）视所加水总量而定，煮沸 5～10 min，根据水中含氧量的下降刃天青经历紫色→红色→无色的颜色变化，当溶液变为无色后，再煮沸 5 min，然后通高纯氮气 1～2 min。

3）分装的过程可以不再加热，用 10 mL 定量注射针筒抽进氮气流，再打出洗气（3 次以上），然后抽取 9 mL 无氧水注入已换气的 15 mL 厌氧管（或厌氧瓶）中；注入厌氧管（或血清瓶）后，需要等待通气 5～10 s，以置换瓶中空气，在抽出氮气流针头的同时塞紧丁基橡胶塞，最后旋紧盖子。

4）121℃高压蒸汽灭菌 20 min。

（三）专性厌氧菌液体培养基配制（以制备 1000 mL 为例）

1）按照配方配制培养基，定容后，加入 1 mL 0.2%刃天青母液（*m*/*V*）（终浓度 0.0002%），0.4 g 半胱氨酸（终浓度 0.04%），调节 pH（因刃天青和半胱氨酸对培养基的 pH 有影响）。

2）将装有培养基的圆底烧瓶在电炉上加热；与制备无菌无氧水不同，培养基沸腾后即显示培养基原来的颜色（如淡黄色），沸腾后即可往烧瓶中通氮气。

3）通气 1 min 后，关掉电炉，培养基无须继续加热，但烧瓶中要继续通气，培养基中加入 5% $Na_2S·9H_2O$ 溶液 10 mL（终浓度 0.05%），用注射器吸取适量培养基注入厌氧管或厌氧瓶中，通气 10～20 s，塞上橡胶塞，旋紧盖子。

4）厌氧试管用牛皮筋扎成 7 支或者 10 支一捆即可灭菌，121℃湿热灭菌 20 min。

（四）厌氧菌固体培养基配制

1）按照配方配制培养基，定容后，加入 1 mL 0.2%刃天青母液（*m*/*V*）（终浓度 0.0002%），0.4 g 半胱氨酸（终浓度 0.04%），调节 pH。

2）取上述培养基母液至圆底烧瓶中，再加琼脂粉和适量蒸馏水以弥补在煮沸过程中蒸发的损失量。煮沸 15～20 min，驱除培养基中的溶解氧。

3）培养基中加入 5% $Na_2S·9H_2O$ 溶液 10 mL（终浓度 0.05%），接下来同专性厌氧菌液体培养基的配制。

4）用 10 mL 的定量注射针筒取 4.5 mL 培养基注入 15 mL 已换气的厌氧试管中。

5）灭菌后的培养基取出来就可进行滚管操作，使灭完菌还未冷却的固体培养基在桌面匀速滚动，培养基会均匀固定在厌氧管壁上；也可以做成斜面状，但是如果是分菌的话滚管更加好点，因为接触面积大。最后，管底会留有稍许冷凝水。

（五）厌氧菌分离纯化

1）富集培养：用灭菌小铁铲取 0.5～2.5 g 样品至装有 20～25 mL 培养基的厌氧瓶内，充 N_2，塞紧丁基橡胶塞并盖好盖子。然后混匀，一定温度下暗中静置培养。培养几天后进行稀释涂布。

2）样品梯度稀释：取含有 9 mL 无氧无菌水的厌氧试管若干支，用无菌 1 mL 定量注射器以 10 倍稀释法稀释污泥菌悬液至合适浓度。由于没有经过富集，样品中含有的菌量较少，直接涂布法中菌悬液的稀释度做到 10^{-2} 就可以了；而富集后的菌液为得到单菌落，稀释度一般要做到 10^{-6}。

3）涂布：用无菌 1 mL 定量注射器取相应稀释度的污泥菌悬液 0.2 mL 于含 4.5 mL 固体培养基的厌氧试管中，立即滚管。然后再取出塞子，通无氧高氮气体，用无菌注射器与无菌针头将多余的液体吸出来，可防止过多的水滞留导致滚管模糊、菌落不清。

4）培养：培养温度及时间根据菌的生长而定，有些只要两三天，长的需要十来天，这些可以根据相关属菌株的条件来设定，一般如果条件合适，3 d 左右会有菌落长出。

（六）厌氧菌菌落的观察和纯化

1）培养 4 d 后，观察厌氧试管内壁上是否出现了菌落（图 1-18）。

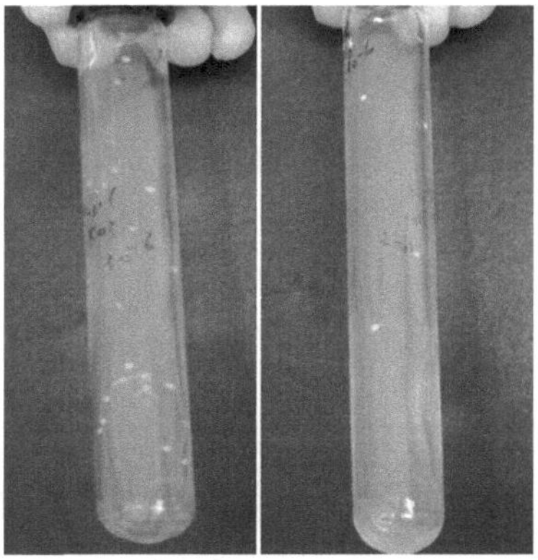

图 1-18　一些滚管厌氧菌菌落形态（彩图请扫封底二维码）

2）挑选不同形态特征的菌落，在氮气封闭的条件下，用毛细管挑选不同形态特征、生长状态良好的单菌落，接入无氧灭菌水中制成菌悬液，再用无菌针头接入灭菌后的厌氧培养基螺旋管中，滚管后置入恒温培养箱培养。

3）观察是否为纯菌，若不纯则继续涂布滚管分离纯化，直到螺旋管内菌落形态一致，单染色菌体形态相同方可接入液体和固体培养基中，再进行菌种鉴定。

五、实验提示与注意事项

1）钢瓶的使用：①钢瓶应存放在阴凉、干燥、远离热源的地方；②搬运钢瓶时要小心轻放，钢瓶帽要旋上；③使用时应装减压阀和压力表；④开启总阀门时，不要将头或身体正对总阀门，防止阀门或压力表冲出伤人。

2）刃天青是深红色有绿色光泽的棱柱形晶体，溶于碱为蓝色溶液，溶于醇显示砖红色的荧光，不溶于水和醚。pH 3.8（橙色）～6.5（深紫色）。刃天青在氧化态时呈绛紫色，在完全还原时为无色，它第一步不可逆地还原成桃红色；再可逆性地还原成无色。如果制备的培养基呈现桃红色，表明培养基已经被氧化，其氧化还原电位为–42 mV。将刃天青配成 0.2%母液，随配随加。一般在 100 mL 培养基中加入 0.2%的刃天青溶液 1 mL。如果是配制低氧化还原电位菌株（如–330 mV 甲烷菌）培养基，由刃天青所指示的培养基氧化还原电位还不能满足要求，还需要添加一定数量的硫化钠（终浓度 2%）。

3）商家提供的氮气纯度较高（含量 99.99%），无须再借助铜柱系统除氧。

4）分离厌氧微生物时，可采用部分富集后分离、部分直接分离的方法。因为富集会使个别或小量菌形成优势种而得到分离，而绝大多数菌种会因培养条件不合适而未能被分离，使分离微生物的多样性较差。厌氧分离过程中有时会发现随着分离传代的进行，分离获得的菌落会越来越少，这种情况可能是合成的培养基对所要分离的微生物不太合适，可以考虑在合成培养基中添加采集样品的萃取液。

5）如果具备厌氧培养箱，配制固体培养基、分离菌株，可不需滚管，直接在厌氧箱的工作室内倒平板及培养，具体见实验 1.8。

六、思考题

1）简述厌氧微生物分离培养的特点。

2）比较好氧纤维分解菌与厌氧纤维分解菌分离纯化的各自特点。

3）实验中通过哪些措施和方法保持细菌的厌氧状态？

实验 1.8　厌氧培养箱的使用

一、实验原理

厌氧培养箱也称厌氧手套箱（anaerobic glove box），是一种在无氧条件下用于厌氧菌分离培养操作的专用装置（图 1-19）。它有一个密闭的大型有机塑料包裹的工作室，前面装有两个手套，通过手套可在工作室内进行操作。工作室内有气体检测装置、温度调节装置与除氧催化剂。工作室侧旁有一转移室，上方有显示屏，并有按钮可进行程序设定和运行。

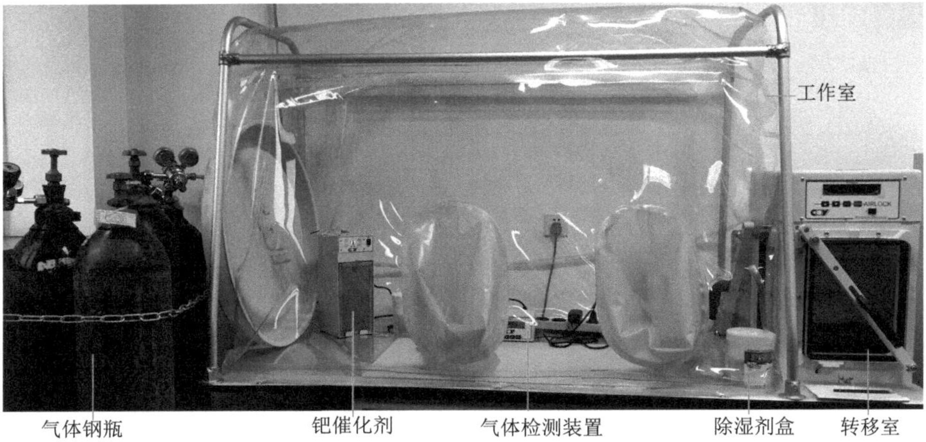

图 1-19　厌氧培养箱

转移室具有内、外两扇门，内门同工作室相连，一般处于关闭状态。当有物品要放入工作室时，要确保内门关闭，先将外门打开，把物品放入转移室。然后将外门关闭，运行转移室上方的显示屏（图 1-20）P1 程序，进行抽气和换气（前两次充氮气，最后一次通混合气）。三次气体交换后，使转移室处于厌氧状态后，方可将手伸入手套，打开内门，将物品移入工作室内，最后关闭内门。

工作室内有灵敏的气体浓度检测装置（图 1-21），可检测工作室内的 H_2 与 O_2 气体分压。工作室内可保持厌氧状态是利用充混合气中的氢气在钯催化剂的作用下，与其中的残余氧气反应合成水，从而除掉室内的氧气而变成厌氧环境。由于适量的 CO_2（2%～10%）对大多数的厌氧菌的生长有促进作用，在进行厌氧菌分离时可提高检出率，所以提供工作室内的混合气体除 N_2、H_2 外还含有一定量的 CO_2。

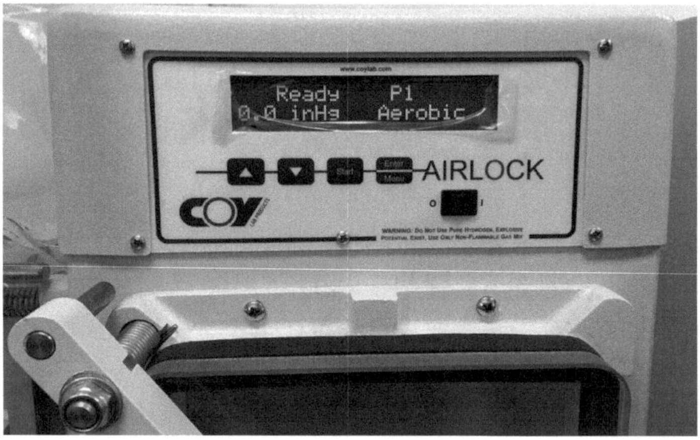

图 1-20 转移室上方的显示屏

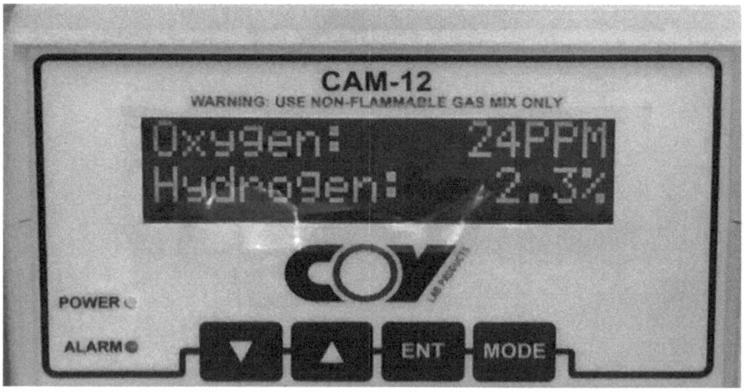

图 1-21 工作室内的气体浓度检测装置

厌氧培养箱可调节温度，适合于做厌氧菌的培养研究，并且大量培养基可放入其内做预还原和厌氧性无菌实验。厌氧箱的抽气、充气、厌氧环境和温度等均系自动调节。

二、实验试剂

厌氧菌、培养基、无氧水、0.2%刃天青母液、半胱氨酸，15%～20%甘油（含终浓度0.04%半胱氨酸）。

三、实验器具

厌氧箱、氮气（99.99%）钢瓶、混合气体（10%纯氢气+10%纯二氧化碳+80%纯氮气）钢瓶等。

四、实验操作

（一）厌氧工作室换气

当首次使用、长期未用后使用或操作箱内显示器显示 H_2 浓度过低时，需要对厌氧操作箱内气体进行换气。

1）检查转移室及其内外门、袖套操作口及橡胶附件等处是否密封良好。

2）将除氧钯催化剂放置在工作室固定位置，将除湿剂盒放入工作室，并关紧转移室内门与外门。

3）开启转移室上方显示屏，通过启动 P1 程序使转移室内换气除氧。

4）打开内门，使工作室和转移室相通，运行程序 Prof，按照显示屏指示将工作室进行抽真空，至手套由于内部分压低处于向内膨胀状态。

5）按照显示屏指示，向工作室内充混合气体，至工作室的塑料顶恢复之前状态。由于内部温度设定高于环境温度，不可使整个工作室被气体充满。

6）一般首次使用或长期未使用后使用，需将工作室内气体置换 3 次。通常因 H_2 浓度过低进行的工作室换气，只需显示屏显示氢气浓度大于 2%即可，一般只需一次换气。

（二）常规操作

1）按使用要求放置好必要的附件和器具。

2）通电源，开照明灯，开温控仪，调节所需温度，如 35℃。

3）打开氮气罐和混合气体气罐阀门和减压阀，调节气体压力为 0.05～0.1 MPa。

4）打开转移室上方显示屏。目视确认转移室内门关闭，将转移室外门打开，将转移物品放入室内，关闭外门。

5）启动 P1 程序，默认 P1 程序为抽真空至 30 inHg，前两次充氮气，第三次充混合气体。当程序结束后，会有“哔”声，显示器显示 0.0 inHg，Anaerobic。

6）通过手套操作，将内门打开，将转移室内物品取出放入工作室中。静止约 30 min 除氧，使检查仪器的氧气低于 20 ppm[①]。

7）待工作室内 O_2 分压为 0 ppm 时，可进行实验操作，如倒平板、涂平板、挑单菌落、接种等。

8）实验结束后，确认转移室上显示屏显示 Anaerobic，方可通过袖套操作打开内门，将物品放入转移室。脱下操作手套，打开外门，将物品从转移室取出。

9）最后，关闭转移室外门。如长期不再使用工作室，需将气罐阀门关闭。

---

① 1 ppm=1×10^{-6}

五、实验提示与注意事项

1）将混合气体钢瓶、氮气钢瓶安放平稳，并分别装好减压阀（含压力表），安置在适当位置；接上气路并检查气路，防止漏气。

2）开机前应全面熟悉和了解各组成配套仪器、仪表的使用说明。培养物必须是在工作室内达到绝对厌氧环境后放入，经常注意气路有无漏气现象。

3）工作室的温度设定不可低于室温。当工作室进行换气后，用手摸气罩，感受不到工作舱温度升高时，需将工作舱内除氧钯催化剂取出，置于 80℃烘箱进行 2 h 的活化。

4）工作室内气体检测装置的显示器设置 O_2 报警浓度为大于 350 ppm 及 H_2 小于 2%。由于氧气被消耗产生水，故要注意及时进行工作室内除湿，定期更换干燥剂。

5）厌氧菌的甘油菌保藏时，添加终浓度 15%～20%甘油（其中含 0.04%半胱氨酸）。如果是做冷干管，则需要将培养的 50 mL 培养液离心收集菌体做冷干管。

6）厌氧菌的培养基中需添加指示剂刃天青（终浓度 0.2%）外，还可添加终浓度 0.04%半胱氨酸或者终浓度 0.05% NaS。

7）稀释厌氧菌菌液时，除了使用无氧水外，还可以利用培养基进行。

六、思考题

如何确定厌氧箱的无氧状态？

实验 1.9　疑似新种的确定

一、实验原理

获得纯培养菌株后，可通过 16S rRNA 基因的研究，初步确定疑似新种的分类地位。

16S rRNA 寡核苷酸序列分析是美国科学家 C. Woese 于 1976 年建立的一种方法。作为蛋白质合成的场所，rRNA 存在于所有生物的细胞中，并且在相当长的进化过程中十分保守，其功能几乎保持恒定。局部分子排列顺序变化非常缓慢，从而保留了祖先的一些序列，可代表进化过程的亲缘关系，作为探索生物进化过程的“分子计时器或进化钟”（chronometer）。1990 年，Woese 等根据 16S rRNA（或 18S rRNA）序列分析正式提出了生命系统树是由细菌（bacteria）、古菌（archaea）和真核生物（eucarya）构成的三域学说（three domain proposal）（图 1-22）。目前

RNA 序列已经在微生物分类领域中得到广泛应用，至今国际数据库 RDP（ribosomal database project）中包含了众多的已注解的 16S rRNA 基因。

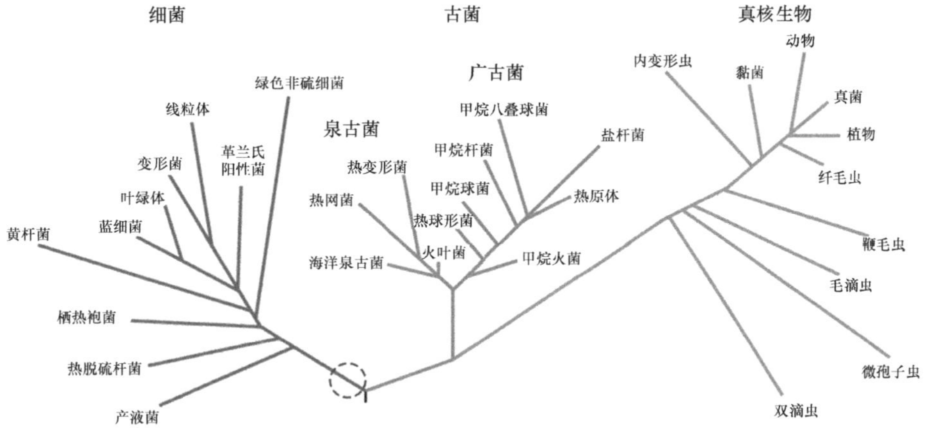

图 1-22　根据 16S rRNA 基因序列构建系统发育树（Woese et al.，1990）

通过 PCR 的方法扩增获得约 1.5 kb 的 16S rRNA 基因序列，将序列与数据库中其他已知序列比对。以 16S rRNA 基因序列为基础构建系统发育树，来直观判断目标菌株与其他菌株的亲缘关系及其分类地位。

1994 年，Embley 和 Stackebrandt 认为当 16S rRNA 序列的相似性低于 97%时，则表明目标菌株可能代表新的种，16S rRNA 序列相似性若低于 95%（93%～95%），则可能代表新的属。低于 91%为新科，高于 91%为新目。但根据权威科学家最新的建议，当相似度小于 98.5%就可作为疑似新种进行研究。

细菌（bacteria）的 16S rRNA 基因的通用正向引物 SP 和反向引物 RP 分别对应于大肠杆菌（*E. coli*）的 8～27 nt 和 1472～1492 nt 或 1522～1541 nt，即

27F：5′-AGAGTTTGATCMTGGCTCAG-3′　　M 为 A 或 C

1492R：5′-ACGGYTACCTTGTTACGACTT-3′　　Y 为 C 或 T

或 1541R：5′-AAGGAGGTGATCCAGCCGCA-3′

古菌（archaea）的 16S rRNA 基因的通用正向引物 SP 和反向引物 RP，分别对应于大肠杆菌（*E. coli*）的 6～22 nt 和 1540～1521 nt，即

25SP 引物：5′-ATTCCGGTTGATCCTGCCGGA-3′

1525RP 引物：5′-AGGAGGTGATCCAGCCGCAG-3′

二、实验试剂

PCR 扩增试剂盒、PCR 纯化试剂盒、模板 DNA、DNA 标准分子质量（λ/*Hin*d III）、琼脂糖、PCR 纯化试剂盒。

三、实验器具

0.2 mL Eppendorf 管、微量移液器、吸头、制冰机、冰盒、PCR 扩增仪、低温离心机、微波炉、电泳槽、电泳仪、紫外线灯检测仪、手套等。

四、实验操作

（一）PCR 扩增 16S rRNA 基因

1）提取菌株的基因组 DNA（实验 3.1）。

2）取一个 0.2 mL Eppendorf 管，在其中添加以下各种成分（总体积 50 μL）。

ddH_2O	36.5 μL
模板 DNA	1 μL（100～200 ng）
上游引物（10 μmol/L）	2 μL
下游引物（10 μmol/L）	2 μL
10×缓冲液（含 $MgCl_2$）	5 μL
dNTP 混合物（10 mmol/L）	3 μL
Taq 酶（5 U/ μL）	0.5 μL

3）稍作离心，将反应管放入 PCR 扩增仪中，按下列条件设计好程序，进行 PCR。

4）反应程序：94℃条件下使模板 DNA 变性 5 min。

变性	94℃	40 s	30 个循环
复性	55℃	40 s	
延伸	72℃	1.5 min	

最后在 72℃条件进行延伸 7～10 min。

5）PCR 结束后，取 4 μL 反应液电泳，鉴定 PCR 产物是否存在及其大小（图 1-23）。

（二）PCR 产物的纯化可以利用 PCR 纯化试剂盒

1）电泳确认后，在 PCR 管中加入 50 μL 无菌水，将样品移至新的 1.5 mL 小离心管中。

2）加入 500 μL 结合，混匀，装柱，9000 r/min 离心 30 s；倒掉收集管中的废液。

3）加 500 μL 漂洗液，12 000 r/min 离心 30s。重复漂洗一次。去掉废液后，放回柱子，空管再于 12 000 r/min 离心 1 min。

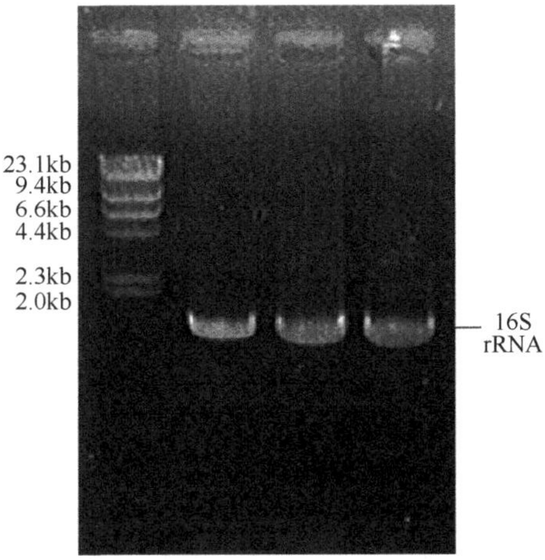

图 1-23　16S rRNA 基因

4）将吸附柱子放入新的 1.5 mL 离心管中，在柱子的膜中央（重要!）加洗脱液 30 μL，室温放置 1～2 min。12 000 r/min 离心 1 min，然后去掉柱子，即为纯化产物。

5）电泳确认后，可直接利用 16S rRNA 的 5′端扩增引物进行直接测序（实验 3.5）。

6）从测序平台获得测序结果后，可以使用 Chromas 打开峰图文件（*.ab1），将前面方框所示的 20～50 核苷酸杂峰去除（图 1-24），将最后的弱峰部分也去掉（图 1-25）。一般取 700～800 bp 序列进行比对。

7）若确定 16S rRNA 序列与已知序列的相似性小于 97%～98.5%，可立即用于 TA 克隆实验（实验 3.3）或于–20℃保存备用。

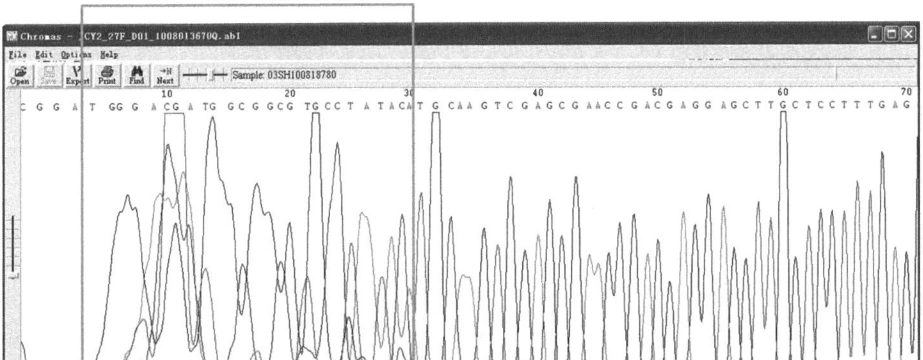

图 1-24　测序后的前段序列（彩图请扫封底二维码）

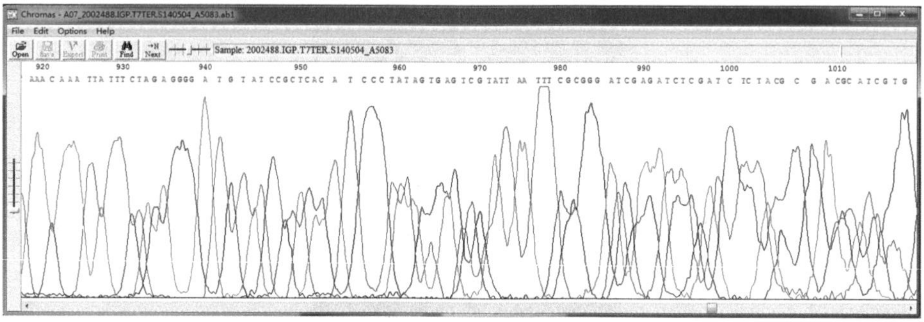

图 1-25　测序后的后段弱峰序列（彩图请扫封底二维码）

五、实验提示与注意事项

1）电泳 PCR 扩增 16S rRNA 基因片段时，可不加其他的标准分子质量，但需利用其他菌株的阳性 16S rRNA 片段作为参照物，来判断 PCR 扩增是否正常。

2）不同物种的 16S rRNA 片段一般 3′端序列的保守性要比 5′端高，所以通过两端测序获得的全长序列的同源性要比用 5′端单端引物测定同源性要高，但也有例外的情况。

3）确认单克隆的菌体，如果 16S rRNA 的 PCR 产物用 5′端扩增引物测序多次出现杂峰，则应考虑 16S rRNA 的异质性问题，可改用 3′端扩增引物进行测序或 TA 克隆测序。如果还无法测出序列，则应该考虑进行 TA 克隆后再测定其 16S rRNA 序列，具体见实验 3.3。

六、思考题

1）如果出现非特异性带，可能有哪些原因？

2）如何来判断 16S rRNA 的异质性问题？该怎样解决？

实验 1.10　菌 株 保 藏

一、实验原理

微生物保藏一般采用低温、干燥和缺氧（隔绝空气）等。首先，挑选典型菌种的优良纯种，采用孢子、芽孢等休眠体，使代谢处于最不活跃或相对静止的状态；其次，创造一个适合长期休眠的条件，诸如干燥、低温、缺氧、避光、缺乏营养及添加保护剂或酸度中和剂等。水分对一切生命活动至关重要，干燥在保藏中占首位。真空可达到驱氧和深度干燥的双重目的。低温是保藏中的另外一要素。

微生物生长的温度下限在–30℃，而水溶液中能进行酶促反应的下限温度在–140℃左右。低温会使细胞内的水分形成冰晶，引起细胞膜的损伤。如果放到超低温下进行速冻，可减小冰晶。而当从低温移出开始升温时，冰晶又会长大，故快速升温也可减少对细胞的损伤。不同微生物的最适冷冻速度和升温速度是不同的。此外使用保护剂，如牛乳、血清、糖类、甘油、二甲基亚砜等。0.5 mol/L 甘油或二甲基亚砜等可透入细胞，通过降低强烈的脱水作用而保护细胞。液氮温度（–195℃）比干冰温度（–70℃）好，–70℃又比–20℃好。

菌种保藏的方法主要有：传代培养保藏法（transplantation preservation）、液体石蜡覆盖保藏法、载体保藏法、寄主保藏法、甘油冷冻保藏法、液氮冷冻保藏法、冷冻干燥保藏法等。

1）传代培养保藏法：如斜面培养、穿刺培养等，培养后于 4～6℃冰箱内保存。保藏时间依微生物的种类而不同，放线菌及细菌芽孢保存 2～4 个月后移种一次。细菌最好每月移种一次，因其易产生变异、退化，污染杂菌的机会也较多。

2）甘油冷冻保藏法：菌体添加终浓度为 15%甘油后进行保藏。可分低温冰箱（–30～–20℃、–80～–50℃）、干冰乙醇快速冻结（约–70℃）和液氮（–196℃）等保藏法。

3）冷冻干燥保藏法：使微生物在冷冻、减压状态下真空干燥，使细胞的生理活动停止，该法为最有效的保藏方法之一，一般可保存数年至十余年。冷冻真空干燥保存法，先要加一定保护剂，在低温条件下快速冷冻，然后在冷冻状态下抽真空。

二、实验试剂

要保存的微生物菌株、斜面培养基、肉汤蛋白胨斜面、无菌脱脂牛乳、冰冷无菌水、2%与 10%盐酸、化学纯的液体石蜡、甘油、冰块、食盐、干冰、95%乙醇。

三、实验器具

用于菌种保藏的小试管（10 mm×100 mm）、高压蒸汽灭菌锅、超净台、培养箱、干燥器、接种环、管形或泪滴形安瓿管、滤纸条（0.5 cm×1.2 cm）、喷灯、L 形五通管、低温冰箱、长滴管、脱脂棉、离心机、冷冻真空装置等。

四、实验操作

（一）斜面保藏

1）取无菌的斜面培养基数支，在斜面的正上方距试管口 2～3 cm 处贴上标记标签。

2）将待保藏的细菌用接种环以无菌操作在斜面上作划线接种。

3）置 37℃恒温箱中培养 24～48 h。

4）斜面长好后，直接放入 4℃的冰箱中保藏。

（二）甘油冷冻保藏法（10%～20%甘油、10%二甲基亚砜）

1）挑取单菌落，接种到适当的培养基中，适当温度下振荡培养到对数生长后期。

2）吸取 0.8 mL 培养液，添加 0.2 mL 80%无菌甘油，混合。

3）直接放到–80℃低温冰箱中保存。

4）如要进行培养，可直接从冰箱中取出，在平板上划线，再培养，分离单菌落。

（三）冷冻干燥保藏法

准备安瓿管→菌种→脱脂乳→制菌悬液→分装→预冻→真空干燥→保藏→活化。

1）安瓿管先用 2%盐酸溶液浸泡，再水洗多次，烘干。将标签放入安瓿管内，管口塞上棉花，121℃灭菌 30 min 备用。

2）培养菌种，细菌要求培养 24～48 h。形成孢子的微生物则宜保存孢子；放线菌与丝状真菌则培养 7～10 h。

3）鲜奶经处理（或使用脱脂奶粉配兑）后灭菌，并做无菌实验后备用。

4）将 2 mL 无菌牛奶直接加到待保藏的菌种斜面内，用接种环将菌种刮下，轻轻搅乱使其均匀地悬浮在牛奶内成悬浮液。

5）用无菌长滴管将悬浮液分装入安瓿管底部，每支安瓿管的装量约为 0.2 mL（一般装入量为安瓿管球部体积的 1/3）。

6）分装好的安瓿管在 4℃放置 30 min～1 h，然后–20℃低温冰箱中预冻 1 h，–80℃预冻过夜。预冻以后，将安瓿管放入冷冻干燥机中，开动真空泵进行干燥。

7）封管前将安瓿管装入歧管，真空度抽至 26.7 Pa（0.2 mmHg）后，用火焰熔封，封好后，要用高频电火花器检查各安瓿管的真空情况（图 1-26）。如果管内呈现灰蓝色光，证明保持着真空。检查时高频电火花器应射向安瓿管的上半部。

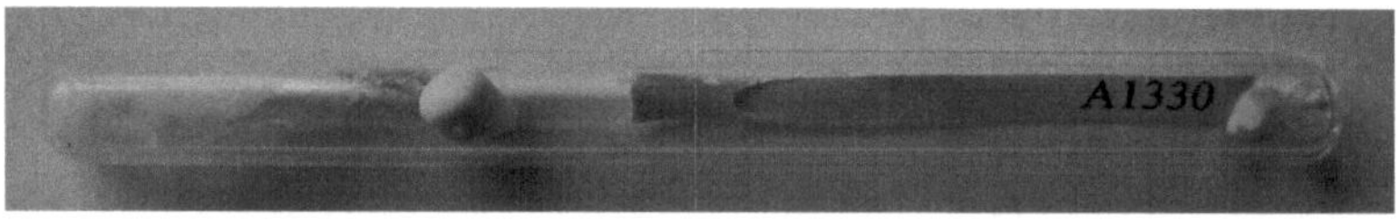

图 1-26　保藏菌株的安瓿管（彩图请扫封底二维码）

8）做好的安瓿管应放置在低温、避光处保藏。

五、实验提示与注意事项

1）用于冷冻干燥菌种保藏的安瓿管宜采用中性玻璃制造，形状可用长颈球形底的，也称泪滴形安瓿管，大小要求外径 6～7.5 mm，长 105 mm，球部直径 9～11 mm，壁厚 0.6～1.2 mm。也可用没有球部的管形安瓿管。

2）将分装好的安瓿管放低温冰箱中冷冻，若无低温冰箱可用冷冻剂如干冰乙醇或干冰丙酮，温度可达–70℃。将安瓿管插入冷冻剂，只需冷冻 45 min 即可使悬液结冰。在真空干燥时使样品保持冻结状态，需准备冷冻槽，槽内放碎冰块与食盐，混合均匀，温度可降至–15℃。一般若在 30 min 内能达到 93.3 Pa（0.7 mmHg）真空度，则干燥物不致熔化，以后再继续抽气，几小时内，肉眼可观察到被干燥物已趋干燥，一般抽到真空度 26.7 Pa（0.2 mmHg）保持压力 6～8 h 即可。封口抽真空干燥后，取出安瓿管，接在封口用的玻璃管上，可用 L 形五通管继续抽气，约 10 min 即可达到 26.7 Pa（0.2 mmHg）。于真空状态下，以煤气喷灯的细火焰在安瓿管颈中央进行封口。封口以后，保存于冰箱或室温暗处。

3）保藏严格厌氧菌最大的障碍是如何使菌体尽可能少地接触氧气。一般来说，厌氧菌的菌液比较稀，要用多个 50 mL 厌氧瓶培养，然后用 500 mL 大离心管离心获得菌体。离心后，在超净台上快速将上层液体倒掉，加入 10%脱脂牛奶，其他按好氧菌保种方法操作。

4）严格厌氧菌甘油保藏方法有两种。①厌氧甘油的配制：按照厌氧培养基的制备方法，在甘油中加入百万分之一的刃天青作为指示剂和 0.04%的半胱氨酸作为还原剂，通 N_2 大约 2 min，121℃灭菌 20 min，加了上述两种物质的甘油会变成黄色，并散发芳香气味。②菌液长至对数期，通氮气，向管中直接加入上述厌氧甘油，使终浓度为 20%左右，塞上塞子，盖上盖子，混匀甘油，–80℃保藏。

六、思考题

1）试述菌种斜面冰箱保藏、石蜡封藏和砂土管保藏等方法的原理。

2）实验室常用的是什么保存方法?

参 考 文 献

朱旭芬. 2011. 现代微生物学实验技术. 杭州: 浙江大学出版社.

Amann RI, Ludwig W, Schleifer KH. 1995. Phylogenetic identification and *in situ* detection of individual microbial cells without cultivation. Microbiol Rev, 59: 143-169.

Bassam BJ, Gresshoff PM. 2007. Silver staining DNA in polyacrylamide gels. Nat Protocols, 2(11): 2649-2054.

Gans J, Wolinsky M, Dunbar J. 2005. Computational improvements reveal great bacterial diversity and high metal toxicity in soil. Science, 309(5739): 1387-1390.

Grabowski A, Nercessian O, Fayolle F, et al. 2005. Microbial diversity in production waters of a low temperature biodegraded oil reservoir. FEMS Microbiol Ecol, 54: 427-443.

Madigan MT, Martinko JM, Dunlap P V, et al. 2009. Brock Biology of Microorganisms. 12th ed. San

Francisco: Benjamin Cummings.
Muyzer G, de Waal EC, Uitterlinden AG. 1993. Profiling of complex microbial populations by denaturing gradient gel electrophoresis analysis of polymerase chain reaction-amplified genes coding for 16S rRNA. Appl Environ Microbiol, 59(3): 695-700.
Schloss PD, Handelsman J. 2005. Introducing DOTUR, a computer program for defining operational taxonomic unts and estimating species richness. Appl Environ Microbiol, 71(3): 1501-1506.
Singleton DR, Furlong MA, Rathbun SL, et al. 2001. Quantitative comparisons of 16S rRNA gene sequence libraries from environmental samples. Appl Environ Microbiol, 67: 4373-4376.
Streit WR, Schmitz RA. 2004. Metagenomics the key to the uncultured microbes. Curr Opin Microbiol, 7(5): 492-498.
Woese C, Kandler O, Wheelis M. 1990. Towards a natural system of organisms: proposal for the domains Archaea, Bacteria, and Eucarya. Proc Natl Acad Sci USA, 87 (12): 4576-4579.

第二章　表型分类特征

分离获得微生物菌株通过 16S rRNA 基因序列分析后，初步确定为疑似新种，接下来就进行表型特征（phenotypic characteristic）的研究。微生物的表型特征主要有形态、生态及生理生化特征等。

形态特征（morphological characteristic）包括菌落形态、细胞形态结构及在低渗处理下的状态特征。主要通过染色，在显微镜下对细胞形状（球形、杆状、弧形、螺旋形、丝状、分支及特殊形状）、大小（细胞的宽度或直径、长度）、排列方式（单个、成对、成链或其他特殊排列）、特殊细胞结构（包括细胞壁与细胞膜超微结构、菌胶团、包涵体、柄、丝状物、鞘、异形胞等细胞附属物等）、革兰氏染色，以及硫颗粒、异染颗粒、伴孢晶体、β-羟基丁酸颗粒（PHB）、气泡等内含物特性进行观察，直观了解细菌在形态结构上的特性。并且观察其群体（如斜面、穿刺、液体等）的状态，固体培养基中形成的菌落颜色、大小、形状、光泽、黏稠、边缘、质地、表面状况、水溶性色素、透明度和侧面隆起等。液体培养特征，如表面菌膜、浑浊、底部沉淀等。此外，可利用电子显微镜直接观察菌体的鞭毛、芽孢、荚膜及着生位置情况，根据形态结构上的不同来区别、鉴定微生物的种类。

生态特征（ecological characteristic）包括菌体的营养类型（自养/异养、光能/化能、无机/有机等）、生长温度范围（最低温、最高温、产物积累温度、致死温度）、pH 范围、对渗透压的适应性（盐浓度范围）与对盐浓度的耐受性或嗜盐性，以及对应的最适生长条件（最适生长的温度、pH 与盐浓度）、对氧的要求（好氧、微好氧、厌氧及兼性厌氧）、对抗生素及抑菌剂的敏感性（包括各种抗生素、氰化钾或钠、胆汁、苯酚或某些染料）等。

生理生化特征（physiological and biochemical characteristic）包括碳源（单糖、双糖、多糖及醇类、苷类、有机酸等）、氮源（蛋白质、蛋白胨、氨基酸、含氮无机盐、N_2 等）等底物的利用，电子受体，对生长因子（特殊维生素、氨基酸等）的需要，酶学（呼吸酶、氧化还原酶和水解酶类）特性研究及代谢产物（色素、有机酸、产气、硫代氢、明胶液化作用）的情况。

在早期的传统细菌分类中，表型特征是分类的主要依据，占据重要的地位。主要通过随机、非系统地集中不同菌株的表观信息，整理观察实验结果，很大程度上是根据直觉进行判断。并且将这些特征分为主、次，列出双歧式分类表

（图 2-1）进行检索。一群具有大部分或完全相同的特征菌株归为一个种，而相关的种又划归于属，相关的属归于科，依次类推，从而将微生物分成纲、目、科、属、种等级别。

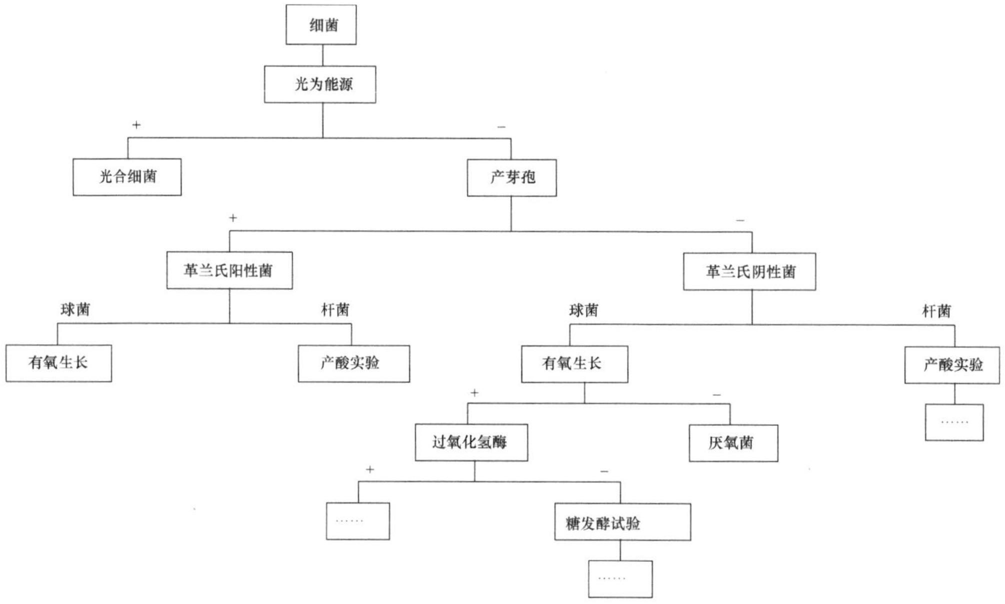

图 2-1　经典的双歧式分类法

目前，表型鉴定在细菌的多相分类研究中已处于次要的位置，只作为辅助或是支持其他分类方法的结果。并且已有生物公司研发了一些简便、自动化的表型鉴定系统可直接运用于微生物的鉴定，较为成熟的有 API 和 Biolog 表型鉴定系统。

实验 2.1　革兰氏染色

一、实验原理

革兰氏染色（Gram stain）是由丹麦医生 C. Gram 于 1884 年发明的，是细菌学中最重要的鉴别染色法。其根据细菌细胞壁的组成不同，通过一些化学染色试剂的染色、脱色、复染等过程对细菌细胞壁加以区别，即先用初染剂结晶紫进行染色，再用碘液媒染，然后用乙醇脱色，最后用番红复染（图 2-2）。经此方法染色后，细胞保留初染剂紫色的细菌为革兰氏阳性菌；如果细胞中初染剂被脱色剂洗脱而使细菌染上红色，则该菌属于革兰氏阴性菌。

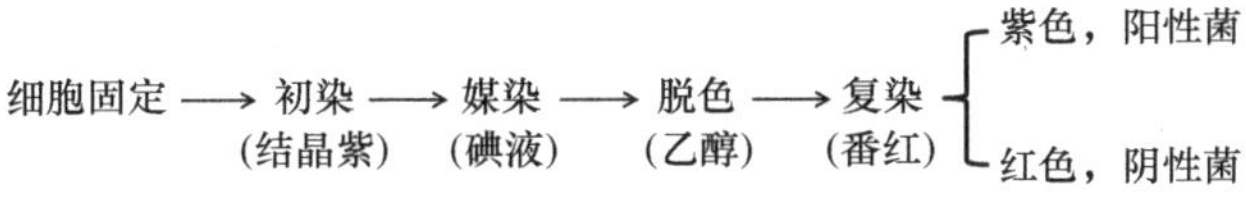

图 2-2　革兰氏染色

革兰氏染色将细菌分为革兰氏阳性菌和阴性菌，这是由这两类细菌细胞壁的结构和组成决定的。当用结晶紫初染后，所有细菌都被染成紫色。碘作为媒染剂，它能与结晶紫结合形成深紫色的不溶于水的结晶紫-碘的大分子复合物，从而增强了染料与细菌的结合力。当用脱色剂处理时，革兰氏阳性菌细胞壁较厚，尤其是肽聚糖含量较高，网格交联结构紧密，再加上含脂量又低，当用乙醇脱色时，细胞壁脱水使肽聚糖层的网状结构孔径缩小，透性降低，从而使结晶紫-碘的复合物不易被洗脱而保留在细胞内，经脱色和复染后仍保留初染剂的紫色；反之，革兰氏阴性菌因其细胞壁薄，肽聚糖含量低，交联松散，当用乙醇处理后，肽聚糖网孔不易收缩，再加上其类脂含量高，当用乙醇把类脂溶解后，细胞壁透性加大，结晶紫-碘的复合物就被抽提出来，用番红复染后，细胞被染上红色。

二、实验试剂

1）结晶紫溶液：A 液为结晶紫 2 g、95%乙醇 20 mL；B 液为草酸铵 0.8 g、蒸馏水 80 mL。临用前 24 h 将 A 液、B 液混合，过滤后装入试剂瓶内备用。

2）碘液：碘 1 g、碘化钾 2 g、蒸馏水 300 mL，即碘与碘化钾混合并研磨，加入几毫升水，使其逐渐溶解，然后研磨，继续加入少量蒸馏水至完全溶解，最后补足水量。也可用少量蒸馏水，先将碘化钾完全溶解，再加入碘片，待完全溶解后，加水至 300 mL。

3）脱色液：95%乙醇。

4）番红染色液：储存液为番红 2.5 g、95%乙醇 100 mL；应用液则是储存液 10 mL 加蒸馏水 90 mL。

三、实验器具

载玻片、接种环、镊子、酒精灯、显微镜、香柏油、擦镜纸、乙醚/乙醇（7/3，*V*/*V*）等。

四、实验操作

1）取一载玻片，在中央加一小滴无菌水，用接种环取菌至水滴中，均匀涂布成薄层。

2）将涂片在灯焰上快速通过2～3次进行固定，晾干。

3）初染：在涂面上滴加草酸铵结晶紫染液，染1 min，倾去染液，流水冲洗至无紫色。

4）媒染：先用新配的碘液冲去残水，而后用其覆盖涂面1 min，水洗。

5）脱色：除去残水后，滴加95%乙醇进行约30 s脱色，立即用流水冲洗至水无色。

6）复染：滴加番红染色液，染1 min，水洗后晾干。

7）镜检：在油镜下，观察确定染色结果：阳性菌被染成紫色，阴性菌被染成红色（图2-3）。

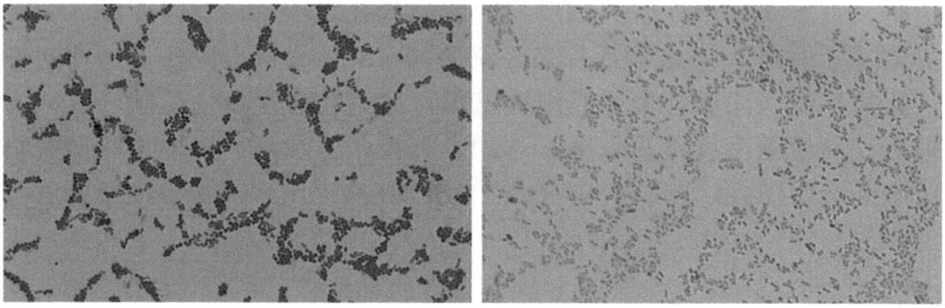

图2-3　革兰氏染色结果（约1000倍，彩图请扫封底二维码）
金黄色葡萄球菌（阳性）与大肠杆菌（阴性）

五、实验提示与注意事项

1）观察细菌形态一般应在其生长的稳定期，此时菌体生长正常而整齐。如进入衰亡期，菌体形态会发生多变。一些细菌的革兰氏染色结果会随生长周期不同而变化，应注意记录。

2）革兰氏染色涂片要均匀，不宜过厚，以免脱色不完全造成假阳性。且实验时两侧应放入阳性菌金黄色葡萄球菌（*Staphylococcus aureus*）及阴性菌大肠杆菌（*E. coli*）作为对照菌株，以便进行正确的判断。

3）染色后水洗时，水流要细小，且不要直接冲在样品涂布的区域。

4）乙醇脱色是革兰氏染色操作的关键环节，要掌握好脱色的时间，避免脱色不足或脱色过度。

六、思考题

1）用老龄细菌进行革兰氏染色会出现什么问题？

2）要得到正确的革兰氏染色结果需注意哪些操作？最关键的环节是什么？为什么？

3）革兰氏染色涂片过厚会出现什么结果？

4）革兰氏染色乙醇脱色后复染之前，革兰氏阳性菌和革兰氏阴性菌应分别是什么颜色？

实验 2.2　个体细胞特征

一、实验原理

显微镜的分辨率取决于所用光的波长，20 世纪初人们尝试用波长更短的电磁波来放大成像。1933 年，德国人 E. Ruska 制造成了世界上第一台以电子作为“光源”的透射电子显微镜。为此，Ruska 与 1982 年发明扫描电子显微镜的 G. Binning 和 H. Rohrer 共同获得了 1986 年诺贝尔物理学奖。

电子显微镜是利用电子枪发射的电子流代替光束使物体放大成像。电子枪由发射电子的“V”形钨丝及阳极板组成。在高真空中，钨丝被加热到白炽程度，其尖端便发射出电子，当受到阳极很高的正电压的吸引，电子得到很大的加速度而到达样品。电压越高，电子流速越快，波长越短，其分辨力也越强。一般用 50～100 kV 电压时，电子波长在 0.37～0.54 nm，电子显微镜的分辨力可达 0.1 nm（10^{-10} m）左右（表 2-1），比光学显微镜提高了近 1000 倍。在电子流的通路上不能有游离的气体分子存在，否则会因气体分子与电子碰撞造成电子的偏转，导致物像散乱不清，所以电子显微镜除需要高电压外，还需要高真空的装置。

表 2-1　电子显微镜与光学显微镜的比较

显微镜	光学显微镜		电子显微镜
光源	可见光（400～700 nm）	紫外线（约 200 nm）	电子束（0.01～0.9 nm）
分辨本领	200 nm	100 nm	0.1 nm
透镜	玻璃透镜	玻璃透镜	电磁透镜
真空	非真空	非真空	真空 1.33×10^{-5}～1.33×10^{-3}Pa
成像原理	利用样品对光的吸收形成明暗反差和颜色变化		利用样品对电子的散射和透射形成明暗反差

电子显微镜的放大率是由透镜决定的，透镜是由看不见的电磁场构成的，称为电磁透镜。由电子枪发射出的电子流通过电磁透镜的电磁场吸引发生偏折而放大物体，并且电子显微镜的成像系统由多个电磁透镜组成，利用多个电磁透镜的

组合而得到逐级放大的电子像。此外，通过改变这些电磁透镜的磁场强度也可提高放大率，磁场越强，焦距越短，放大倍数也就越大。现代电子显微镜的成像物镜大多数采用短焦距的强磁透镜，放大倍数可达 300 万倍以上，相当于将一个半径 2 m 的气球放大到地球那么大。

（一）电子显微镜的成像原理

任何物体都是由原子组成，原子是由原子核与轨道电子组成。当电子束照射到样品时，一部分电子从原子间的空隙中穿透过去，其余电子有一部分与原子核或原子的轨道电子发生碰撞被散射开；另一部分电子从样品表面被反射出来；还有一些电子被样品吸收后，样品激化后又从样品本身反射出来等。根据收集通过样品的电子成像或者是从样品表面反射出来的电子成像，分为透射电子显微镜与扫描电子显微镜。

1. 透射电子显微镜

透射电子显微镜（transmission electron microscope，TEM）收集的是透过样品的电子，物像的形成主要来自电子的散射与干涉作用。散射分“弹性散射”和“非弹性散射”两种。弹性散射是指电子和原子核发生碰撞，电子基本上不损失能量，只改变运动方向。如果电子与轨道电子发生碰撞，电子不仅会改变原来运动的方向，还会损失一部分能量，这时电子便发生了“非弹性散射”作用。由于物体上不同部位的结构不同，它们散射电子的能力也各不相同，结果使透过样品的电子束发生疏密的差别。在散射电子能力强的地方，透过的电子数目少，打在荧光屏上所发出的光就弱，显现为暗区，反之就显现为亮区，从而在终极图像上造成有亮有暗的区域，出现了反差。散射作用形成的反差造成强度上的变化，称为“振幅反差”。此外，电子的干涉作用也能造成反差，在电子发生非弹性碰撞时会失去一部分能量，使它前进的速度变慢，这部分电子会和速度不变的电子发生干涉，结果造成电子相位上的变化，引起所谓的“相位反差”。在低倍观察时，振幅反差是主要的反差来源，而在高倍观察时，即在辨别极小的（如 1 nm）细微结构时，相位反差则起主要作用。

2. 扫描电子显微镜

扫描电子显微镜（scanning electron microscope，SEM）是把从样品表面反射出来的电子收集起来使其成像，又称反射电子显微镜。其成像原理与电视或电传真照片的原理相似，由电子枪产生的电子束经过 3 个电磁透镜的作用，形成一个很细的电子束（电子探针）。电子探针经过透镜聚焦到样品表面，按顺序逐渐地通过样品，即对样品扫描，再把从样品表面发射的各种电子（二次电子、反射电子等）用探测器收集起来，转变为电流信号，经放大后再送到显像管转变成图像。扫描电子显微镜主要用来观察样品的表面结构，分辨力可达 10 nm，放大范围广，从 20 倍到几十万倍不等。透射电子显微镜的分辨力虽然很高，但一般只能观察切成薄片后的二维图像，扫描电子显微镜可直接观察样品表面的立体结构，具有明显的真实感。许多电子无法透过的较厚样品，只能用扫描电子显微镜才能看到。

3. 扫描隧道显微镜

扫描隧道显微镜（scanning tunneling microscope，STM）的横向分辨率可达 0.1～0.2 nm，纵向分辨率可达 0.01 nm，是目前分辨率最高的，足以对单个原子进行观察。此外，由于 STM 在扫描时不接触样品，又没有高能电子束轰击，可避免样品的变形，可在真空、保持样品生理条件的大气及液体环境下工作。目前，已利用 STM 直接观察 DNA、RNA 和蛋白质等生物大分子及生物膜、古菌的细胞壁、病毒等结构。

（二）电子显微镜的制样

样品在进行电镜观察前需进行固定和干燥，否则镜筒中的高真空会导致其严重脱水，失去样品原有的空间构型。此外，由于构成生物样品的主要元素对电子的散射与吸收的能力均较弱，在制样时一般都需要采用重金属盐染色或喷镀，以提高其在电镜下的反差，形成明暗清晰的电子图像。

1. 透射电子显微镜的样品制备

透射电子显微镜采用覆盖有支持膜的载网来承载被观察的样品。常用的是铜网，也有用不锈钢、金、银、镍等其他金属材料制备的载网。而支持膜可用塑料膜（如火棉胶膜、聚乙烯甲醛膜等），也可以用碳膜或者金属膜（如铍膜等）。

1）负染色（negative staining）技术：用电子密度高、本身不显示结构且与样品几乎不反应的物质（如磷钨酸钠或磷钨酸钾）来包围样品，这些重金属盐不被样品所吸附，只是沉积到样品四周。如果样品具有表面结构，这种物质还能进入表面上凹陷的部分，在有染液的重金属元素沉积的地方，散射电子的能力强，样品四周表现为暗区；反之，表现为亮区。通过散射电子能力的差异便能把样品的外形与表面结构清楚地衬托出来。病毒、细菌（特别是鞭毛）、离体细胞器、蛋白质和核酸等生物大分子的形态大小和表面结构都可采用该法进行观察。操作时，既可把样品和重金属染料混匀后滴加到支持膜上，也可将样品用贴印或喷雾的方法加到载网上进行染色。

2）金属投影（metal shadowing）技术：在真空蒸发设备中将铂或铬等对电子

散射能力较强的金属原子，由样品的斜上方一定角度进行喷镀，提高样品的反差。样品喷镀上金属的一面散射电子的能力强，表现为暗区，而未喷镀上金属的部分散射电子的能力弱，表现为亮区，从而了解样品的高度和立体形状。

3）超薄切片（ultra-thin section）技术：尽管微生物个体微小，但除病毒外，微弱的电子束仍无法透过一般细菌的整体标本，需制作成 100 nm 以下厚度的超薄切片。超薄切片技术的基本操作步骤：取样→固定→脱水→浸透与包埋→切片→捞片→染色→观察。

2. 扫描电子显微镜的样品制备

比透射电子显微镜的样品制备简单，要求样品干燥，表面能够导电。大多数生物的细胞含有大量的水分，表面不导电，所以观察前需去除水分，对表面喷镀金属导电层。为了保持样品不变形，需进行样品干燥。方法有自然干燥、真空干燥、冷冻干燥和临界点干燥等。其中临界点干燥的效果最好，其利用许多物质，如液态 CO_2，在一个密闭容器中达到一定的温度和压力后，气液相面消失（即所谓的临界点状态）的性质，使样品在没有表面张力的条件下得到干燥，很好地保持样品的形态。

二、实验试剂

1）培养菌株的斜面、0.1 mol/L 磷酸缓冲液（PBS，pH 7.0）、乙酸异戊酯、浓硫酸、无水乙醇、无菌水、2%磷钨酸钠（pH 6.5～8.0）水溶液。

2）乙酸双氧铀染料、2.5%戊二醛、琼脂、1%锇酸溶液、50%乙醇溶液、70%乙醇溶液、80%乙醇溶液、90%乙醇溶液、95%乙醇溶液、无水乙醇、丙酮、包埋剂、柠檬酸铅。

三、实验器具

铜网若干张、瓷漏斗、无菌镊子、无菌滴管、大头针、载玻片、细菌计数板、超薄切片机、光学显微镜、透射电子显微镜、扫描电子显微镜等。

四、实验操作

（一）透射电子显微镜样品处理与观察

1）将适量无菌水加入新鲜生长的菌株斜面，用吸管轻轻拨动菌体，反复轻柔地将斜面菌苔冲洗下来，制成菌悬液。用无菌滤纸过滤，调整滤液中的细胞浓度为 10^8～10^9 个/mL。

2）取上述菌悬液与等量 2%磷钨酸钠水溶液混合，制成混合菌悬液。

3）用已处理过的铜网吸附菌悬液，并用滤纸吸去多余的液体。

4）用乙酸双氧铀染色，用滤纸吸去多余液滴。

5）先置低倍光学显微镜下检查，挑选膜完整、菌体分布均匀的铜网膜再置透射电子显微镜 JEM-1330 下观察细胞形态、大小和鞭毛等（图 2-4）。

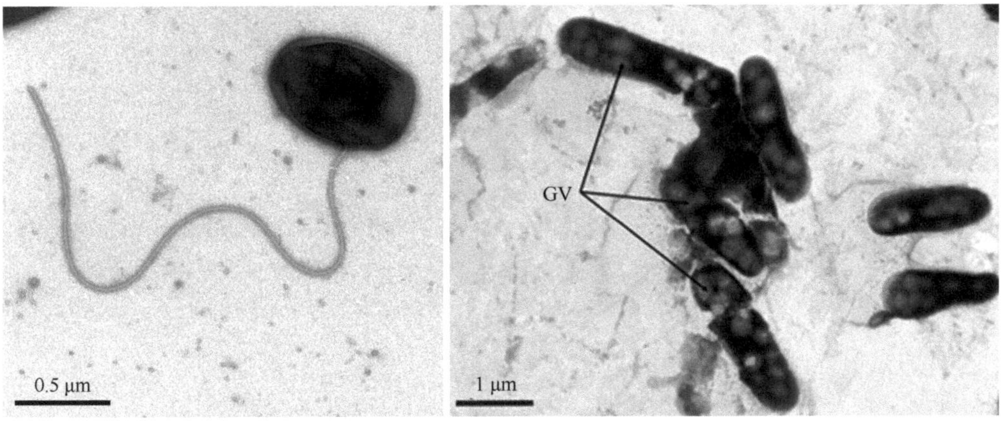

图 2-4　透射电子显微镜显微照片（GV 为气泡）

6）测量 10 个左右的菌体细胞大小，确定该细胞的直径与长度，如（0.5～1.2）μm×（2.2～7）μm。

（二）细胞超薄切片的制备与透射电子显微镜的观察

1）离心收集菌体后，用琼脂对菌体进行包埋，防止脱水固定过程中菌体损失严重。

2）在装有菌体的小管中加入约 1.2 mL 的 2.5%戊二醛溶液，4℃预固定过夜。

3）去固定液，用 0.1 mol/L 磷酸缓冲液（pH 7.0）漂洗 3 次，每次 15 min。

4）1%锇酸固定 1～2 h，对于细菌样品来说，通常固定 1.5 h。去固定液。

5）再用 0.1 mol/L 磷酸缓冲液（pH 7.0）漂洗 3 次，每次 15 min。

6）梯度浓度（50%、70%、80%、90%、95%）的乙醇脱水，每种浓度处理 15 min；无水乙醇处理 20 min，纯丙酮处理 20 min。

7）包埋剂梯度渗透：首先用包埋剂与丙酮混合液（1∶1，*V/V*）处理 1 h。然后用包埋剂与丙酮混合液（3∶1，*V/V*）处理 3 h。最后用纯包埋剂渗透样品过夜，这一步要将样品转移到干燥的新小离心管中，该新管中放入纯的包埋剂。

8）将经过渗透处理的样品分装到 0.5 mL 的小管中包埋起来，70℃加热过夜。

9）最后使用 Reichert 超薄切片机对菌团进行切片（70～90 nm）。

10）切片经柠檬酸铅和乙酸双氧铀（50%乙醇饱和液）各染 15 min。

11）透射电子显微镜 JEM-1230 观察，显微照片示意图见图 2-5。

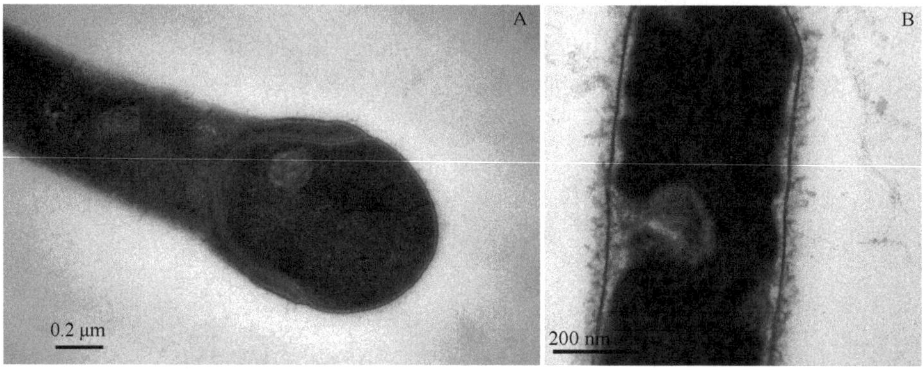

图 2-5　超薄切片后的透射电子显微镜照片

A. 芽孢；B. 革兰氏阳性细胞壁

（三）扫描电子显微镜的样品制备与观察

1）液体培养的菌体，离心成团。

2）2.5%戊二醛冰浴，固定 2 h～1 周（细菌 2 h）。

3）0.1 mol/L PBS 洗 3 次，每次 15 min。

4）1%锇酸（OsO_4）固定 1～2 h。

5）0.1 mol/L PBS 洗 3 次，每次 15 min。

6）丙酮系列（30%、50%、70%、80%、90%、95%）脱水，每次 15 min，最后用纯丙酮洗脱 3 次。也可用乙醇系列（50%、70%、80%、90%）依次脱水各 15 min，最后用纯丙酮脱水 50 min。

7）100%乙酸异戊酯处理 15 min。

8）CO_2 临界点干燥，粘台、喷金、Cambridge S260 镜检。扫描电子显微镜显微照片示意图如图 2-6 所示。

五、实验提示与注意事项

1）用于测量菌体长度、宽度及制作切片观察细胞壁的菌体，应使用培养到对数生长末期的细菌。对于需要制作切片的样品，离心后需要在小管底有米粒一样大小的一团菌体。

2）用于观察鞭毛的细菌，应使用培养在固体培养基上的幼龄菌。先在小管内装入约 100 μL 的无菌水，使用接种环将固体上的菌体轻轻刮下，悬浮在水中，菌体量不宜过大，防止菌体过多使鞭毛脱落或无法辨识。而用于观察芽孢的菌体，使用老龄菌。

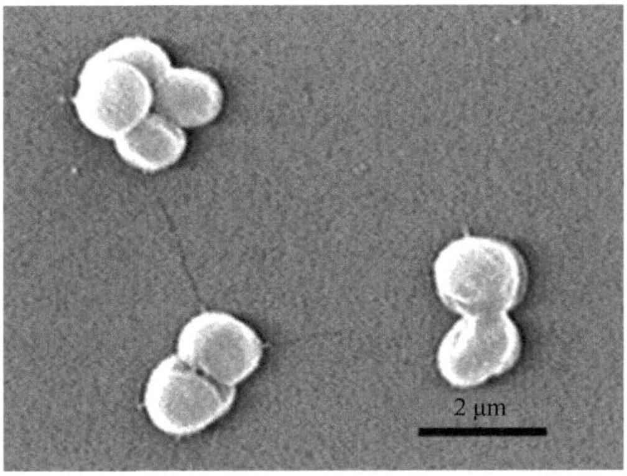

图 2-6　扫描电子显微镜显微照片

3）电子显微镜的整个操作都需在高真空中进行，被观察的标本必须干燥，否则会引起菌体收缩变形。同时又因电子流的穿透能力很弱，不能透过载玻片或较厚的标本，所以需要将标本放在由金属网作支架的支持膜上（扫描电子显微镜可用盖玻片）。支持膜的厚度约 15 nm，太薄会影响它的机械支持力，太厚又会影响成像的分辨力。

4）支持膜可用塑料膜（如火棉胶膜、聚乙烯甲醛膜等），也可以用碳膜或金属膜（如铍膜等）。在常规工作条件下，用塑料膜就可以达到要求。常用的金属网有铜网和不锈钢网。

5）铜网为圆形，直径一般是 2.3 mm 或 3.0 mm，其规格有 150 目、200 目、250 目之分，比较常用的是 200 目。铜网在制膜前要清洗、脱水，否则会影响膜的质量和标本照片的清晰度。若铜网经处理仍不干净，则可用稀释的浓硫酸（1∶1）处理 1 min 左右，之后立即用无菌蒸馏水冲洗数次，然后放入无水乙醇中脱水。

6）透射电子显微镜样品的另外一处理方法：新鲜斜面用无菌水悬浮菌体，用已经处理过的铜网吸附菌悬液，用滤纸移去多余液滴；加 2%乙酸双氧铀溶液复染，用滤纸移去多余液滴，或用铂蒸气以 20°角投射。

六、思考题

1）比较透射电子显微镜与普通光学显微镜的主要异同点。

2）利用透射电子显微镜来观察的样品为什么要放在金属网作为支架的火棉胶膜（或其他膜）上？而扫描电子显微镜则可以将样品固定在盖玻片上？

3）在用负染色法制片时，磷钨酸钠起什么作用？

实验 2.3 群体菌落特征

一、实验原理

微生物的群体特征是指其在固体、半固体和液体培养基上生长后所表现出的群体形态特征。固体培养基又分平板与斜面两种。

将单个细胞或一些细胞接种到固体培养基上，如果条件适宜，就会以母细胞为中心迅速生长繁殖，形成一堆肉眼可见的并具有一定形态结构的子细胞群体，称为菌落（colony）。如果这菌落是由单一细胞繁殖而来的，即为纯种细胞，也称克隆（clone）。菌落若连成片，则称为菌苔（lawn）。

不同微生物在某种培养基中生长繁殖，所形成的菌落有很大差异，而同一种微生物在一定条件下的培养特征却有一定的稳定性和专一性。菌落特征包括：①大小（大小、针尖状）；②形状（圆形、假根状、不规则等）；③隆起状况（扁平、隆起、凹陷等）；④边缘情况（整齐、波状、锯齿状等）；⑤表面状态（干燥、湿润、黏稠等）；⑥光泽度；⑦质地；⑧颜色（黄色、金黄色、灰白色、乳白色、红色、粉红色等）；⑨透明程度（透明、半透明、不透明等）及迁移性等。菌落的大小可量取其直径；形状指圆形或不规则形等；表面指凸起或平展、有无光泽及是否光滑等；质地指黏、脆，用接种针是否可容易挑取菌落（图 2-7）。

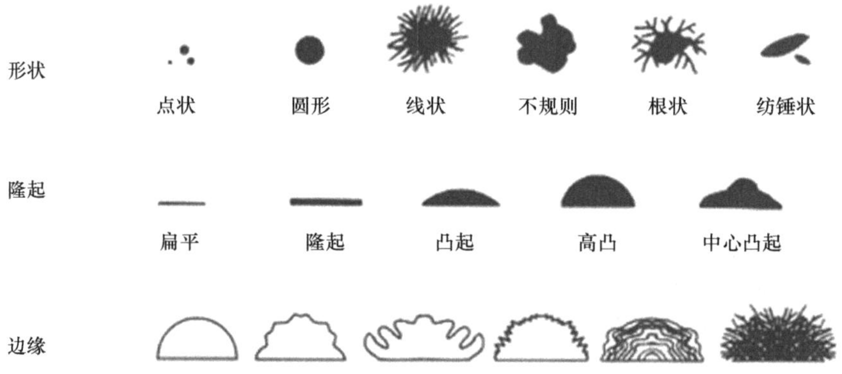

图 2-7 菌落形态

细菌细胞小，形成的菌落较小、薄、透明，且不同细菌会产生不同的色素，出现不同颜色的菌落。菌落常表现为湿润、黏稠、光滑、较透明、易挑取、质地均匀，以及菌落正反面或边缘与中央部位颜色一致等。但也有的细菌形成的菌落表面粗糙、有褶皱感等，如产生芽孢的菌落。细菌的菌落特征因种而异，环境条件的改变也会引起菌落性状的改变。

菌落形态是细胞表面状况、排列方式、代谢产物、好气性和运动性的反映，并受培养条件、培养基成分、培养时间等的影响。由于菌落是微生物的大群体，个体细胞形态上的种种差别必然会极其密切地反映在菌落的形态上，这对产鞭毛、荚膜和芽孢的种类来说尤为明显。无鞭毛细菌形成的菌落较小、较厚、边缘圆整；有鞭毛细菌形成的菌落就大而扁平、形状不规则和边缘缺刻；有荚膜细菌菌落光滑、透明、较大；产芽孢细菌形成的菌落表面粗糙、有褶皱感等。

二、实验材料

微生物的固体培养基、液体培养基、测定菌株。

三、实验器具

接种针、接种环、超净台、酒精灯、试管、培养皿、显微镜等。

四、实验操作

（一）固体培养的菌落特征

1）在合适的固体平板上分别划线或涂布，在适当的温度条件下培养 2～7 d。

2）分别观察单菌落形态，包括形状、大小、色素、透明度、边缘和表面隆起情况、表面结构等（图 2-8）。若要细致区分，还要用显微镜，观察细菌形态。

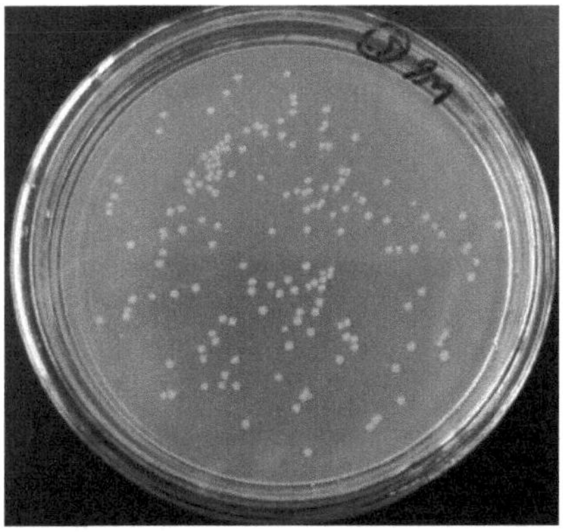

图 2-8　细菌的菌落（彩图请扫封底二维码）

（二）半固体培养的特征

1）在含 0.7%琼脂的半固体培养基上，用接种针取样，进行穿刺。

2）适当温度条件下进行培养，观察培养结果。

3）有的沿接种线向四周蔓延或仅沿线生长（图 2-9）；也可上层生长很好，甚至连成一片，底部很少生长或者底部长得好，上层甚至不生长。

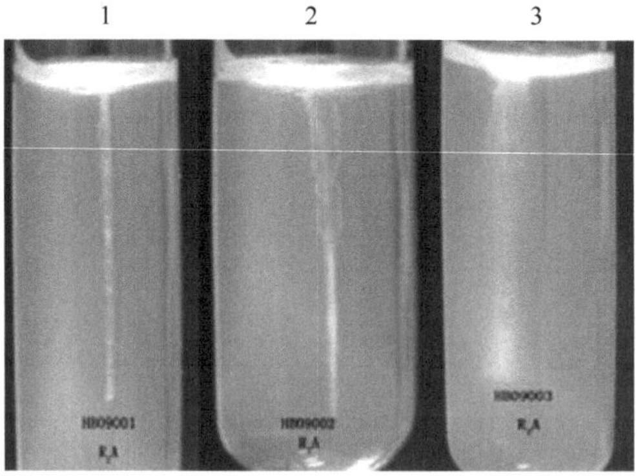

图 2-9　穿刺培养（彩图请扫封底二维码）

1. 无运动；2，3. 有运动

（三）液体培养的特征

1）配制适当的培养基，接种后活化菌体。

2）以 1%接种量转接到新鲜培养基上，适当温度条件下，静置培养或者在摇床上振荡培养适当时间。

3）观察液体静置培养（图 2-10）或摇床振荡培养中的生长情况。

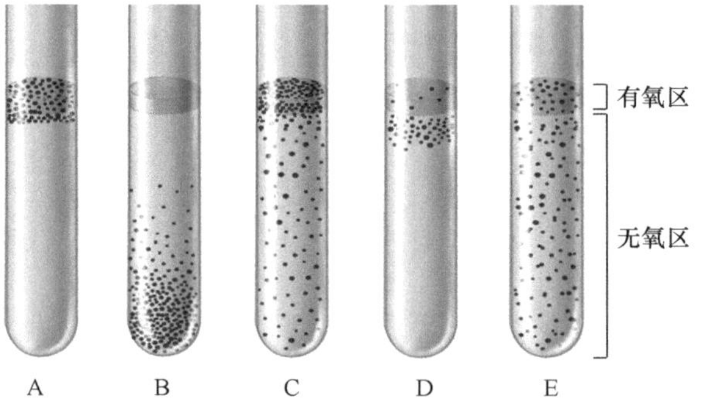

图 2-10　液体的静置培养结果

A. 好氧；B. 厌氧；C. 兼性；D. 微好氧；E. 耐氧厌氧

五、实验提示与注意事项

1）一些细菌由于具有特殊的结构，在菌落形态上不一样，如直径大且扁平、边缘不是很整齐，有缺刻的细菌菌落预示着该细菌是有鞭毛的细菌。如果运动能力特强，则菌落会更大、更扁平，其边缘为不规则、缺刻状、出现迁移性的菌落。

2）菌落较大，隆起较高，看上去很湿润、光滑、透明，边缘非圆周形的菌落，预示着该细菌可能有荚膜。荚膜较厚的细菌的菌落甚至呈现透明的水珠状。

3）细菌菌落比较粗糙、不透明、多褶皱的可能是有芽孢的细菌，因为具有芽孢的细菌具有较强的折光率。

六、思考题

1）一个好氧的具周生鞭毛的菌株分别在半固体和液体培养基中培养的特征是怎样的？

2）如何从液体培养的情况来区别各类细菌？

实验 2.4　生 长 曲 线

一、实验原理

细菌的繁殖速率很快，在合适的条件下，大肠杆菌每 20 min 分裂一次。将一定量的细菌转入新鲜液体培养基中，在适宜的条件下进行培养，细菌要经历延迟期（lag phase）、对数期（log phase）、稳定期（stationary phase）和衰亡期（decline phase）4 个阶段。如果以细胞数目的对数值作纵坐标，以培养时间作横坐标，就可以画出一条有规律的曲线，即微生物典型的生长曲线（growth curve）（图 2-11）。

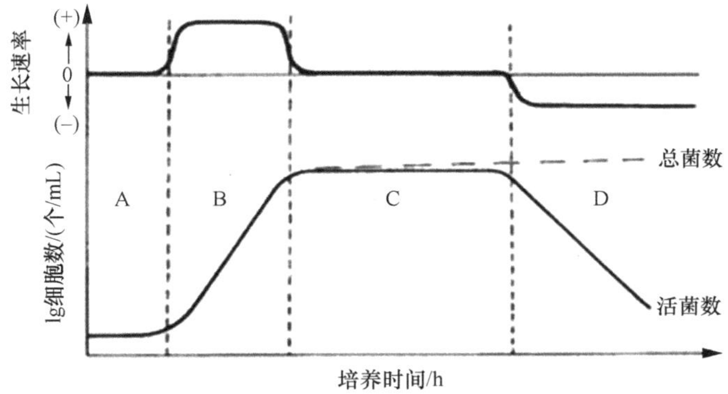

图 2-11　生长曲线

A. 延迟期；B. 对数期；C. 稳定期；D. 衰亡期

比浊法（turbidimetry）是根据菌悬液的透光量间接地测定细菌的数量。当光线通过微生物菌悬液时，菌体的散射及吸收作用，使光线的透过量降低。在一定范围内，微生物细胞浓度与透光度（transmittance）成反比，与吸光度（absorbance）成正比。光电比浊计数法的优点是简便、迅速，可以连续测定，适合于自动控制。但是，光密度或透光度除了受菌体浓度影响之外，还受细胞大小、形态、培养液成分及所采用的光波长等因素的影响。光波长的选择通常采用 600 nm。另外，对于颜色太深的样品或在样品中还含有其他干扰物质的悬液不适合用此法进行测定。

二、实验材料

LB 液体培养基或特定培养基、测定菌株。

三、实验器具

摇床、微量移液器、吸头、冰箱、分光光度计等。

四、实验操作

1）从平板上挑取大肠杆菌单菌落接种到 5 mL LB 液体培养基中，37℃振荡培养过夜（培养 10～12 h）。

2）吸取 2.5 mL 大肠杆菌培养液转入盛有 50 mL LB 液的三角瓶内，混合均匀后分别取 3～5 mL 混合液放入无菌大试管中，共 10 支，用记号笔分别标明培养时间，即 0 h、2 h、4 h、6 h、8 h、10 h、12 h、14 h、16 h 和 20 h。

3）将已接种的试管置摇床 37℃振荡培养（振荡频率 250 r/min），分别培养 0 h、2 h、4 h、6 h、8 h、10 h、12 h、14 h、16 h 和 20 h，将标有相应时间的试管取出，立即放冰箱中储存，最后一同比浊测定其光密度值 A_{600}。

4）用未接种的 LB 液体培养基作空白对照，将待测定的培养液振荡，使细胞均匀分布，选用 600 nm 波长进行光电比浊测定。

5）利用 LB 液体培养基调零点，测定样品中各个培养时间的 A_{600} 值。

6）以 A_{600} 值为纵坐标，以培养时间为横坐标，绘制大肠杆菌的生长曲线（图 2-12）。

五、实验提示与注意事项

1）应以未接种的培养基作空白对照，从最稀浓度的菌悬液开始依次进行测定。并选用一套标准的比色管进行测定，防止误差。

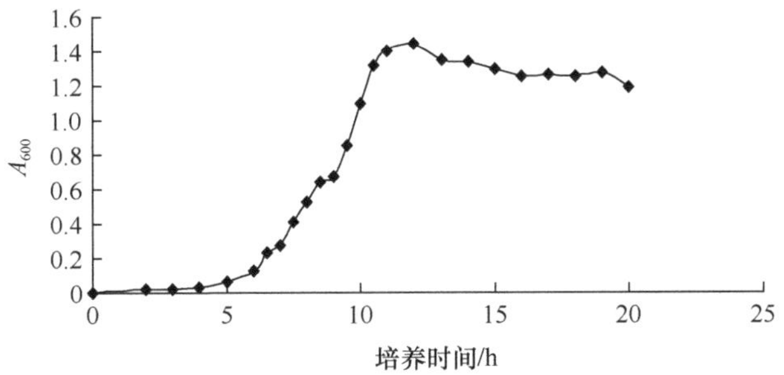

图 2-12　细菌的生长曲线

2）生长曲线的测定过程中所用的培养基不应含有颗粒和沉淀，否则会影响实验结果。

六、思考题

1）用光电比浊法测定细菌的生长为什么只能表示细菌的相对生长情况？

2）在生产实践中如何缩短延迟期？怎样延长对数期，又如何控制衰亡期？

实验 2.5　生 长 温 度

一、实验原理

各种微生物都具有 3 个基本温度（cardinal temperature），即最适、最低和最高生长温度，以及耐受温度的能力。生长最适温度（optimal temperature）就是菌体分裂代时最短或生长速率最高时的培养温度。如以最适温度为基点，随着温度的上升或下降，微生物的生长速率也随之下降，一旦超出最低或最高生长温度限度时，微生物均不能生长，或处于休眠状态，甚至会引起死亡。

根据生长温度的不同，可分为嗜冷微生物（psychrophile）、嗜温微生物（mesophile）、嗜热微生物（thermophile）（图 2-13）。能在 55～60℃温度上生长的为嗜热微生物，而超嗜热微生物（hyperthermophile）的最适生长温度在 80℃以上，在 60℃以下不能生长，如嗜热古菌延胡索酸火叶菌（*Pyrolobus fumarii*）最适生长温度为 106℃，生长温度为 90～113℃；极端嗜热微生物（extreme thermophile）的最适生长温度为 60～80℃，如水生栖热菌（*Thermus aquaticus*）YT-1 菌株的最适生长温度是 70℃，生长温度为 40～79℃；中度嗜热微生物（moderate thermophile）的最适生长温度在 60℃以下。超嗜热微生物以古菌为主，极端嗜热微生物在古菌与细菌中均有分布，中度嗜热微生物以细菌为多。而嗜温微生物有室温性和体温性之分，室温性微生物适合在 20～25℃生长，体温性微生物适合在 35～40℃生长。嗜冷微生物则在 0℃条件下能正常生长，专性嗜冷菌的最适温度为 15℃，超过 20℃即停止生长。

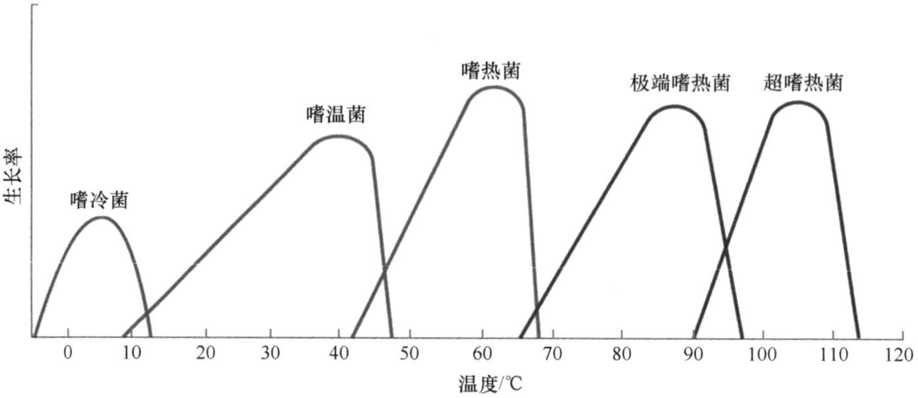

图 2-13　不同温度敏感型的微生物

二、实验材料

测定菌种、基础培养基，每管装 3 mL。

三、实验器具

吸量管、三角瓶、恒温振荡器、分光光度计、比色杯、微量移液器、吸头等。

四、实验操作

1）在最佳盐度和 pH 条件下配制基础培养基，每管分装培养基 3 mL。

2）新鲜菌液接种量 1%（30 μL），3～6 个平行，并且设有 3 个不接种对照。

3）在不同温度（5℃、15℃、20℃、25℃、32℃、37℃、42℃、45℃、50℃）条件下进行振荡培养。

4）经一定时间培养后，以不接种的培养基作为空白对照，测定 A_{600}。

5）实验重复 2～3 次，绘制菌株生长的温度曲线（图 2-14）。

6）确定菌株生长温度的上限和下限，即生长的最低温度、最高温度及最适温度。

五、实验提示与注意事项

1）生长温度的上限和下限，可以参考参比的标准菌株的情况来设定。

2）应选择不含有沉淀的培养基，且菌体在此培养基中生长后呈现均匀的悬浮状态，而不是成团结块的情况。

3）进行温度实验，观察不生长的上限温度与下限温度时，不要马上处理掉样品，而是让它继续培养一段时间（一周以上），确定其确实是不生长。

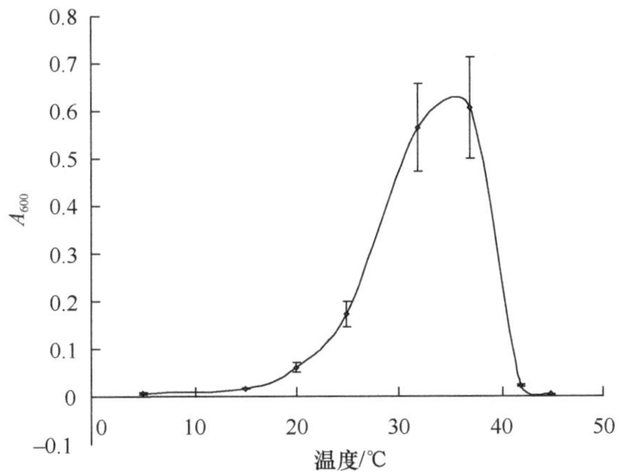

图 2-14　菌株生长的温度曲线图

4）采用不同摇床进行不同温度实验时应将这些摇床转速调整到相同。有时水浴锅或培养箱温度不稳定，需用温度计随机测定几次，以确定水浴锅或培养箱实际温度范围。

5）测定 A_{600} 要选择合理的时间，要保证生长最好的一组尚未进入稳定期，否则可能有多组都已进入稳定期（A_{600} 几乎相同），无法判断哪个温度比较适宜生长。最好将测定时间控制在生长最好的一组处于对数生长末期的时间，这样不同实验组的 A_{600} 差异较大。一般培养到最适生长的管菌液 A_{600} 为 0.8 左右，就可以测定。

六、思考题

高温和低温对微生物生长各有何影响？为什么？

实验 2.6　生长 pH

一、实验原理

环境中的酸碱度（pH）（图 2-15）对微生物的生命活动有很大影响，各种微生物都有其生长的最低、最适和最高 pH。低于最低或超过最高生长 pH 时，微生物生长受抑制或导致死亡。微生物总体的生长范围较广，微生物的大多数种类生长在 pH 5～9，只有少数种类可以在 pH 低于 2 或高于 10 的环境中生长。

设定不同 pH 梯度（pH 5.0、5.5、6.0、6.5、7.0、7.5、8.0、8.5、9.0、9.5、10.0、10.5）的培养基。所用缓冲液系统包括乙酸-乙酸钠（pH 3.5～5.0）、MES（pH 5.0～6.5）调 pH 5.0、5.5、6.0 和 6.5，PIPES 或 MOPS（pH 6.5～7.2）调 pH 6.5

和 7.0，Tricine（pH 7.0～9.0）调 pH 7.0、7.5、8.0、8.5 和 9.0 及 CHES 或 Capso（pH 8.9～10.3）调 pH 9.0、9.5 及 10.0，甘氨酸-氢氧化钠（pH 10.4～11.5）或 Caps（pH 9.7～11.1）调 pH 10.0、10.5 及 11.0。

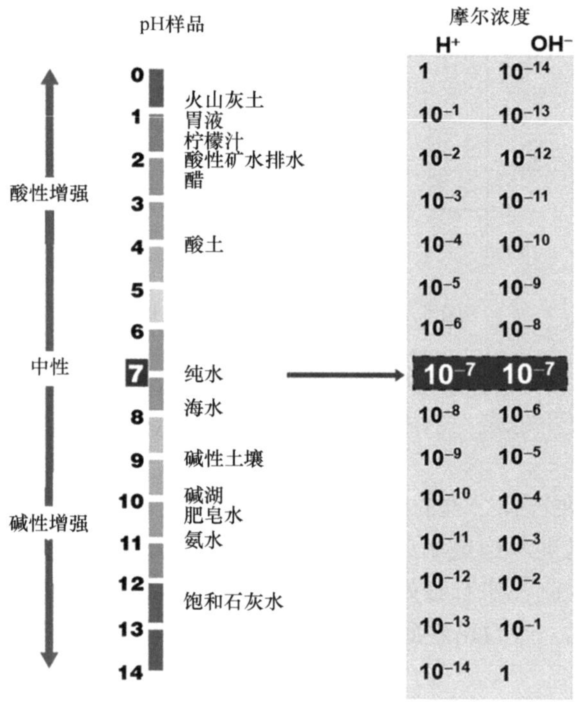

图 2-15　环境中的酸碱度

二、实验试剂

1）选择合适的基础培养基。

2）缓冲液系统：MES（pH 5.0～6.5）、PIPES（pH 6.4～7.2）、Tricine（pH 7.0～9.0）和 CHES（pH 9.0～10.1）。缓冲液浓度为 25～50 mmol/L。

三、实验器具

摇床、分光光度计、酒精灯、微量移液器、吸头、超净台、水浴锅、pH 计等。

四、实验操作

1）在最适生长 NaCl 浓度条件下，配制不同 pH（5.0、6.0、6.5、7.0、7.5、8.0、9.0、9.5、10.0 等）的液体培养基。根据不同的 pH 要求添加终浓度为 25～

50 mmol/L 的缓冲液。

2）灭菌后还需要测定培养基的 pH。

3）以 1%的接种量进行接种（30 μL），3 个平行，设置两个不接种对照。

4）在适当的温度条件下进行培养。

5）培养一定时间后测定菌液的吸光度 A_{600}，并同时测定其生长后的 pH，绘制菌株生长的 pH 曲线图（图 2-16）。

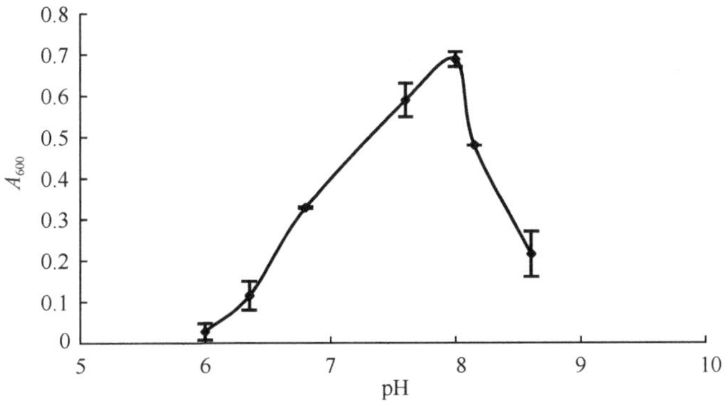

图 2-16　菌株生长的 pH 曲线图

6）确定菌株生长的 pH 范围，即生长的最低 pH、最高 pH 及最适 pH。

五、实验提示与注意事项

1）测试生长 pH 的点一般可根据参比菌株的生长范围，即在其最低、最高 pH 基础上再向外延伸两个点。且第一次测试时设置的 pH 可宽泛些，测试点不一定太多。

2）培养基 pH 灭菌前后会有变化，中间 pH 的缓冲液变化很少，而两端的 pH 变化较大。实验中以灭菌后的 pH 为准，如果灭菌后的 pH 变化很大，应在超净台上用酸或碱进行回调。此外，接种培养后的 pH 因代谢产物的累积超过缓冲体系的缓冲能力，变化有时也很大。

3）不同缓冲液配制过程中，注意要有重叠的点，如 MES 为 pH 5.0～6.5（pH 5.0、5.5、6.0 和 6.5 四个点）；PIPES 为 pH 6.5～7.2（pH 6.5 和 7.0 两个点）；Tricine 为 pH 7.0～9.0（7.0、7.5、8.0、8.5 和 9.0 五个点）；Capso 为 pH 8.9～10.3（9.0、9.5 和 10.0 三个点）；Caps 为 pH 9.7～11.1（10.0、10.5 和 11.0 三个点）。

4）选择培养基，尽量不要选用离子成分多且易形成沉淀的培养基。若产生沉淀，可以多次将沉淀过滤再灭菌，最后测定灭菌后的 pH 以确定与预设 pH 的差距。

5）每组 pH 实验组均有一支试管作为空白对照而不接入菌液。一般最适生长

的管菌液 A_{600} 为 0.8～1.0 就可以测定其 A_{600} 值。平行实验一般做 3～5 个。

6）如果测定的生长 pH 曲线出现双峰应考虑添加的缓冲液是否能被菌株所利用。

六、思考题

不同微生物的最适 pH 在什么范围？

实验 2.7　耐受渗透压

一、实验原理

不同微生物，其生长的盐浓度是不同的（图 2-17）。1978 年，Kushner 将嗜盐菌（halophile）分为：极端嗜盐菌（extreme halophile）、中度嗜盐菌（moderate halophile）和轻度嗜盐菌（slight halophile）等。极端嗜盐菌是一类在 3.4～5.2 mol/L（20%～30%）盐的培养基中生长最佳的微生物，以嗜盐古菌为主（表 2-2）；中度

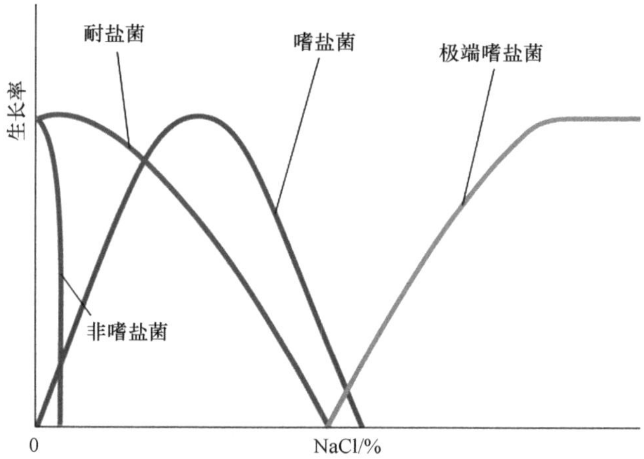

图 2-17　渗透压的影响

表 2-2　嗜盐菌的分类

嗜盐菌	最适生长盐浓度	例子
非嗜盐菌	＜0.2 mol/L（＜1.2%）NaCl	淡水微生物
轻度嗜盐菌	0.34～0.85 mol/L（2%～5%）NaCl	大多数海洋微生物
中度嗜盐菌	0.85～3.4 mol/L（5%～20%）NaCl	某些细菌和藻类
极端嗜盐菌	3.4～5.2 mol/L（20%～30%）NaCl	盐杆菌和盐球菌、古菌
耐盐菌	0.2～2.5 mol/L（1.2%～14.6%）NaCl	金黄色葡萄球菌、耐盐酵母等

嗜盐菌是一类在 0.85～3.4 mol/L（5%～20%）盐的培养基中生长最佳的微生物；而轻度嗜盐菌是一类在 0.34～0.85 mol/L（2%～5%）盐的培养基中生长最佳的微生物。后两者主要由一些嗜盐细菌构成，特别是海洋细菌。典型海洋微生物生长的最适盐浓度为 3.3%～3.5%，并且在缺乏氯化钠的淡水下不能生长。

二、实验材料

测定菌株、基础培养基。

三、实验器具

试管、摇床、分光光度计、微量移液器、吸头、超净台、水浴锅、pH 计等。

四、实验操作

1）配制浓度为 2%、5%、8%、10%、12%、15%、18%、23%等 NaCl 溶液的基础培养基。

2）按 1%的接种量接种到基础培养基中，3 个平行，两个不接种作为对照，37℃或特定温度下振荡培养。

3）培养一定时间后，测定所有盐浓度条件下的菌液吸光度 A_{600}，绘制菌株生长的盐度曲线图（图 2-18）。

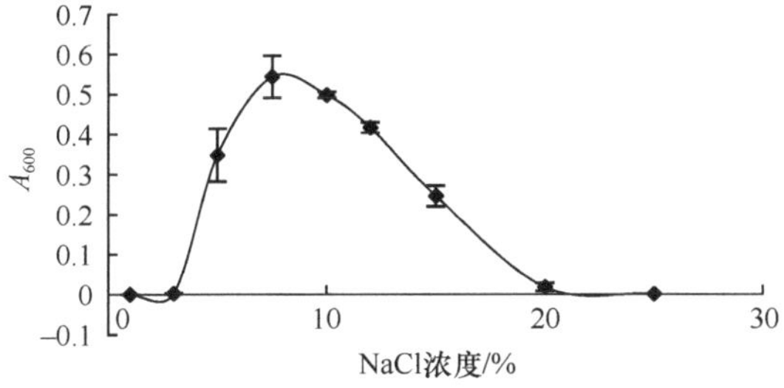

图 2-18　菌株生长的盐度曲线

4）确定菌株生长的盐浓度范围，即生长的最低盐浓度、最高盐浓度及最适盐浓度。

五、实验提示与注意事项

1）不同细菌的基础培养基是不同的，实验中应选择菌体生长良好且没有沉淀的培养基来进行菌株对盐的耐受实验，以防其他离子的干扰。

2）配制培养基时搅拌速度不要太快，否则会产生泡沫，影响 pH 调节。菌体生长情况测定时最好选择吸光值为 0.8～1.0，不能太高或太低。

3）加入高浓度的 NaCl，体积变化较大，配制培养基时注意预留 NaCl 的体积。例如，配制 660 mL 不含 NaCl 的基础培养基定容至 550 mL，调 pH，分装 11 个 50 mL 三角瓶，分别加入适当的 NaCl，定容至 60 mL/瓶，微调 pH，分装 3 mL 试管，121℃ 20 min 灭菌。1%接种量接种，30℃培养 6～12 h，当最适生长梯度下 *A* 值在 1.0 左右、小于 1.5 的时候测 *A* 值，低浓度和高浓度下生长状况不佳的测 3 个平行，长得比较好的测 6 个平行。剩余连续一周观察生长情况。绘制生长曲线。

4）实验开始可以设定跨度较大的点，然后根据实验的初步结果再在最适点及极限点附近进行细化实验。

六、思考题

简述嗜盐菌的分类。

实验 2.8　抗生素敏感性

一、实验原理

细菌对抗生素的敏感性实验是指抗生素抑制细菌生长的实验，可分敏感性、耐药性等。抗生素敏感性（antimicrobial susceptibility）实验主要有最低抑菌浓度（minimal inhibitory concentration，MIC）法和最低杀菌浓度法（minimal bactericidal concentration，MBC）。MIC 是指抗生素抑制细菌生长所需要的最低浓度，而 MBC 是指抗生素杀死细菌所需的最低浓度。

常用 Bauer 和 Kirby 建立的 K-B 纸片琼脂扩散法（disc agar diffusion method）来确定细菌的抗生素敏感性，即将含有一定量抗生素的纸片，平贴于已接种被检细菌的琼脂培养基上，纸片上的抗生素呈梯度向周围扩散，敏感菌株的生长受到抑制后形成抑菌圈（图 2-19）。抑菌圈的直径大小与 MIC 呈负相关关系。根据抑菌圈的大小可判断细菌对抗生素的敏感性。

二、实验试剂

1）基础培养基用量为：3 个平行×（菌株数+1 个空白对照）×3 mL×（*n* 种抗生素+不加抗生素对照）。

2）购买的抗生素滤纸片（表 2-3）应保存在–20℃，并注意不要超过保质期。

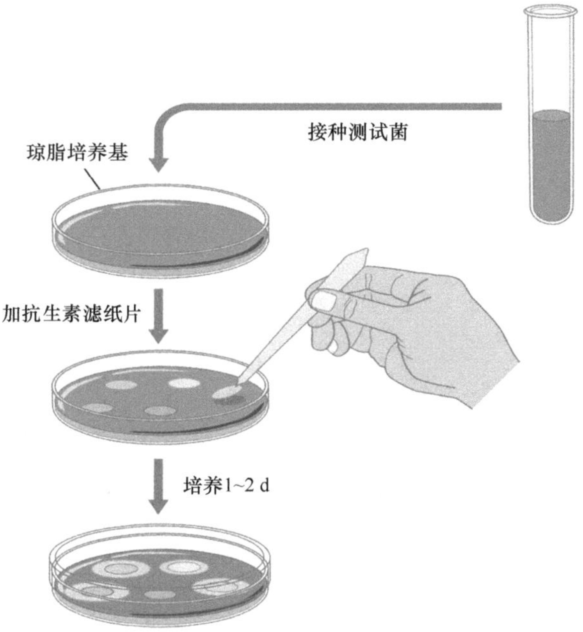

图 2-19　Bauer 和 Kirby 建立的纸片琼脂扩散法测定细菌的抗生素敏感性

表 2-3　抗生素滤纸种类及规格

抗生素类型	抗生素英文名称	规格/（μg/片）
阿米卡星	amikacin	30
阿莫西林	amoxicillin	10
氨苄青霉素	ampicillin	10
杆菌肽	bacitracin	0.04 IU
羧苄西林	carbenicillin	100
头孢唑啉	cefazolin	30
头孢噻肟	cefotaxime	30
头孢西丁	cefoxitin	30
头孢拉定	cefradine	30
头孢曲松钠	ceftriaxone	30
先锋霉素	cephalothin	30
氯霉素	chloramphenicol	30
环丙沙星	ciprofloxacin	5
强力霉素	doxycycline	30
红霉素	erythromycin	15
呋喃唑酮	furazolidone	100
庆大霉素	gentamicin	10
卡那霉素	kanamycin	30

续表

抗生素类型	抗生素英文名称	规格/（μg/片）
林可霉素	lincomycin	2
萘啶酸	nalidixan	30
萘啶酸类	naphthridinic acids	30
新霉素	neomycin	30
呋喃妥因	nitrofurantoin	300
诺氟沙星	norfloxacin	10
新生霉素	novobiocin	30
制霉菌素	nystatin	100
竹桃霉素	oleandomycin	15
苯唑西林	oxacillin	1
青霉素 G	penicillin G	10 IU
多黏菌素 B	polymyxin B	300 IU
利富平	rifampicin	5
头孢曲松	rocephin	30
链霉素	streptomycin	10
磺胺喹恶唑	sulfamethoxazole	300
磺胺甲恶唑	sulfamethoxazole	300
四环素	tetracycline	30
妥布霉素	tobramycin	10
甲氧苄啶	trimethoprim	5
万古霉素	vancomycin	30

三、实验器具

培养皿、三角瓶、抗生素纸片、微量移液器、Eppendorf 管、吸头、镊子、超净台、高压蒸汽灭菌锅等。

四、实验操作

1）按照培养基配方制作双层平板：每个平板先倒入约 15 mL 琼脂浓度为 1.5%的固体培养基。待凝固后，再倒入 15 mL 含有 10%新鲜菌液的琼脂浓度为 0.7%的混合固体培养基。0.7%的琼脂有利于抗生素的扩散。

2）最适生长温度预培养 4～6 h（培养时间根据细菌生长快慢而定），如古菌则需要培养 12～24 h。

3）在超净台上，用灭菌的镊子夹住抗生素纸片，轻轻放在双层平板表面，并轻轻将纸片压实，不可用力过大，否则培养基会被戳破。每个平板事先划分成 4 个区域，各放入一片抗生素纸片。每种抗生素要做 3 个平行。

4）将放好纸片的平板倒置于恒温培养箱中，培养 8～10 h，连续 1 周观察抑菌圈。

5）观察结果：有抑菌圈的说明该抗生素能够抑制该菌株的生长，标记为“+”，没有抑菌圈的标记为“–”（图 2-20）。

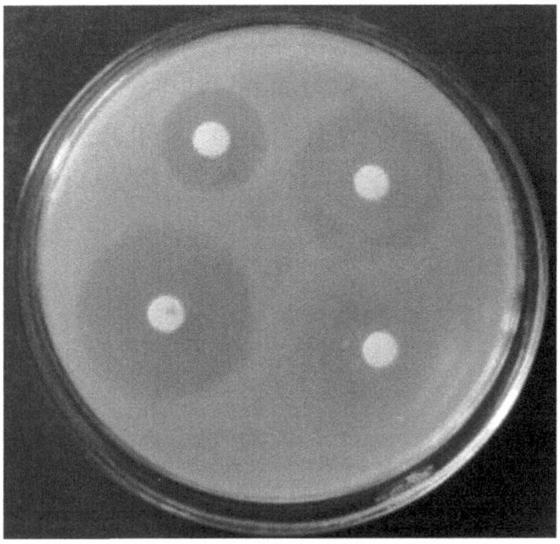

图 2-20　抗生素敏感性（彩图请扫封底二维码）

五、实验提示与注意事项

1）检测菌的预培养时间很关键，时间太短，菌株没有进入对数生长期就被抑制，结果不明显，造成假阳性；时间太长，平板上菌层已经很厚，观察不到抑菌圈，造成假阴性。

2）不同抗生素对不同菌种的抑菌圈大小是有差异的，详情应参考抗生素滤纸片的说明书。一般抑菌圈的直径＞5 mm 为敏感性，2～5 mm 为中间值，＜2 mm 为抗生素抗性。

3）铺抗生素滤纸片时，先将镊子在火上烧一烧，待冷却后再夹抗生素滤纸片，否则抗生素会受热失效，每换一种抗生素都要烧一下镊子。

六、思考题

什么是 MIC 与 MBC？

实验 2.9　无氧呼吸的电子受体

一、实验原理

呼吸是指生物体在进行氧化作用时，最终把氢传递给分子氧形成水或者将电子传递给其他氧化型化合物的过程。氢传递给分子氧为有氧呼吸，传递给其他氧化型化合物，如硝酸盐、硫酸盐、碳酸盐等则为无氧呼吸，无氧呼吸也称厌氧呼吸。无氧呼吸中作为最终电子受体的物质是 NO_3^-、NO_2^-、SO_4^{2-}、$S_2O_3^{2-}$、CO_2 等外源含氧无机化合物，以及金属和少数有机分子（如 Fe^{3+}、$HAsO_4^{2-}$、SeO_4^{2-}）。

根据最终接受传递电子的化合物的不同，无氧呼吸可分为硫酸盐呼吸、硝酸盐呼吸和碳酸盐呼吸等（图 2-21）。

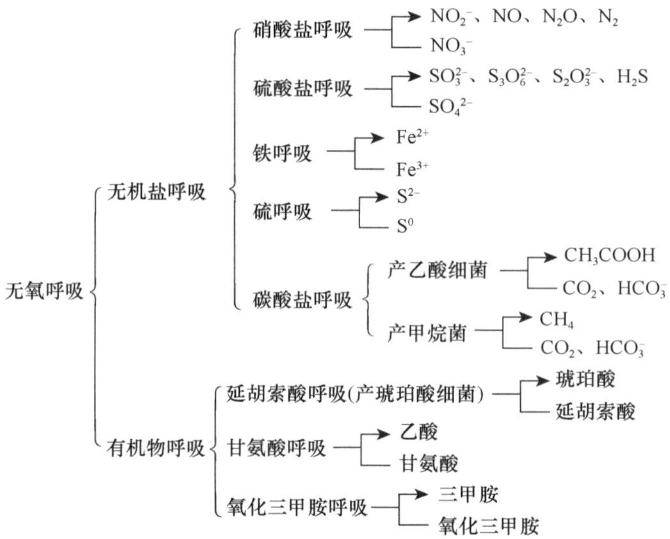

图 2-21　无氧呼吸类型

硫酸盐呼吸又称硫酸盐还原作用，如硫酸盐还原菌，它们严格厌氧。硫酸盐还原形成的主要产物之一 H_2S，不仅会污染大气和水环境，还会造成埋藏的金属管道与建筑构件的腐蚀。

硝酸盐呼吸也称硝酸盐还原作用或反硝化作用，如兼性厌氧微生物，有同化还原和异化还原之分。同化还原的产物是含氨基的化合物，参与细胞中有机氮的合成（如蛋白质的合成）；异化还原的最终产物是氮气，返回到大气中。

碳酸盐呼吸即碳酸盐还原作用，是在厌氧条件下进行的，分为两类：一类产物为甲烷的产甲烷菌；另一类产物主要或全部是乙酸的产乙酸菌。

与发酵不同，无氧呼吸也需要细胞色素等电子传递体，并在能量分级释放过程中伴随氧化磷酸化作用而生成 ATP（图 2-22）。但由于部分能量在没有充分释放之前就随电子传递给了最终电子受体，故产生的能量比有氧呼吸少。

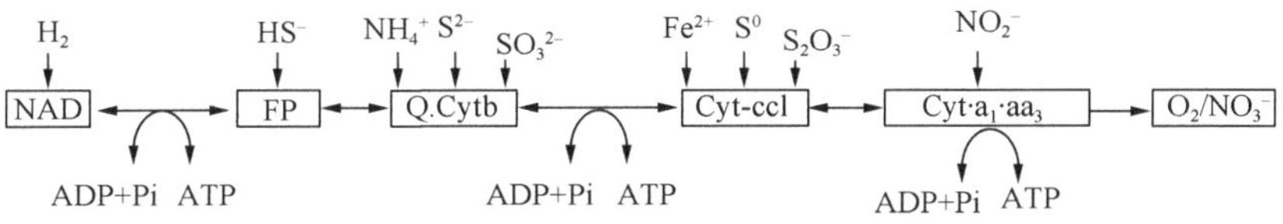

图 2-22　无机底物氧化时氢或电子进入呼吸链的部位

二、实验试剂

1）基本培养基［去掉 Na_2S、半胱氨酸和酪蛋白氨基酸（casamino acid）］。

2）硫酸钠（5～20 mmol/L）、硫代硫酸钠（5～20 mmol/L）、亚硫酸钠（2～5 mmol/L）及元素硫（0.1%～1%）等电子受体。

3）三价铁电子受体：基本培养基中加入终浓度为 2g/L 的柠檬酸铁，或者 20 mmol/L 柠檬酸铁铵（III）［ammonium Fe（III）citrate］、90 mmol/L（1%）无定形氢氧化铁［amorphous Fe（III）oxyhydroxide］、90 mmol/L 氢氧化铁和 20 mmol/L $FeCl_3$。

4）10～20 mmol/L 硝酸钠、2～5 mmol/L 亚硝酸钠。

三、实验器具

装有分压表的氮气钢瓶、氢气钢瓶、调压变压器、铜柱和铜柱固定架、高压蒸汽灭菌锅、15 mL 厌氧试管、厌氧瓶（50 mL）、异丁烯橡胶塞、电炉、圆底烧瓶（500 mL、1000 mL）、各种规格的定量注射器（1 mL、2 mL、5 mL）、18# 针头、微量移液器、吸头等。

四、实验操作

1）基本培养基（去掉 Na_2S、半胱氨酸和酪蛋白氨基酸），在通氮气的条件下使煮沸后的培养基冷却，除溶解氧。

2）基本培养基中分别加入以下物质，并以不加以下电子受体物质的培养物为对照。①高温高压灭菌的 1%元素硫（单质硫）；②过滤除菌的终浓度为 20 mmol/L 的硫代硫酸钠、硫酸钠、硝酸钠；③过滤除菌终浓度为 5 mmol/L 的亚硫酸钠、亚硝酸钠；④高温高压灭菌的 90 mmol/L 氢氧化铁；⑤紫外线过夜灭菌的 20 mmol/L 柠檬酸铁铵。

3）10%新鲜种子液接种后，培养 24 h 左右，检测是否可以将电子受体还原。

4）电子受体的检测（表 2-4）。

表 2-4 检测电子受体实验方法

电子受体	实验方法
硫代硫酸钠（20 mmol/L）	加入硫酸亚铁铵使终浓度为 0.5%，观察是否有黑色沉淀
亚硫酸钠（5 mmol/L）	加入硫酸亚铁铵使终浓度为 0.5%，观察是否有黑色沉淀
硫酸钠（20 mmol/L）	加入硫酸亚铁铵使终浓度为 0.5%，观察是否有黑色沉淀
亚硝酸钠（5 mmol/L，放入杜氏小管）	使用格里斯试剂，观察实验组的粉色是否比对照组更浅，以及杜氏小管中是否收集到了气体
硝酸钠（5 mmol/L）	使用格里斯试剂，观察是否有粉色出现
氢氧化铁（90 mmol/L）	观察棕红色沉淀是否变少，以及是否有灰白色沉淀
柠檬酸铁（20 mmol/L）	观察溶液是否变绿
0.2%柠檬酸铁铵	观察溶液是否变成黑色沉淀
硫元素（0.5%）	加入硫酸亚铁铵使终浓度为 0.5%，观察是否有黑色沉淀

a）硫酸盐、亚硫酸盐、元素硫及硫代硫酸盐电子受体的检测：向培养物中加入终浓度为 0.5%现配的硫酸亚铁铵［$Fe(NH_4)_2(SO_4)_2$］溶液，观察是否有黑色的 FeS 沉淀产生，如果有表示微生物能够将氧化形式的硫元素还原，即能以该化合物形式的硫为电子受体；反之则不能（图 2-23）。

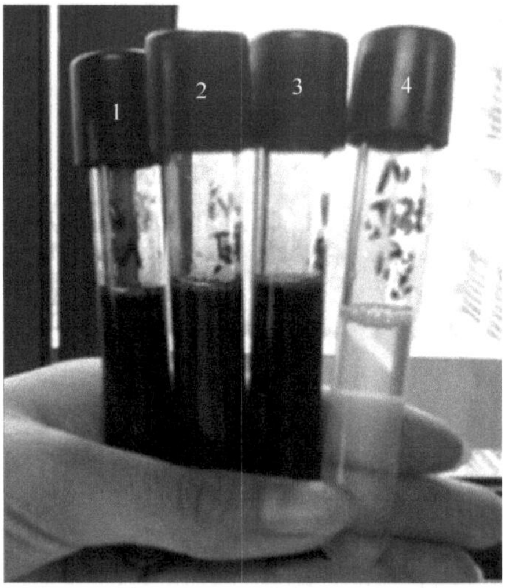

图 2-23 亚硫酸钠电子受体实验（彩图请扫封底二维码）

1～3 为平行实验；4 为空白对照

b）硝酸盐和亚硝酸盐被还原为 N_2，培养基灭菌前将杜氏小管插入培养基的试管中，以不加氧化态的硝酸盐和亚硝酸盐的培养基为空白对照，新鲜菌液 10%

接种，待菌长出后，如果杜氏小管中的气体体积大于空白对照中的气体体积，则认为是阳性反应，亦即认为该菌可以硝酸盐和亚硝酸盐为电子受体；反之则为阴性。

c）硝酸盐被还原为亚硝酸盐，采用的是格里斯（Griess）试剂。对于硝酸盐，出现红色说明硝酸盐被还原成亚硝酸盐（图 2-24）；没有出现红色，滴加二甲苯，出现蓝色说明硝酸盐没有被还原；加入 1 mg 锌粉，出现粉红色说明亚硝酸盐还原生成氨。

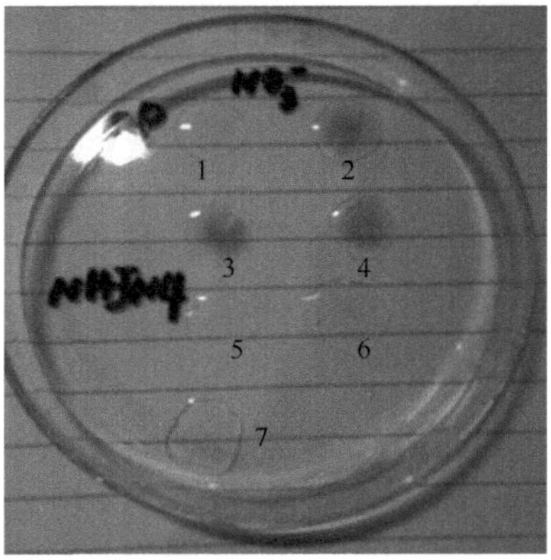

图 2-24　硝酸钠还原实验（彩图请扫封底二维码）

1，5 为空白对照；2～4 为 A 菌株平行实验；6，7 为 B 菌株平行实验

5）三价铁电子受体的检测：培养基（不加还原剂，煮沸除氧）中加入终浓度为 20 mmol/L 的柠檬酸铁铵或 90 mmol/L 氢氧化铁，接菌培养一段时间，如果红褐色的三价铁溶液变成黑色二价铁络合物沉淀，而且培养基中的氢氧化铁沉淀变澄清则认为是阳性反应，即微生物能以三价铁为电子受体（图 2-25，图 2-26）。如果是棕红色减退，二价铁的绿色增加，则说明利用了柠檬酸铁铵。

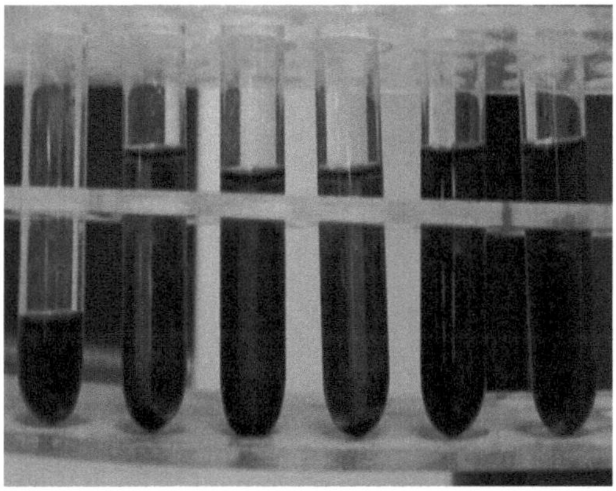

图 2-25　柠檬酸铁铵（彩图请扫封底二维码）

图 2-26　氢氧化铁（彩图请扫封底二维码）

五、实验提示与注意事项

1）实验过程：①不加任何物质；②25 mmol/L 某一种电子受体；③15 mmol/L 某一种电子供体；④25 mmol/L 某一种电子受体和 15 mmol/L 某一种电子供体。电子供体一般可以是基本培养基中的碳源，不用另外加。

2）做电子受体实验所用的基本培养基中应去掉 Na_2S、半胱氨酸和酪蛋白氨基酸，并采用煮沸方式除溶解氧，即通 N_2 的条件下使煮沸后的培养基冷却。

3）硫酸亚铁铵的配制方法是现配现用，配成 25 倍的母液。

4）对于厌氧菌的实验，加大至 10%的接种量。

5）用柠檬酸铁做实验，发现柠檬酸铁受热会缓慢还原，出现绿色，干扰判断。通过用柠檬酸铁铵做实验，效果还是很显著的。

六、思考题

1）什么是电子受体？

2）在进行电子受体检测时应注意什么？

实验 2.10　微量多项试验鉴定系统

一、实验原理

传统的生理生化特征鉴定要测定众多的指标。若按常规的经典方法，对某一未知培养物进行分类鉴定，工作量十分浩大，且对技术熟练程度的要求也很高。为了适应微生物分类鉴定的需要，目前已开发了多种微量多项成套鉴定系统与方法，并向着微量化、简便化、快速化、集成化、智能化和商品化的方向发展。

微量多项试验鉴定系统是根据微生物生理生化特征鉴定的结果而进行的数码分类鉴定。它针对微生物的生理生化特征，配制各种培养基、反应底物、试剂等，分别微量（约 0.1 mL）加入各个分离室（或用小圆纸片吸收），冷冻干燥脱水或不干燥脱水，各分室集中在同一塑料条或板上构成检测卡。实验时加入待检测的某一种菌液，培养 2～48 h（通常 15～24 h），观察鉴定卡上各项反应，按说明书上判定表判定实验结果。用相应编码查阅检索表，得到鉴定结果，或将编码输入计算机。

国外的相应产品主要有法国梅里埃集团的 API/ATB（automatic testing bacteriology）、瑞士罗氏公司的 Micro-ID、美国的 Biolog 全自动和手动细菌鉴定系统等。其中 API（Analytic Products Inc.）系统是目前较为常用的鉴定系统，包括约 750 种反应的鉴定系统，如鉴定肠杆菌科细菌的 API 20E，鉴定厌氧菌的 API 20A，鉴定非肠杆菌科细菌的 API 20NE，鉴定葡萄球菌属和微球菌属细菌的 API Staoh，鉴定链球菌属细菌的 API Strep，鉴定棒状杆菌属细菌的 API Coryne，鉴定芽孢杆菌属等革兰氏阳性杆菌的 API 50CHB 等。

API 20E 是肠杆菌科和其他革兰氏阴性杆菌的标准鉴定系统，包括 21 个标准化微型生化测试和鉴定资料库。API 20E 试剂条可进行 20 种生化反应加上手工操作的氧化酶实验，包括乳糖（ONPG 实验）、柠檬酸盐、精氨酸水解酶、赖氨酸脱羧酶、鸟氨酸脱羧酶、尿素酶、苯丙氨酸脱氨酶、硫化氢实验、VP 实验、明胶液化实验、吲哚实验、葡萄糖发酵、甘露糖发酵、肌醇发酵、山梨醇发酵、鼠李糖发酵、蔗糖发酵、蜜二糖发酵、苦杏仁苷发酵、阿拉伯糖发酵。

API 20NE 是鉴定不属肠杆菌科、革兰氏阴性非苛养杆菌，如莫拉菌属（*Moraxella*）、假单胞菌属（*Pseudomonas*）、不动杆菌属（*Acinetobacter*）、黄杆菌属（*Flavobacterium*）、弧菌属（*Vibrio*）和气单胞菌属（*Aeromonas*）等的标准鉴定系统，包含 9 种酶（硝酸还原酶、精氨酸双水解酶、脲酶、β-葡萄糖苷酶、β-半乳糖苷酶、蛋白酶、细胞色素氧化酶、吲哚反应、葡萄糖酸化反应），以及 12 种底物（葡萄糖、阿拉伯糖、甘露糖、甘露醇、*N*-乙酰葡糖胺、麦芽糖、葡萄糖酸盐、癸酸、己乙酸、苹果酸、柠檬酸、苯乙酸）的同化实验。

API 20A 是厌氧菌鉴定系统，底物有色氨酸、尿素、葡萄糖、甘露醇、乳糖、蔗糖、麦芽糖、柳醇、木糖、阿拉伯糖、明胶、七叶灵、甘油、纤维二糖、甘露糖、松三糖、棉子糖、三梨醇、鼠李糖、海藻糖。

API 50CH 是一个标准化的产酸实验鉴定系统，采用了 50 个生化实验针对微生物的 49 种碳水化合物及其衍生物［苷类（heterosides）、多元醇、糖醛酸］的代谢进行发酵研究（表 2-5）。

表 2-5 API 50CH 试剂条的 49 种碳水化合物及其衍生物

0 对照	10 半乳糖	20 α-甲基-D-甘露糖苷	30 蜜二糖	40 D-松二糖
1 甘油	11 葡萄糖	21 α-甲基-D-葡萄糖苷	31 蔗糖	41 D-来苏糖
2 赤癣醇	12 果糖	22 *N*-乙酰葡糖胺	32 海藻糖	42 D-塔格糖
3 D-阿拉伯糖	13 甘露糖	23 苦杏仁苷	33 菊糖	43 D-岩糖
4 L-阿拉伯糖	14 山梨糖	24 熊果苷	34 松三糖	44 L-岩糖
5 核糖	15 鼠李糖	25 七叶灵	35 棉子糖	45 D-阿拉伯糖醇
6 D-木糖	16 卫茅醇	26 柳醇	36 淀粉	46 L-阿拉伯糖醇
7 L-木糖	17 肌醇	27 纤维二糖	37 肝糖	47 葡萄糖酸盐
8 阿东醇	18 甘露醇	28 麦芽糖	38 木糖醇	48 2-酮基-葡萄糖酸盐
9 β-甲基-D-木糖苷	19 三梨醇	29 乳糖	39 龙胆二糖	49 5-酮基-葡萄糖酸盐

培养过程中，细菌在小管内的厌氧环境下发酵产酸，pH 改变促使培养基中的指示剂颜色变化，从而可直接观察到发酵作用。而试剂条上第一小孔中不含任何发酵底物，可作为阴性对照。API 50CH 试剂条可用于检测两条代谢途径：①氧化作用，细菌通过无氧条件下的发酵产酸进行不完全的生物氧化产能，使试剂条孔中的 pH 指示剂颜色改变；②同化作用，当细菌可利用发酵底物为唯一碳源时，试剂条上的孔中即可显示明显的细菌生长。API 50CH 与 API 50CHB 配合可用于鉴定芽孢杆菌及相关细菌、肠杆菌科细菌和弧菌科细菌。API 20E 试剂条的 11 个测定可作为 API 50CH 试剂条的补充实验。

此外，API ZYM 是专为研究酶活所设计的，可快速、系统地研究 19 种酶的活性，包括碱性磷酸盐酶、酯酶（C4）、类脂酯酶（C8）、类脂酶（C14）、白氨酸芳胺酶、缬氨酸芳胺酶、胱氨酸芳胺酶、胰蛋白酶、胰凝乳蛋白酶、酸性磷酸酶、萘酚-AS-BI-磷酸水解酶、α-半乳糖苷酶、β-半乳糖苷酶、β-糖醛酸苷酶、α-葡萄糖苷酶、β-葡萄糖苷酶、*N*-乙酰葡糖胺酶、α-甘露糖苷酶及 β-岩藻糖苷酶等。

而 Biolog 公司提供的鉴定板可分五大类：鉴定革兰氏阴性好氧菌的 GN2 板、鉴定革兰氏阳性好氧菌的 GP2 板、鉴定厌氧菌的 AN 板、鉴定酵母菌的 YT 板、鉴定丝状真菌的 EF 板（图 2-27）。

Biolog GP2 96-well Microplates 试剂条是专门针对革兰氏阳性菌的，可以检测菌体在生长过程中对单一碳源的利用，以及 95 种有机碳源进行氧化反应的情况。分类鉴定系统的微孔板有 96 孔，横排为：1、2、3、4、5、6、7、8、9、10、11、12。纵排为：A、B、C、D、E、F、G、H。其中 A1 孔内为水。其他 95 孔是 95 种不同的碳源物质（表 2-6）。96 孔中都含有四唑类氧化还原染色剂。微生物利用碳源进行呼吸时会将四唑类氧化还原染色剂从无色还原成紫色，从而在微生物鉴定板上形成该微生物特征性的反应模式或“指纹”，通过人工读取或者纤维光学读取设备——读数仪来读取颜色变化，并将该反应模式或“指纹”与数据库中的

表 2-6 GP2 底物

	A	B	C	D	E	F	G	H
1	水	L-阿拉伯糖	α-D-乳糖	β-甲基-D-半乳糖苷	D-塔格糖	乳酰胺	L-丙氨酰胺	腺苷
2	α-环糊精	D-阿糖醇	乳果糖	甲基-α-D-吡喃甘露糖苷	海藻糖	D-乳酸甲酯	D-丙氨酸	2′-脱氧腺苷
3	β-环糊精	熊果酚苷	麦芽糖	异麦芽酮糖	松二糖	L-乳酸	L-丙氨酸	肌苷
4	葡聚糖	D-纤维二糖	麦芽三糖	D-阿洛酮醇	木糖醇	D-苹果酸	L-丙氨酰甘氨酸	胸苷
5	糖原	D-果糖	D-甘露醇	D-棉子糖	D-木糖	L-苹果酸	L-天冬酰胺	鸟苷
6	菊粉	L-果糖	D-甘露糖	L-鼠李糖	乙酸	甲酯丙酮酸	L-谷氨酸	5′-腺嘌呤核苷酸
7	甘露聚糖	D-半乳糖	D-松三糖	D-核糖	α-羟丁酸	丁二酸单甲酯	甘氨酰谷氨酸	胸腺嘧啶脱氧核苷酸 5′-单磷酸
8	吐温-40	D-半乳糖醛酸	D-蜜二糖	水杨苷	β-羟丁酸	丙酸	L-焦谷氨酸	5′-尿苷酸二钠
9	吐温-80	龙胆二糖	甲基 α-D-半乳糖苷	景天庚酫聚糖	γ-羟丁酸	丙酮酸	L-丝氨酸	D-6-磷酸果糖
10	*N*-乙酰-D-葡糖胺	D-葡糖酸	β-甲基-D-半乳糖苷	D-三梨醇	对羟基苯乙酸	琥珀酰胺酸	腐胺	α-D-葡糖-1-磷酸
11	*N*-乙酰-D-甘露糖胺	α-D-葡萄糖	3-甲基-葡萄糖	水苏糖	α-酮戊二酸	琥珀酸	2,3-丁二醇	6-磷酸-D-葡萄糖
12	苦杏苷	*m*-肌醇	α-甲基-D-葡萄糖苷	蔗糖	α-酮戊酸	*N*-乙酰-L-谷氨酸	甘油	D-L-α-甘油磷酸

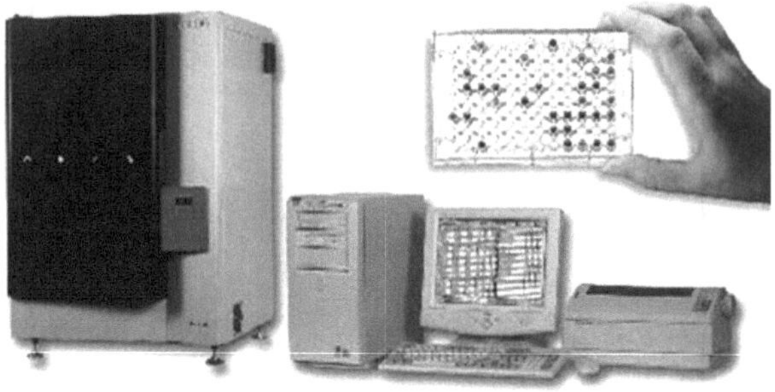

图 2-27　Biolog 公司的鉴定板

相比，就可以在瞬间得到鉴定结果，酵母和霉菌还要通过读数仪读取同化的变化（也就是浊度的变化）。

微量多项试验鉴定技术不仅能快速、灵敏、准确、可重复地鉴定微生物，并且简易，节省人力、物力、时间和空间，是微生物鉴定技术向快速、简易和自动化发展的一个方向，但价格比较昂贵。

二、实验试剂

试剂盒（图 2-28）：API 50CH、API 20A（厌氧）、API 20NE、API ZYM、Biolog GP2、Biolog GN2。

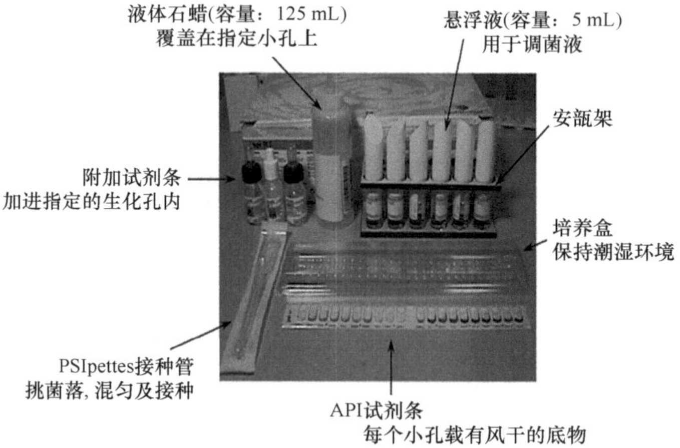

图 2-28　API 试剂盒

三、实验器具

接种针、培养箱、摇床、试管、超净台、微量移液器、吸头等。

四、实验操作

1）按照使用说明书进行实验操作。

2）在适当温度条件下进行一定时间的培养。

3）观察鉴定卡上各项反应（图 2-29～图 2-33），按说明书上判定表判定实验结果。

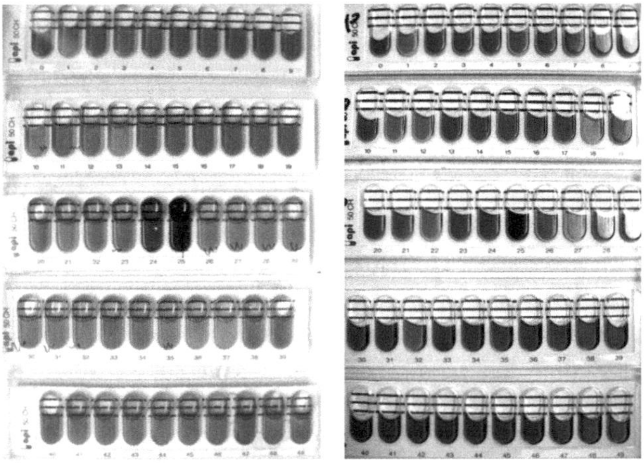

图 2-29　API 50CH 检测卡（彩图请扫封底二维码）

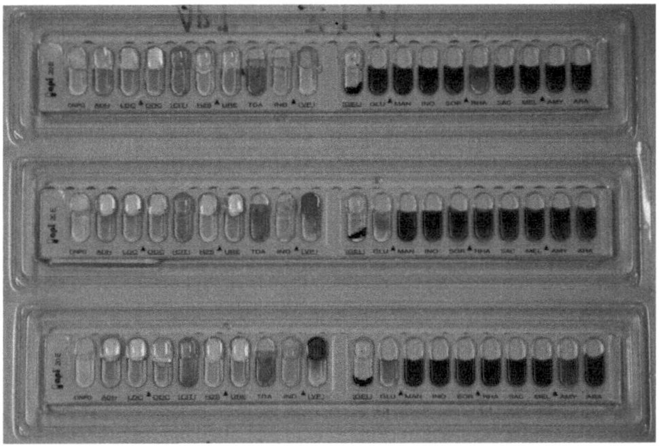

图 2-30　API 20E 检测卡（彩图请扫封底二维码）

五、实验提示与注意事项

1）购买的试剂条应在 2～8℃条件下储存，在使用前要检查包装和部件是否完整，不要使用破损或过期的试剂条。

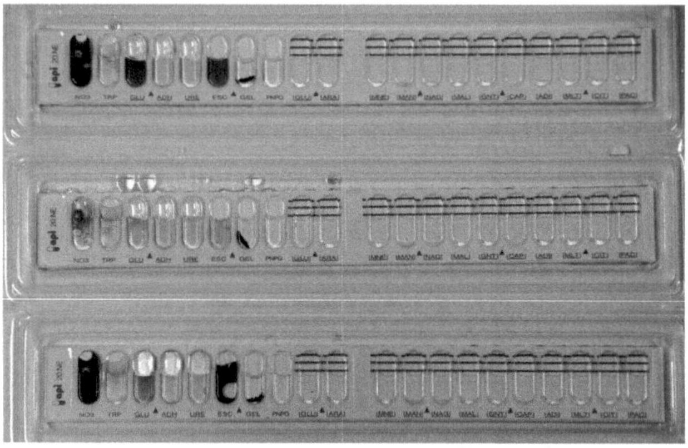

图 2-31 API 20NE 检测卡（彩图请扫封底二维码）

图 2-32 API ZYM 检测卡（彩图请扫封底二维码）

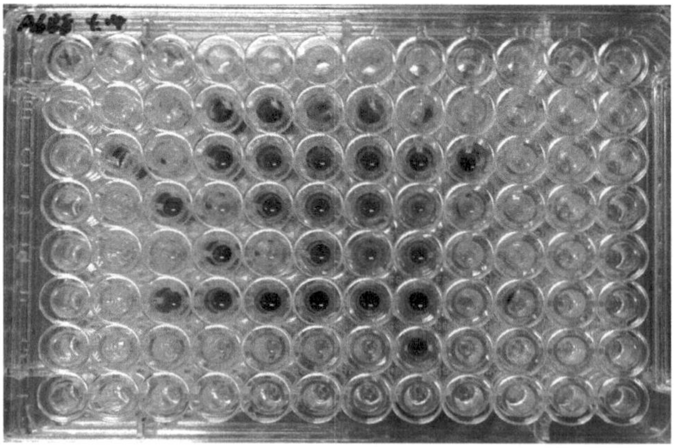

图 2-33 Biolog GN2 革兰氏阴性菌检测卡（彩图请扫封底二维码）

2）在盒子底盘一端的加长部分记录菌株的编号，不要在盖子上进行记录。

3）菌体培养，离心后用无菌水洗一次，再用无菌水（有些细菌需要一定渗透压，则添加无菌盐水）悬浮菌体，制成 A_{600} 为 0.7～0.8 的菌悬液，然后取 50 μL 加到杯子中。

4）接种试剂条时，加样器吸头靠在小孔的边缘加入菌悬液，避免产生气泡。当接种完成后，小孔内液面应避免出现新月形的凹陷或凸起。

六、思考题

影响微生物鉴定分析系统特异性与准确性的因素有哪些？

参 考 文 献

朱旭芬. 2011. 现代微生物学实验技术. 杭州: 浙江大学出版社.

Grishchenkov VG, Townsend RT, McDonald TJ, et al. 2000. Degradation of petroleum hydrocarbons by facultative anaerobic bacteria under aerobic and anaerobic conditions. Process Biochem, 35: 889-896.

Madigan MT, Martinko JM, Dunlap P V, et al. 2009. Brock Biology of Microorganisms. 12th ed. San Francisco: Benjamin Cummings.

Ogg CD, Patel BKC. 2009. *Thermotalea metallivorans* gen. nov., sp. nov., a thermophilic, anaerobic bacterium from the Great Artesian Basin of Australia aquifer. Int J Syst Evol Microbiol, 59: 964-971.

Ramamoorthy S, Sass H, Langner H, et al. 2006. *Desulfosporosinus lacus* sp. nov., a sulfate-reducing bacterium isolated from pristine freshwater lake sediments. Int J Syst Evol Microbiol, 56: 2729-2736.

第三章　基因型分类特征

生物遗传物质的基础是核酸，每种生物都有自己特定基因组 DNA，并且核酸的碱基顺序可随着长时间的迁移而发生改变，被认为可作为分子计时器（molecular chronometer）。不同生物间基因组序列的异同可直接反映它们之间亲缘关系的远近。对 DNA 碱基组成的分析及核酸分子杂交可以直接比较不同微生物之间的基因组差异。

基因型特征分析直接针对细菌的核酸，从分子水平上进行鉴定。基因型特征包括 16S rRNA 基因序列比对、基于 16S rRNA 基因的系统发育分析、DNA（G+C）%测定及核酸 DNA 杂交（hybridization）等。此外，其他保守的管家基因，如 *atpD*、*gyrB*、*carA*、*recA*、*rpoB*、*trpB* 等和功能基因 *nifH*、*pmoA*、*amoA* 和 *dsrAB* 等也越来越多地被应用于分类鉴定中。

随着人类基因组计划的进行与 DNA 测序技术的不断发展，微生物基因组的研究速度不断加快。自从 1995 年美国马里兰 Rockville 基因组学研究所使用鸟枪法首次完成第一株流感嗜血杆菌（*Haemophilus influenzae*）的基因组全序列，迄今（2017 年 12 月 31 日）已完成了 8893 株细菌及 289 株古菌，共计 9182 株菌株的完整基因组测序。多数被测序的微生物结果可以在网上查阅（NCBI 网站 http://www.ncbi.nlm.nih.gov）。随着测序技术的发展，生物的测序速度也不断提高。

在多相分类研究中，基因型特征已经占据了重要的主导地位。通常都是先通过 16S rRNA 基因序列和系统树的分析，初步确定菌株的分类地位。

实验 3.1　基因组 DNA 的提取

一、实验原理

一个生物体的全部基因序列称为基因组（genome）。从生物细胞中提取基因组 DNA，可先温和裂解细胞，然后采用化学或酶学法，去除蛋白质、RNA 及其他的大分子。DNA 在体内通常与蛋白质相结合，需经蛋白酶 K 处理及离心。再通过过柱纯化，去除蛋白质杂质。DNA 制品中也会有 RNA 杂质，但 RNA 极易降解。况且，少量的 RNA 对 DNA 的操作无大影响，必要时可加入不含 DNA 酶的 RNA 酶以去除 RNA 的污染。

二、实验试剂

1）LB（Luria Broth）培养基：1%蛋白胨、0.5%酵母粉、1% NaCl，pH 7.2。

2）GTE 溶液：50 mmol/L 葡萄糖、25 mmol/L Tris-HCl（pH 8.0）、10 mmol/L EDTA。

3）TE 缓冲液：10 mmol/L Tris-HCl（pH 8.0）、1 mmol/L EDTA。

4）100 mg/mL 溶菌酶、10 mg/mL 蛋白酶 K、1 mg/mL RNaseA 酶、0.1×SSC、3 mol/L 乙酸钠（pH 5.2）、氯仿：异戊醇（24：1）、苯酚：氯仿：异戊醇（25：24：1）、无水乙醇、预冷的 70%乙醇、80%甘油。

5）基因组提取试剂盒。

三、实验器具

培养箱、高压蒸汽灭菌锅、超净台、小试管、Eppendorf 管、吸头、高速离心机、微量移液器、恒温水浴锅、恒温摇床、50 mL 及 5 mL 离心管、玻璃棒、冰箱等。

四、实验操作

（一）煮沸法获取基因组 DNA

1）从平板培养基上挑选单菌落接种至 5 mL LB 液体培养基中，适温下振荡培养过夜。

2）取菌液 0.2 mL，12 000 r/min 离心 30 s，弃上清液。

3）加 100 μL 无菌水，彻底悬浮菌体。

4）95℃，保温 10 min。

5）冷却后，12 000 r/min 离心 3 min。

6）将上清液移至新的离心管中，作为 DNA 的样品。

（二）细菌基因组 DNA 的少量制备

1）挑取单菌落接种至 3 mL LB 液体培养基中，适温下振荡培养过夜。

2）取菌液 0.5～1 mL，10 000 r/min 离心 1 min，弃上清液。

3）加入 400 μL GTE 溶液，在漩涡混合器上振荡混匀至沉淀彻底分散。

4）向悬液中加入 4 μL 100 mg/mL 溶菌酶至终浓度为 1 mg/mL，混匀，37℃温浴 30 min。

5）再向悬液中加入 4 μL 10 mg/mL 蛋白酶 K 至终浓度为 0.1 mg/mL，混匀，55℃继续温浴 1 h，中间轻缓颠倒离心管数次。

6）温浴结束后向溶液中加入等体积的苯酚：氯仿：异戊醇溶液，上下颠倒充分混匀，12 000 r/min 离心 5 min。

7）小心吸取上清液，避免吸入水相和有机相中间的蛋白层，并用等体积的氯仿：异戊醇抽提上清液一次。

8）小心吸取上清液至新的离心管中，加入 1/10 体积的 3 mol/L 乙酸钠（pH 5.2）混匀，加入 2 倍体积的无水乙醇，混匀，–20℃静置 1 h 至过夜沉淀 DNA，取出，4℃、12 000 r/min 离心 10 min。

9）弃去上清液，用 1 mL 70%乙醇洗涤沉淀，4℃、12 000 r/min 离心 5 min，自然干燥。

10）用 60 μL 含 RNaseA（终浓度 20 μg/mL）的 TE 溶解，37℃温浴 30 min，除去 RNA。

11）电泳（图 3-1）或测定 A_{260} 值来确定 DNA 的含量。样品储存在 4℃冰箱中。

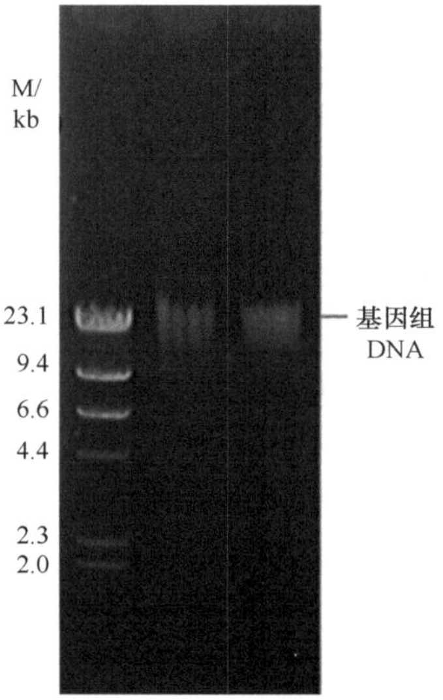

图 3-1　细菌基因组 DNA

（三）细菌基因组 DNA 的大量提取

1）200 mL 细菌过夜培养到指数生长后期，10 000 r/min 离心 10 min，弃去上清液。用无菌水或适当浓度 NaCl（阴性菌 1%）溶液洗涤菌体 1～2 次，用 10 mL TE 悬浮沉淀。

2）革兰氏阳性菌加溶菌酶至终浓度为 0.5～1 mg/mL，37℃水浴摇床 30～60 min。

3）加入 10% SDS 至终浓度 2%、10 mg/mL 蛋白酶 K 至终浓度 0.1 mg/mL，

充分混匀后 55℃水浴 2 h。

4）加入等体积苯酚：氯仿：异戊醇，缓慢颠倒混匀 10 min 后（30～50 次），12 000 r/min 离心 20 min，用大吸头将上清液移至新离心管。

5）重复步骤 4），至有机相和水相之间无明显的蛋白质为止。

6）加入等体积氯仿：异戊醇抽提，12 000 r/min 离心 20 min。

7）将上清液移至新离心管，加入 2 倍体积的预冷无水乙醇，颠倒混合后，用玻璃棒将 DNA 卷出。

8）用预冷的 70%乙醇漂洗后，晾干，用 4～5 mL 0.1×SSC 溶解 DNA。加 10 mg/mL RNaseA 至终浓度 50 μg/mL，37℃保温 30 min。

五、实验提示与注意事项

1）在提取过程中，染色体会发生机械断裂，产生大小不同的片段，因此分离基因组 DNA 时，从细胞裂解后，应尽量在温和的条件下操作。

2）G+C 含量测定及核酸杂交所用的大量基因组 DNA 的提取中，加入乙醇即沉淀形成纤维状絮团漂浮其中，可用灭菌的玻璃棒或吸头将其挑出，并在 70%乙醇中漂洗一下。玻璃棒上卷出的 DNA 为透明状，则 DNA 比较纯，如果带有白色，则可能有蛋白质残留。

3）少量基因组 DNA 的制备，也可利用生产厂家的试剂盒进行。

六、思考题

1）提取染色体 DNA 的基本原理是什么？在操作中应注意什么？

2）如何检测和保证 DNA 的质量？

实验 3.2　核酸 DNA 检测

一、实验原理

测定核酸常采用两种方法，即紫外分光光度法与琼脂糖凝胶电泳法。

（一）紫外分光光度法

核酸分子含有共轭双键结构的嘌呤、嘧啶，可强烈吸收 250～280 nm 波长的紫外线，其最大吸收波长为 260 nm，最小吸收波长为 230 nm。而蛋白质在 280 nm 处有最大的吸收峰，盐和小分子则集中在 230 nm 处。所以可用 260 nm 波长对核酸进行定量测定。

在 260 nm 波长下，1 μg/mL DNA 的钠盐溶液的 A 值为 0.02（1 cm 比色皿），即在 A_{260} 为 1 时，双链 DNA 含量为 50 μg/mL。所以，dsDNA 含量= A_{260}×50×稀释倍数（μg/mL）。此外，还可根据在 260 nm 和在 280 nm 处读数的比值（A_{260}/A_{280}）估计核酸的纯度。当样品 DNA 及 RNA 的 A_{260}/A_{280} 为 1.8～2.0 时，即可认为已达到所要求的纯度。

（二）琼脂糖凝胶电泳法

溴化乙锭（ethidium bromide，EB）在紫外线照射下能发射荧光。当 DNA 样品在琼脂糖凝胶电泳时，EB 插入 DNA 分子形成荧光结合物，使发射的荧光增强几十倍。而荧光强度正比于 DNA 的含量。电泳后的琼脂糖凝胶直接在凝胶成像仪上显像。

凝胶电泳不仅可以分离不同分子质量的 DNA，也可鉴别分子质量相同但构型不同的 DNA 分子。在质粒 DNA 抽提中，各种因素的影响，使超螺旋的共价闭合环状结构的质粒 DNA（covalently closed circular DNA，cccDNA）的一条链断裂，变成开环 DNA（open circle DNA）分子，如果两条链发生断裂，则为线状 DNA（liner DNA）分子。这 3 种构型（图 3-2）的分子有不同的迁移率。通常，超螺旋（cccDNA）迁移速度最快，其次为线状分子，最慢的是开环状（ocDNA）分子。

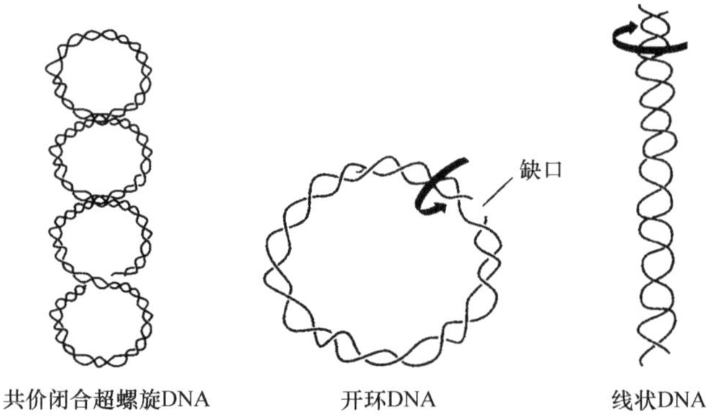

图 3-2　不同构型 DNA

二、实验试剂

质粒、溴化乙锭、溴酚蓝、TBE 缓冲液、琼脂糖、上样缓冲液、DNA 标准分子质量。

三、实验器具

37℃水浴锅、微波炉、制胶模具、电泳装置、封口膜（Parafilm）、NanoDrop

分光光度计（图 3-3）、微量移液器、Eppendorf 管、吸头、凝胶成像系统等。

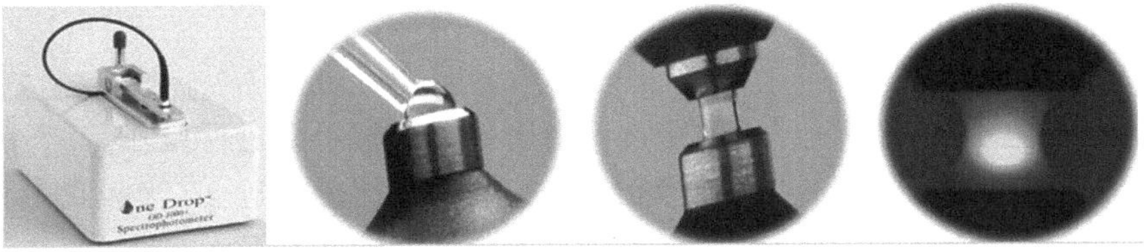

图 3-3　NanoDrop 分光光度计（彩图请扫封底二维码）

四、实验方法

（一）琼脂糖凝胶电泳法

1）称取适量的琼脂糖于三角瓶中，加入 0.5×TBE，微波炉上加热熔化。

2）等凝胶温度降至约 55℃，将熔化的琼脂糖倒入放有移胶板的胶室中。

3）凝胶完全凝固后变成乳白色不透明状（约 30 min），将梳子轻轻地垂直拔出。

4）将凝胶体放入电泳槽中，加入 0.5×TBE 电泳缓冲液，使电泳缓冲液浸没胶面。

5）取 2 μL 上样缓冲液与 DNA 样品混匀，加入凝胶孔中，再加入 DNA 标准分子质量。

6）盖好电泳槽盖子，开始电泳。

7）停止电泳，取出凝胶，放在含有 0.5 g/mL 溴化乙锭溶液中染色 20 min。

8）取出样品，凝胶成像仪上观察，摄像（图 3-4）。DNA 浓度可根据 DNA ladder 条带（浓度已知）荧光强度进行估计。

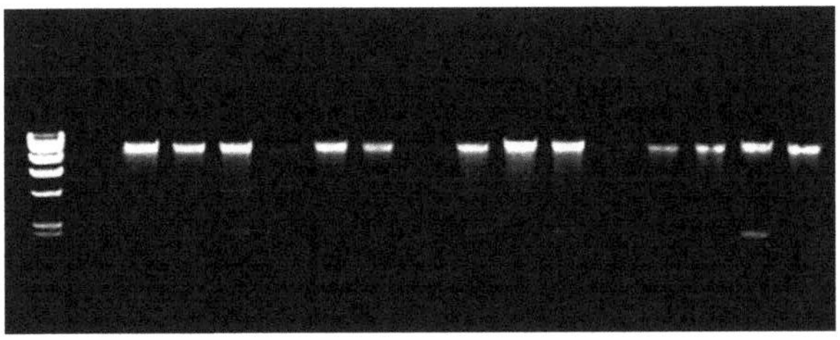

图 3-4　基因组 DNA 电泳（λ/*Hin*dIII标准分子质量）

（二）紫外分光光度法

1）预热紫外分光光度计。

2）取 1～2 μL 样品至 NanoDrop 分光光度计仪器，分别读取 A_{280}、A_{260} 及 A_{230}。

3）计算 DNA 或 RNA 的含量，根据 DNA 的 A_{260}/A_{280} 值判断其纯度。

五、实验提示与注意事项

1）溴化乙锭是一种强烈的诱变剂，有毒性，应戴手套进行操作。

2）较纯的 DNA 其 A_{260}/A_{280} 值为 1.8～2.0。如果比值接近 2，光吸收主要是来自核酸。如果比值小于 1.6，说明样品中有蛋白质或其他杂质污染。

3）1%凝胶电泳中与色素 marker 具有相同迁移率的 DNA 片段，其溴酚蓝（bromophenol blue，BPB）约为 400 bp，二甲苯青（xylene cyanol，XC）约为 4000 bp。具体迁移速率与电泳缓冲液及凝胶浓度有关，不同的电泳缓冲液及不同浓度凝胶中色素条带迁移率略有不同。

六、思考题

1）如何判断 DNA 的纯度与含量？

2）电泳实验时应注意什么问题？

实验 3.3　16S rRNA 基因的 TA 克隆

一、实验原理

1988 年 J. M. Clark 发现 *Taq* DNA 聚合酶得到的 PCR 产物不是平末端，而是一个突出“A”碱基的双链 DNA 分子，即 *Taq* DNA 聚合酶会在 3′端加上多余的非模板依赖碱基，而且对 A 优先聚合，所以 PCR 产物末端的多余碱基大部分是 A。针对这种情况，目前已开发出可直接用于克隆 PCR 产物的带 3′端突出一个“T”的线性 T 载体。用 T 载体克隆 PCR 产物，其克隆效果比平末端的连接至少高出 100 倍（图 3-5）。

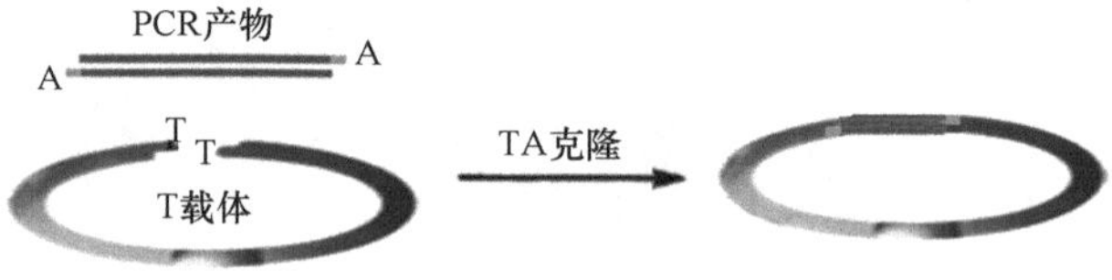

图 3-5　TA 克隆（彩图请扫封底二维码）

二、实验试剂

1）T 质粒试剂盒、LB 培养基、溴化乙锭、溴酚蓝、TBE 缓冲液、琼脂糖、上样缓冲液、DNA 标准分子质量、限制性内切酶、10×缓冲液。

2）$CaCl_2$ 溶液：60 mmol/L $CaCl_2$、15%甘油，pH 7.2，4℃保存。

3）X-gal：2%母液，工作浓度 40 μL/平板 20 mL，包以铝箔或黑纸储存于 –20℃。

4）IPTG：100 mmol/L 母液（–20℃备用），工作浓度 20 μL/平板 20 mL。

5）氨苄青霉素：母液 100 mg/mL（–20℃备用），工作浓度 100 μg/mL。

三、实验器具

37℃水浴锅、微波炉、制胶模具、电泳装置、微量移液器、Eppendorf 管、吸头、水浴锅、培养箱、低温离心机、培养皿、超净台、凝胶成像系统、PCR 仪等。

四、实验方法

（一）连接

1）利用纯化后的 PCR 产物（实验 1.9）进行 TA 克隆，按照顺序加入以下试剂。

纯化后的 PCR	4 μL	
pMD19-T	1 μL	
solution Ⅰ	5 μL	总体积 10 μL

2）轻轻混匀体系，16℃连接 30 min 以上。

（二）感受态细胞的制备

1）从 LB 平板上挑取新鲜的大肠杆菌 Top10 单菌落，接种于 5 mL 的 LB 培养基中，37℃振荡培养过夜。

2）取 150 μL（1%～3%的种量）培养液转接于 5 mL 的 LB 液体培养基中，37℃条件下振荡培养 2～2.5 h，使 A_{600} 达到 0.4 左右。

3）将培养液 1.5 mL 移至 Eppendorf 管中、冰浴 20 min，使其停止生长。

4）4℃条件下，3000 r/min 离心 5 min，弃去上清液。

5）添加 0.6 mL 预冷的 $CaCl_2$ 溶液，用枪轻轻吹打。

6）冰浴 20～30 min 后，4℃条件下，3000 r/min 离心 5 min，尽可能地弃去上清液。

7）细胞沉淀用 100 μL 预冷的 $CaCl_2$ 溶液悬浮。冰浴放置，备用。

（三）转化

1）取一 100 μL 感受态细胞，加入质粒与靶基因的连接产物 10μL，混匀，冰浴 20 min。

2）42℃、保温 90 s，热激后迅速放入冰中，冰浴 1～2 min。

3）添加 1 mL LB 液体培养基，37℃振荡培养 40 min。

4）菌液经 3000 r/min 离心 5 min，弃去 1 mL 上清液，余下的 0.1 mL 样品用枪轻轻吹匀，吸至含有抗生素的 LB 培养基平板上，另添加 40 μL 2% X-gal 和 20 μL 100 mmol/L IPTG，均匀涂布。

5）将上述平板倒置培养，37℃培养 16～24 h。

（四）阳性克隆的筛选与确定

1）平板培养后长出许多抗性菌落，有白色菌落和蓝色菌落。

2）挑取一白色菌落到 10 μL 无菌水中悬浮，吸取 1 μL 菌悬液，利用质粒上的 M13-47 及 RV-M 通用引物进行菌落 PCR，确定是否具有目的基因的重组质粒。剩余菌悬液用于培养提取质粒。

ddH_2O	14 μL	
菌悬液	1 μL	
上游引物（10 μmol/L）	1 μL	
下游引物（10 μmol/L）	1 μL	
10×缓冲液（含 25 mmol/L）	2 μL	
dNTP 混合液（10 mmol/L）	0.5 μL	
Taq 酶	0.5 μL	总体积 20 μL

3）PCR 结束，取 5 μL 反应液用 0.8%琼脂糖凝胶进行电泳。

4）将扩增有目的条带的菌落接入 5 mL 含抗生素的 LB 培养基中，37℃振荡培养过夜。

5）取 1.5～3 mL 菌液抽提质粒（实验 3.4），质粒抽提后溶解于 50 μL 的 TE 中。

6）取 2～5 μL 样品进行电泳，从大小上初步确定是否有外源基因插入载体。

五、实验提示与注意事项

1）由于连接反应中的 solution I 含有连接酶，从–20℃冰箱拿出来后应放在冰上融化。

2）在含有 X-gal 和 IPTG 的筛选培养基上，携带空载质粒的转化子为蓝色菌落，而重组质粒转化子为白色菌落，将培养后平板放于冰箱 3～4 h 可充分显色，蓝色菌落明显。

六、思考题

1）TA 克隆的原理是什么？

2）*Pfu* 酶扩增的 PCR 产物可以直接进行 TA 克隆吗？为什么？

实验 3.4　质粒 DNA 的提取

一、实验原理

质粒（plasmid）是一种独立于染色体外的双链、闭环的 DNA 分子，以超螺旋状态存在于宿主细胞中。质粒 DNA 提取包括：培养细胞使质粒大量扩增，收集和分裂细菌并除去蛋白质和染色体 DNA，分离和纯化质粒 DNA。

质粒 DNA 的提取是依据环状质粒分子质量小、易于复性的特点。碱变性法是溶解细胞膜上的脂肪及蛋白质，在 pH 高达 12.6 的碱性条件下基因组 DNA 氢键断裂，双螺旋被解开变性，成了杂乱无章的片段。而相对分子质量较小的质粒的大部分氢键也断裂，但超螺旋共价闭合环状结构的两条互补链不完全分离，当恢复到中性时，变性的质粒可复性。而基因组 DNA 无法复性，形成缠绕的网状结构，经过离心，与菌体的蛋白质凝聚成块并被除去。上清液中的质粒 DNA，则利用过柱进行纯化。

二、实验试剂

1）含质粒的大肠杆菌菌株，如 pBSSK/Top10、pET28/BL21（DE3）。

2）LB 培养基：1%蛋白胨、0.5%酵母粉、1% NaCl，调 pH 7.2。

3）氨苄青霉素（Amp）：母液 100 mg/mL，工作浓度 100 μg/mL。

4）质粒提取试剂盒（PⅠ、PⅡ、PⅢ、DW1、洗液、洗脱液）。

三、实验器具

小试管、Eppendorf 管、旋转混合器、低温离心机、微量移液器、吸头、制冰机、冰盒、37℃水浴锅、–20℃冰箱、高压蒸汽灭菌锅等。

四、实验操作

1）接种于 5 mL 含 100 μg/mL Amp 的 LB 培养基中，37℃振荡培养过夜（8～18 h）。

2）取 1.5 mL 培养液在 10 000 r/min 离心 30s，弃上清液，收集菌体。

3）加入 200 μL（参照试剂盒说明书中的用量）的 PⅠ溶液，涡旋使菌体彻底悬浮（浑浊液）。

4）加入 200 μL 的 PⅡ溶液，温和上下颠倒 3～8 回（溶液变清）。

5）加入 280 μL 的 PⅢ溶液，温和颠倒混匀数回（有絮状物产生）。

6）4℃、12 000 r/min 离心 10 min。

7）将上清液移入吸附柱，10 000 r/min 离心 30s，弃去收集管中的废液。

8）加 500 μL DW1 溶液到吸附柱中，10 000 r/min 离心 30s，弃废液。

9）加 500 μL 洗液，10 000 r/min 离心 30 s，弃废液。

10）重复洗柱一次。空柱于 10 000 r/min 离心 1 min。

11）柱子放入新的 1.5 mL Eppendorf 管，在膜中央（重要!）加洗脱液 50 μL。

12）室温静置 1 min，10 000 r/min 离心 1 min，样品转移到新 Eppendorf 管中。

13）取 5 μL 质粒在 0.8%凝胶上电泳检测（图 3-6），或用 NanoDrop 测定质粒 DNA 浓度。其余质粒样品置于–20℃冰箱中保存。

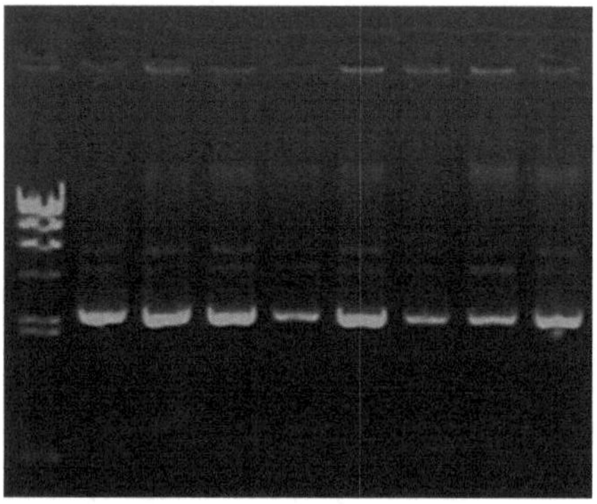

图 3-6　质粒电泳图（标准分子质量 λ/*Hin*dIII）

五、实验提示与注意事项

1）使用处于对数期的新鲜菌体，老龄菌会导致开环与线性质粒增加。收集菌体抽提质粒前，培养基尽可能要去除干净，同时保证菌体在悬浮液中充分悬浮。

2）添加 PⅡ与 PⅢ后的混合过程要柔和，采用上下颠倒的方法，不能在旋转器上剧烈振荡。变性与复性时间不宜过长。

3）细菌内大多质粒为超螺旋形 DNA（cccDNA）。此外，还有开环 DNA、线状 DNA 及复制中间体，即没有完全复制的两个质粒连在一起。操作时应尽量提高 cccDNA 的含量。

六、思考题

1）抽提质粒的基本原理是什么？

2）抽提质粒操作过程中应注意什么问题？

实验 3.5　16S rRNA 基因测序及同源性分析

一、实验原理

DNA 测序基于 PCR 合成及变性聚丙烯凝胶电泳。目前用于测序的技术主要为双脱氧链末端终止法（chain termination method），可由生物技术公司利用 ABI 3730 等测序仪进行测定，然后进行 DNA 序列的同源性分析。常见的核酸和蛋白质的数据库有如下几种。

（一）核酸序列

GenBank、EMBL、DDBJ 数据库是 3 个世界著名的核酸序列数据库，属于一级数据库，3 个数据库之间每天进行序列信息的交换，以便使 3 个数据库的数据同步。

（二）蛋白质序列

PIR-International：美国生物医学研究基金会（NBRF），德国 Martinsried 蛋白质序列研究所（MIPS），日本国际蛋白质信息数据库（JIPID）联合开发。SWISS-PROT：瑞士日内瓦大学 Amos Bairoch 开发。

（三）核酸蛋白质序列分析

PDB：美国 Brookhaven 国家实验室，来自蛋白质数据库（protein information resource，PIR），蛋白质和核酸三维结构，即结构预测和结构同源性比较。Entrez：美国国立卫生研究院开发，美国国立生物技术信息中心数据库，包括核酸序列、蛋白质序列、分子序列文献等。

现在数据库中的大多数蛋白质序列是从其编码的基因序列翻译而来。迄今已知的各种生物的核酸和蛋白质序列的数据可以通过计算机国际网络中的数据库进行查阅和检索（表 3-1），如 EMBL（the European Molecular Biology Laboratory，欧洲分子生物学实验室）Network、GOS（GenBank on-line Service，GenBank 在线服务）和 NCBI（National Center for Biotechnology Information，美国国立生物技术信息中心）Network。

利用网络系统中的软件对测序获得的 16S rRNA 序列与数据库中来自其他生物的相关类型的基因进行同源性分析，以确定菌株在系统发育中的进化地位，并构建系统进化树。

表 3-1　世界主要生物数据库网址

数据库	网址
EMBL	http://www.ebi.ac.uk/embl/index.html
GenBank	http://www.ncbi.nlm.nih.gov/Web/Genbank/
PIR	http://www-nbrf.georgetown.edu/
Swiss-Port	http://www.expasy.org/ http://www.ebi.ac.uk/pdbe/docs/References.html
PDB	http://www.rcsb.org/pdb/home/home.do
Entrez	http://www.ncbi.nlm.nih.gov/Entrez
可读框（ORF）探索着	http://www.ncbi.nlm.nih.gov/gorf/gorf.html
核苷酸到蛋白质序列转化	http://www.ebi.ac.uk/Tools/emboss/transeq/ http://www.expasy.org/tools/dna.html
限制性内切核酸酶定位工具	http://tools.neb.com/NEBcutter2/
蛋白质三维数据库	http://www.ebi.ac.uk/thornton-srv/databases/pdbsum/
序列对比	http://pbil.ibcp.fr/NPSA/npsa-clustalw.html
新序列的提交	http://www.ebi.ac.uk/Submissions/index.html http://www.ncbi.nlm.nih.gov/BankIt/

二、实验方法

（一）序列的导出与处理

1）TA 克隆的阳性质粒，采用质粒上的 M13-47 及 RV-M 通用引物进行测序。由于 16S rRNA 基因长度大约 1500 bp，而 Sanger 测序有效长度在 800～1000 bp，因此获得全长序列需要通过拼接正反向测序得到的结果。

2）测序回来的数据有.abl 格式及.abd 格式等，可以通过 Chromas 软件或 DNAMAN 软件将序列以 FASTA 格式导出（图 3-7）。

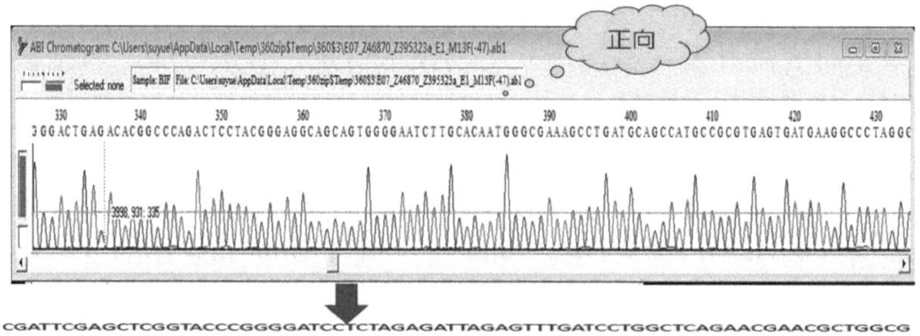


```
CGATTCGAGCTCGGTACCCGGGGATCCTCTAGAGATTAGAGTTTGATCCTGGCTCAGAACGAACGCTGGCG
GCAGGCTTAACACATGCAAGTCGAACGCGAACGTACCTTCGGGTACTAGTAGAGTGGCAGACGGGTGAGT
AACGCGTGGGAACCTACCTAGGGGTACGGAATAACGCAGGGAAACTTGTGCTAATACCGTATACGTCCTTCG
GGAGAAAGATTTATCGCCCCTAGATGGGCCCGCGTTGGATTAGCTTGTTGGTGAGGTAATGGCTCACCAAG
GCTACGATCCATAGCTGGTCTGAGAGGATGATCAGCCACACTGGGACTGAGACACGGCCCAGACTCCTACG
GGAGGCAGCAGTGGGGAATCTTGCACAATGGGCGAAAGCCTGATGCAGCCATGCCGCGTGAGTGATGAAG
GCCCTAGGGTTGTAAAACTCTTTCAGTGGGGAAGATAATGACGGTACCCACAGAAGAAGCTCCGGCTAACT
CCGTGCCAGCAGCCGCGGTAATACGGAGGGAGCTAGCGTTGTTCGGAATTACTGGGCGTAAAGCGCACGT
AGGCGGACTGATCAGTTGGGGGTGAAAGCCCAGGGCTCAACCCTGGAACTGCCTTCAATACTGTCAGTCTT
GAGTCCGAGAGAGGTGAGTGGAATTTCCAGTGTAGAGGTGAAATTCGTAGATATTGGAAAGAACACCAGT
GGCGAAGGCGGCTCACTGGCTCGGTACTGACGCTGAGGTGCGAAAGTGTGGGGAGCAAACAGGATTAGA
TACCCTGGTAGTCCACACCGTAAACGATGGATGCTAGTTGTCGGGCAGCATGCTGTTCGGTGACGCAGCTAA
CGCATTAAGCATCCCGCCTGGGGAGTACGGTCGCAAGATTAAAACTCAAAGGAATTGACGGGGGCCCGCA
CAAGCGGTGGAGCATGTGGTTTAATTTCGAAGCAACGCGCAGAATCTTACCAACCCTTGACATCCCGATCGC
GGTTACCAGAGATGGTTTCCTTCAGCTCGGCTGGATC
```

图 3-7　测序后的序列导出

3）寻找 16S rRNA 的 PCR 扩增的引物序列，将载体的序列删除。反向序列需要进行反向互补（图 3-8）。

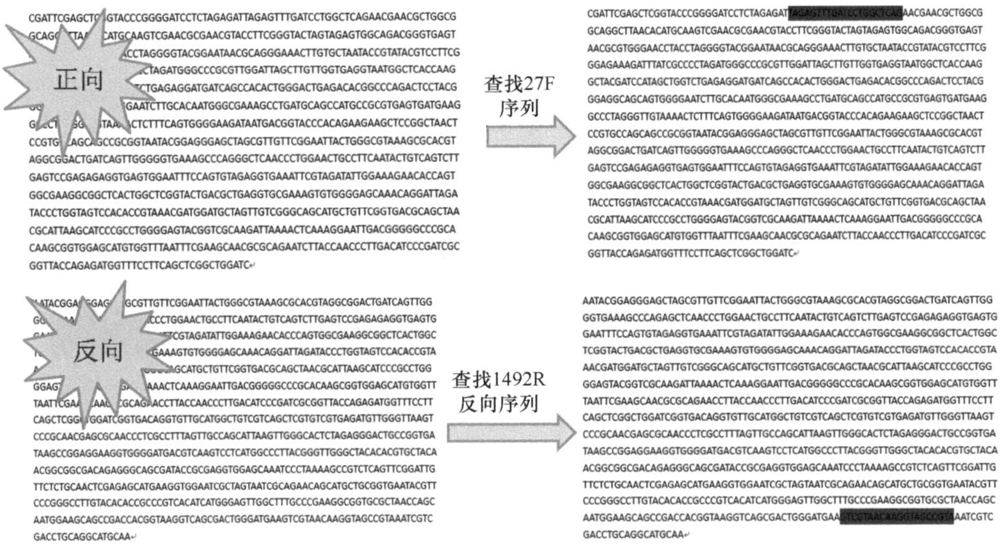

图 3-8 16S rRNA 的引物序列

4）将上下游序列进行拼接（图 3-9）。

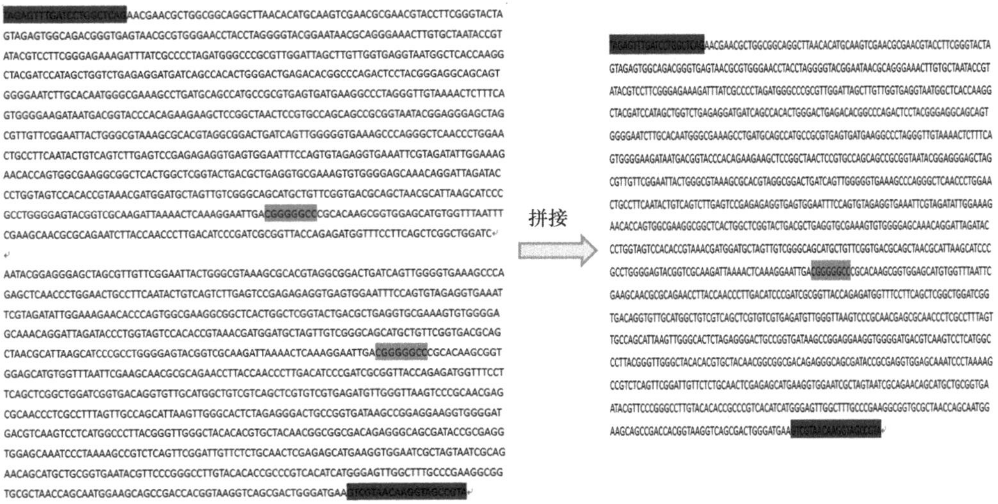

图 3-9 上下游序列重叠部分

5）将拼接所得的全长序列通过 Blast 程序与 GenBank 中的核酸数据进行比对分析。

（二）序列同源性比较方法一

1）打开 NCBI 主页 http://www.ncbi.nlm.nih.gov，点击 Blast，选择 Blast program 中的 Nucleotide Blast。

2）将测序获得的序列（FASTA sequence）粘贴在“search”空白处，在 choose database 选择 Others（nr etc.），即 Nucleotide collection（nr/nt）选项，然后点击 Blast（图 3-10）。

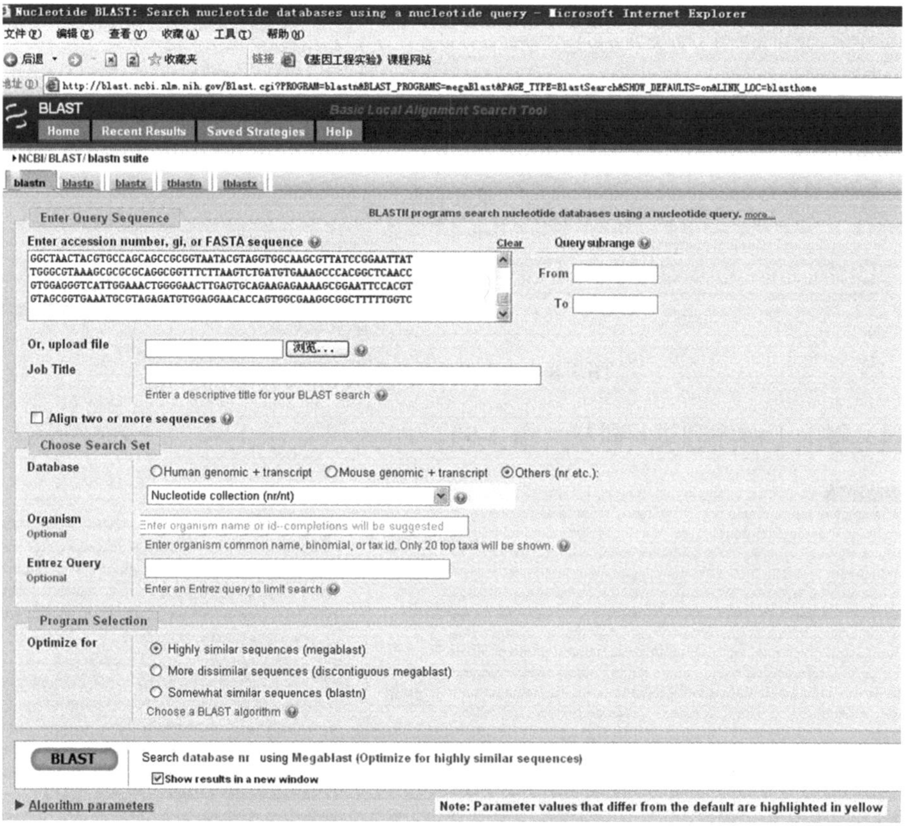

图 3-10　NCBI 网站的 Blast

3）计算机自动开始搜索核苷酸序列数据库中的序列并进行序列比较。

4）搜寻的结果可以获得同源性由高到低的一系列 DNA 片段（图 3-11）。

5）将同源性较高的 DNA 片段序列（特别是标准菌株的 DNA 序列），以及同一个属的菌株的 16S rRNA 序列以 FASTA 格式保存起来。

6）根据同源性高低列出相近序列及其所属种或属，以及菌株相关信息，初步判断 16S rRNA 的鉴定结果。

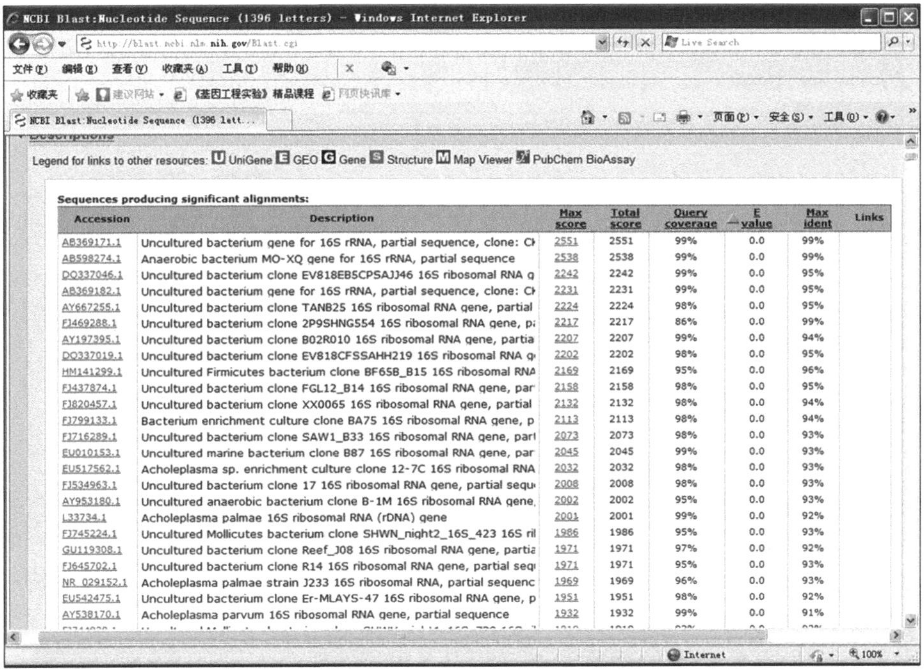

Accession	Description	Max score	Total score	Query coverage	E value	Max ident	Links
AB369171.1	Uncultured bacterium gene for 16S rRNA, partial sequence, clone: Cl	2551	2551	99%	0.0	99%	
AB598274.1	Anaerobic bacterium MO-XQ gene for 16S rRNA, partial sequence	2538	2538	99%	0.0	99%	
DQ337046.1	Uncultured bacterium clone EV818EB5CPSAJJ46 16S ribosomal RNA g	2242	2242	99%	0.0	95%	
AB369182.1	Uncultured bacterium gene for 16S rRNA, partial sequence, clone: Cl	2231	2231	99%	0.0	95%	
AY667255.1	Uncultured bacterium clone TANB25 16S ribosomal RNA gene, partial	2224	2224	98%	0.0	95%	
FJ469288.1	Uncultured bacterium clone 2P9SHNG554 16S ribosomal RNA gene, pa	2217	2217	86%	0.0	99%	
AY197395.1	Uncultured bacterium clone B02R010 16S ribosomal RNA gene, partia	2207	2207	99%	0.0	94%	
DQ337019.1	Uncultured bacterium clone EV818CFSSAHH219 16S ribosomal RNA g	2202	2202	98%	0.0	95%	
HM141299.1	Uncultured Firmicutes bacterium clone BF65B_B15 16S ribosomal RNA	2169	2169	95%	0.0	96%	
FJ437874.1	Uncultured bacterium clone FGL12_B14 16S ribosomal RNA gene, par	2158	2158	98%	0.0	95%	
FJ820457.1	Uncultured bacterium clone XX0065 16S ribosomal RNA gene, partial	2132	2132	98%	0.0	94%	
FJ799133.1	Bacterium enrichment culture clone BA75 16S ribosomal RNA gene, p	2113	2113	98%	0.0	94%	
FJ716289.1	Uncultured bacterium clone SAW1_B33 16S ribosomal RNA gene, part	2073	2073	98%	0.0	93%	
EU010153.1	Uncultured marine bacterium clone B87 16S ribosomal RNA gene, par	2045	2045	99%	0.0	93%	
EU517562.1	Acholeplasma sp. enrichment culture clone 12-7C 16S ribosomal RNA	2032	2032	98%	0.0	93%	
FJ534963.1	Uncultured bacterium clone 17 16S ribosomal RNA gene, partial sequ	2008	2008	98%	0.0	93%	
AY953180.1	Uncultured anaerobic bacterium clone B-1M 16S ribosomal RNA gene,	2002	2002	95%	0.0	93%	
L33734.1	Acholeplasma palmae 16S ribosomal RNA (rDNA) gene	2001	2001	99%	0.0	92%	
FJ745224.1	Uncultured Mollicutes bacterium clone SHWN_night2_16S_423 16S ri	1986	1986	95%	0.0	93%	
GU119308.1	Uncultured bacterium clone Reef_J08 16S ribosomal RNA gene, partia	1971	1971	97%	0.0	92%	
FJ645702.1	Uncultured bacterium clone R14 16S ribosomal RNA gene, partial seq	1971	1971	95%	0.0	93%	
NR_029152.1	Acholeplasma palmae strain J233 16S ribosomal RNA, partial sequenc	1969	1969	96%	0.0	93%	
EU542475.1	Uncultured bacterium clone Er-MLAYS-47 16S ribosomal RNA gene, p	1951	1951	98%	0.0	92%	
AY538170.1	Acholeplasma parvum 16S ribosomal RNA gene, partial sequence	1932	1932	99%	0.0	91%	

图 3-11　Blast 比对结果

（三）序列同源性比较方法二

1）对于 16S rRNA 基因序列，可以使用二级数据库中的结果进行比对。EzTaxon 就是一个收集了高质量并有效发表的原核物种 16S rRNA 基因的一个二级数据库。打开 EzTaxon-e 的主界面 http://www.ezbiocloud.net/eztaxon。

2）利用 E-mail 和密码注册后，选择 EzTaxon server 2.0 中的 Analysisl 栏，点击 Identify。

3）将基因的序列号填入或者将测序获得的序列（FASTA sequence）粘贴在表格的空白处，最后点击“提交内容查询”。

4）计算机自动开始搜索核苷酸序列数据库中的序列并进行序列比较。

5）最后出现结果，点击查看相似性等（图 3-12）。

三、实验提示与注意事项

1）测序回来的序列必须删除其中载体部分，再进行同源比对。如果 16S rRNA 的最高同源性小于 97%就可初步判断为疑似新种。目标菌株的 16S rRNA 基因序列应提交至 GenBank/EMBL/DDBJ 数据库中便于后续未知菌株的比对。

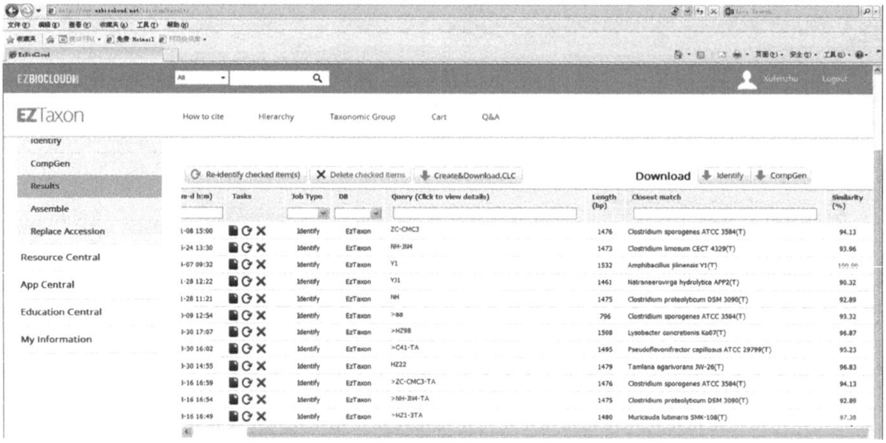

图 3-12　EzTaxon server 2.0 比对结果

2）有关 16S rRNA 可以上网进行查寻：http://greengenes.lbl.gov/cgi-bin/nph-index.cgi。Greengene 是一个 16S rRNA 基因的二级数据库，包括所有可培养微生物和不可培养微生物的数据。

3）发表的有效命名的生物学名可以从 LPSN（list of prokaryotic names with standing in nomenclature）网站 http://www.bacterio.net/获得。16S rRNA 基因序列可以从 NCBI GenBank 中检索到。

4）通过 EzTaxon-e 比对获得的同源性菌株都是已经发表，并被 *IJSEM* 承认的标准菌株，并且还可以获得小数点后 3 位的相似性数据。

四、思考题

1）双脱氧法测序的基本原理是什么？

2）利用测序获得的某一菌株的 16S rRNA 序列，进行核苷酸序列的同源性检索，初步判断菌株所属的种和属。

实验 3.6　系统发育特征

一、实验原理

20 世纪中叶后，进入分子进化（molecular evolution）研究水平，建立了一套依赖于核酸、蛋白质序列信息的理论方法。通过核酸、蛋白质序列的同源性比较，了解基因的进化及生物系统发生的内在规律。分子进化研究的基础是假设核苷酸和氨基酸序列中含有生物进化历史的全部信息，核酸与蛋白质序列可作为分子计时器跟踪分析系统发育与进化。分子进化钟理论上认为在各种不同的发育谱系及足够大的进化时间尺度中，许多序列的进化速率几乎是恒定不变的。

由于原核生物的 16S rRNA 序列组成非常稳定，不随环境条件的变化而变化。因此，分析 16S rRNA 的碱基序列，与已知属种的 16S rRNA 序列进行比对，利用其基因序列上的差异进行鉴定分析，确定未知菌株的归属地位。通过比较未知菌株的 16S rRNA 的序列，计算不同物种之间的遗传距离，采用聚类分析等方法，将细菌进行归类，并绘制出该菌株的系统发育树（phylogenetic tree，即系统进化树）。系统进化树可分为有根树与无根树（图 3-13）。无根树仅表示系统发育关系，不提供进化途径。有根树给出的一个节点作为这些分支的共同祖先。

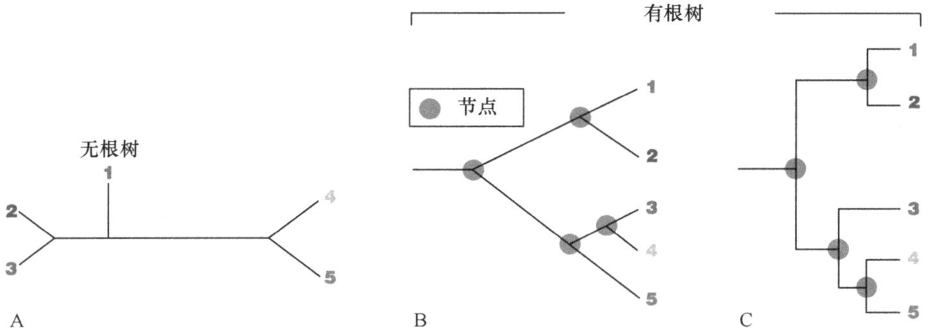

图 3-13　有根与无根系统发育树

系统进化树的构建有距离矩阵法（distance matrix method）、最大简约法（maximum parsimony，MP）、最大似然法（maximum likelihood，ML）3 种主要方法。

（一）距离矩阵法

通过各物种间的比较，根据一定的假设（进化距离模型）推导出分类群之间的进化距离，由进化距离构建进化树常用以下几种方法。

1）平均连接聚类法（average linkage clustering）或称为利用算术加权平均数法（unweighted pair-group method using arithmetic average，UPGMA）是将类间距离定义为两个类的成员所有成对距离的平均值。有关突变率相等（或几乎相等）的假设对于 UPGMA 的应用是重要的。UPGMA 法具有沿着树的所有分支突变率为常数的假定。

2）Fitch-Margoliash method（FM 法）的应用包括插入“丧失的”实用分类单位（operational taxonomic unit，OTU）作为后面 OTU 的共同祖先，并每次使分支长度拟合于 3 个 OTU 组。采用 Fitch 和 Margoliash 称为“百分标准差”的一种拟合优度来比较不同的系统树，最佳系统树应具有最小的百分标准差。根据百分标准差选择系统树，其最佳系统树可能与 FM 法所得的不同。当存在分子钟时，可预期标准差的应用将给出类似于 UPGMA 法的结果。如不存在分子钟，在不同的世系（分支）中的变更率不同，则 FM 法标准就会比 UPGMA 法好。通过选择不同的 OTU 作为初始配对单位，就可以选择其他的系统树进行考查。

3）邻接法（neighbor-joining，NJ）是通过确定距离最近（或相邻）的成对分类单位来使系统树的总距离达到最小。相邻是指两个分类单位在某一无根分叉树中仅通过一个节点（node）相连。通过循序将相邻点合并成新的点，就可建立一个相应的拓扑树。

（二）最大简约法

通过寻求物种间最小的变更数来完成。其理论基础是奥卡姆（Ockham）哲学原则，认为解释一个过程的最好理论是所需假设数目最少的那一个。对所有可能的拓扑结构进行计算，算出所需替代数最小的那个拓扑结构，作为最优树。最大简约法对于分析某些特殊的分子数据如插入、缺失等序列有用。

（三）最大似然法

在分析中选取一特定的替代模型来分析给定的一组序列数据，使获得的每一拓扑结构的似然率为最大值，再挑出其中似然率最大的拓扑结构作为最优树。该法分析中所考虑的参数不是拓扑结构，而是每个拓扑结构的枝长，对似然率求最大值来估计枝长。当样本量很大时，似然法可获得参数统计的最小方差。

基于 16S rRNA 基因系统进化树的构建常用邻接法（NJ）、最大简约法（MP）和最大似然法（ML）3 种方法。若有合适模型，ML 的效果较好；近缘序列，一般使用 MP；远缘序列，一般使用 NJ 或 ML。对相似度很低的序列，NJ 往往出现长枝吸引现象（long-branch attraction），有时会严重干扰进化树的构建。对于核酸及蛋白质序列，两者模型的选择是不同的。蛋白质序列通常选择 Poisson Correction（泊松修正）模型；而对于核酸序列一般选择 Kimura 2 参数模型。

Bootstrap 选项一般都要选择，当 Bootstrap 值大于 50～70 时，通常认为构建的进化树较可靠。对于进化树的构建，如果对理论的了解并不深入，则推荐使用缺省的参数，并启用 Bootstrap 检验。常使用两种以上不同的方法构树，得到的进化树基本一致，结果较为可靠。

MEGA6 是一个关于序列分析及比较统计的工具包，可进行双序列比对（pairwise alignment）或多序列比对（multi-sequence alignment）、推断进化树、估算分子进化率、进化假设测验，还能联机用网络数据库检索。

二、实验材料

测序返回的 16S rRNA 序列。

三、实验器具

电子计算机及相关软件等。

四、实验操作

1）测序：对分离菌株的 16S rRNA 基因进行全长测序，尤其是所测序列用于新物种确定时，最好是 TA 克隆后的全长测序。

2）通过 Chromas 软件分析，截取其中的有效序列，并将得到的分离菌株 16S rRNA 序列进入 GenBank（http://www.ncbi.nih.gov/Genbank）申请登录号。

3）比对：得到的分离菌株 16S rRNA 序列与 GenBank 中的核酸数据进行 Blast 分析（http://www.ncbi.nih.gov/BLAST/），获取一些相似性较高的菌株信息，从中选取这些菌株的 16S rRNA 序列，并且结合 http://www.ezbiocloud.net/ eztaxon 网站获取有效命名生物学名的序列，以 FASTA 格式下载到写字板上。

4）安装 MEGA6 软件，将写字板上的文件扩展名从“*.txt”改为“*.fas”，并双击打开“xx.fas”文件。采用 Clustal W 进行多序列配比排列，并以“*.meg”格式保存文件。

使用 MEGA6 软件自带的模型预测功能计算出构建邻接树（NJ）的最佳模型，预测结果见表 3-2。

表 3-2　24 种碱基替换模型的因素数

模型	参数	模型	参数	模型	参数
GTR+G	30	GTR+G+I	31	GTR+I	30
TN93+G+I	28	TN93+G	27	K2+G+I	24
K2+G	23	TN93+I	27	K2+I	23
T92+G	24	T92+G+I	25	HKY+G	26
T92+I	24	HKY+G+I	27	JC+G	22
JC+G+I	23	HKY+I	26	GTR	29
TN93	26	K2	22	T92	23
JC+I	22	HKY	25	JC	21

注：GTR. 常规可逆时间；HKY. Hasegawa-Kishino-Yano；TN93. Tamura-Nei；T92，Tamura 3-参数；K2. Kimura 2-参数；JC. Junkes-Cantor；G. Gamma 分布；I. 进化常数

通过表 3-2 可看出，Jukes-Cantor（JC）模型的因素数最低，说明使用此模型能够造成误差的因素最小。使用 JC 模型将比对后的结果通过 MEGA6 软件根据 Kimura 双参数方式，通过序列数据计算矩阵距离，然后使用邻接法（NJ）进行系统进化树的估算，并进行 Bootstrap 检验（1000～2000 次重复），计算各分支的置

信度，从而生成系统发育树。系统发育树各分支的文字可将系统发育树文件导入至 Word 进行编辑。

5）先构建 30 多株的大树，然后取最近的分支及前 20 株，构建 20 株左右的小树。

6）得到系统进化树，整理布局和字样使其清晰美观及符合双名法要求。观察属外种进化距离是否太近或者太远，若不理想，换一个属外参考种重新构建（图 3-14）。

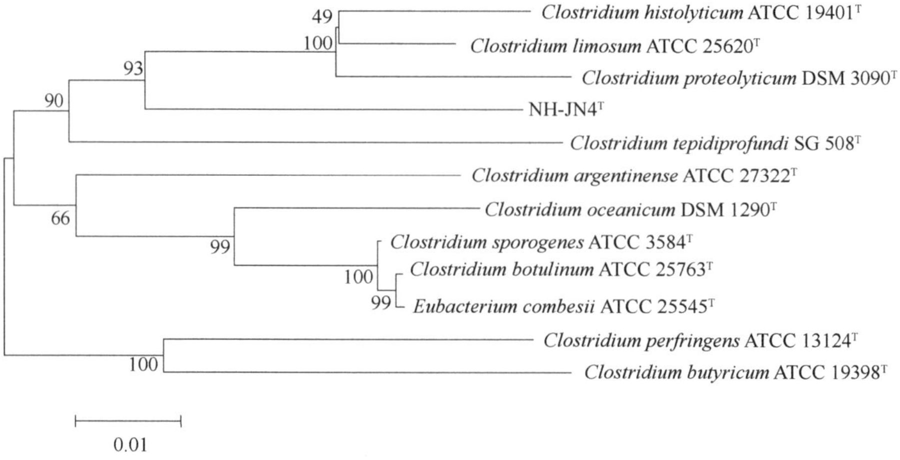

图 3-14 新种的系统发育树（NJ）

7）在此基础上，再利用最大简约法与最大似然法分别构建 MP 树与 ML 树。多种方法所获得的系统发育树相同，其可靠性就高。

五、实验提示与注意事项

1）作系统发育树时，需选择 10～20 个菌株的序列，选序列原则：①用已经合格发表的标准菌株；②选择相邻属的模式种；③与待测菌株有相似功能；④构树时的序列要以 FASTA 格式写入记事本文档（.txt 格式），不要直接使用 Word。

2）系统发育树是由连结节点与分支组成的，节点代表分类单位，如种或基因，分支长度即进化距离（evolutionary distance）代表发生在两个节点之间的分子改变数目。通常最相似的生物聚集在一个类群。每个分支节点的数据表示的是置信度（confidence），一般置信度大于 60 相对可靠。系统树中 0.02 表示的是 2 个核苷酸改变的分支长度。

3）经过 NCBI GenBank 的 Blast 分析，所获得的信息是已经登录的与分析菌株 16S rRNA 序列相似性较高的一些序列，但许多是没有发表的非标准菌株的序列。为了获得已经合格发表的标准菌株的有效序列，需登录 EzTaxon server 20:

http://www.eztaxon.org/。

4）建树后，进入 LPSN（List of Prokaryotic names with Standing in Nomenclature）（http://www.bacterio.cict.fr/）确定现有的有效物种，或 NCBI Taxonomy Browser（http://www.ncbi.nlm.nih.gov/Taxonomy/Browser）进行确认。

六、思考题

1）如何来构建系统发育树？

2）利用目标菌株的 16S rRNA 序列进行系统发育树的建立。

实验 3.7 G+C 含量的测定

一、实验原理

每种生物的 DNA 碱基顺序是固定的，测定 DNA 中鸟嘌呤（G）和胞嘧啶（C）所占的摩尔百分比，可了解各种生物 DNA 分子间同源性程度。（G+C）%的变化与基因的密度、重复元件分布、甲基化和同义密码子相对使用频率有密切的关系。

细菌等生物的基因组（G+C）%的变化范围比较大，为 25%～75%，不同种属间基因组 DNA 的（G+C）%有较大差异，而属内（G+C）%变化较小。微生物种的（G+C）%不随环境与培养条件的变化而改变，即使个别基因突变，碱基组成也不会发生明显变化。

分类学上，用 G+C 占全部碱基的摩尔百分数（G+C）%表示各类生物的 DNA 碱基组成。（G+C）%的测定方法较多，如高效液相色谱（HPLC）法、浮力密度梯度离心法、热变性温度法等。HPLC 法通过将 DNA 链降解成单个碱基，再利用高效液相色谱法，根据已知的标准样品（G+C）%计算出目标菌株的（G+C）%，HPLC 法较准确。热变性温度法是将天然 DNA 溶于一定离子强度的 pH 溶液中，然后不断地加热。当温度升到一定的数值时，两条链之间的氢键逐渐被打开，互补双链螺旋相继解开而不断变成单链，从而导致核苷酸碱基在 260 nm 处紫外吸收明显增加，出现了增色反应（hyperchromicity）。当温度高达一定值时，DNA 完全分离成单链后，继续升温，DNA 溶液的紫外吸收不再增加（图 3-15）。

DNA 的热变性过程在一个狭窄的温度范围内发生，紫外吸收增加的中点值所对应的温度就是热变性温度，称熔解温度（melting temperature，T_m）（图 3-16）。DNA 在溶液中加热到一定温度，先打开由两个氢键结合较弱的 A—T 碱基对，继续加热，才能打开由 3 个氢键结合较强的 G—C 碱基对，若某种细菌 DNA 中 G—C 碱基对含量高，全部打开 G—C 碱基对所需要的温度就高，T_m 值也就高。所以，DNA 样品的 T_m 值可直接反映出该样品 G—C 碱基对的绝对含量，DNA 的 T_m 值与 DNA 的（G+C）%成正比。可用紫外分光光度计测定 DNA 分子的 T_m 值，从而计算出该 DNA 的（G+C）%，热变性温度法重复性好。

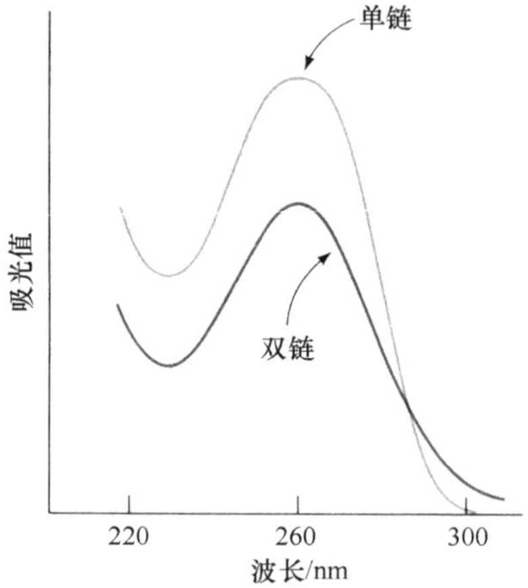

图 3-15　增色反应

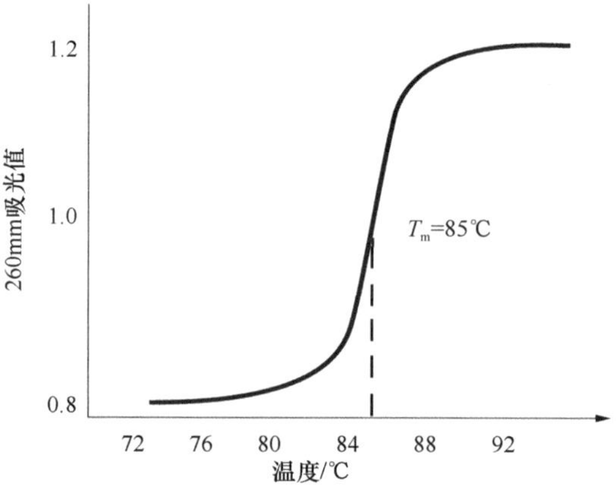

图 3-16　双链 DNA 的解链曲线

每种生物都由一定的碱基组成，亲缘关系近的生物，具有相似的（G+C）%，若不同生物之间（G+C）%差别大表明它们的亲缘关系远。但具有相似（G+C）%的并不一定表明它们之间具有近的亲缘关系。同一个种内的不同菌株（G+C）%差别应在 3%～5%及以下；同属不同种的差别应低于 10%～15%，通常小于 10%。即（G+C）%相差 5%以上时，可以认为属于不同的种；如果（G+C）%超过 10%，一般可认为是属于不同的属。若两个菌株的（G+C）%差别大于 20%～30%，一般不会是同一属，甚至可能不是同一科的。（G+C）%已经作为建立新的微生物分类单元的一项基本依据。

二、实验试剂

1）20×SSC：3 mol/L NaCl、0.3 mol/L 柠檬酸钠。即溶解 88.2 g $Na_3Citrate \cdot 2H_2O$，175.3 g 氯化钠于约 0.9 L 水中，加约 0.2 mL 的 5mol/L HCl 溶液调 pH 为 7.4，定容至 1 L。

2）10×SSC、2×SSC、1×SSC、0.1×SSC、无菌纯水、待测 DNA 样品。

3）流动相：12%甲醇，20 mmol/L 三乙胺，用 85%磷酸调整 pH 为 5.1，溶液用 0.45 μm 滤膜过滤后备用。

4）标准 DNA：*E. coli* 菌株 AS 1.365［（G+C）%为 1.2%］；鲑鱼精子 DNA（SIGMA）［（G+C）%为 41.2%］。

5）P1 核酸酶（SIGMA）；小牛小肠碱性磷酸酶（CIAP）；×10 碱性磷酸酶缓冲液。

三、实验器具

1）Beckman-Coulter 公司的 DU800^{TM} 分光光度仪（石英比色杯）、水浴锅、200 mL 烧杯、50 mL 离心管、浮漂、镊子、移液器、吸头、灭菌 1.5 mL 离心管等。

2）HP1090 HPLC、ODS-AQ Hydrosphere C18 反相色谱柱（4.6 mm×250 mm，pH 2～7）。

四、实验操作

（一）热变性温度法

1）DNA 提取，用 0.1×SSC 稀释待测 DNA 样品，使其 A_{260} 介于 0.25～0.4。

2）吸取 200 μL 装入一只石英比色杯中，塞好塞子。参比菌株 DNA 样品按同样操作加入另一比色杯中。在第三个比色杯中加入 0.1×SSC 作为空白。

3）按空白、未知菌株 DNA 样品、参比菌株 DNA 样品顺序将上述 3 个比色杯放入 DU800^{TM} 分光光度仪的带有加热装置的比色架内，装上热套，固定波长在 260 nm。

4）设定“加热—数据读取程序”，运行仪器，获取数据，绘制热变性曲线。

5）根据热变性曲线计算待测 DNA 样品的解链温度（T_m），再按如下公式计算未知菌株 DNA 样品的（G+C）%。

a）当使用 0.1×SSC 缓冲液：未知菌株的（G+C）%=2.08×$T_{m\,未知菌株}$−106.4

b）（G+C）%还可以从已知对照菌株进行换算：使用 0.1×SSC 缓冲液，未知菌株的（G+C）%=（G+C）%$_{参比菌株}$+2.08×（$T_{m\,未知菌株}$—$T_{m\,参比菌株}$）

（二）HPLC 方法

1）DNA 的提取。取约 5 μg 纯 DNA，在沸水浴中热变性后立即移入冰浴中以防复性。

2）P1 核酸酶处理：将 DNA 长链用 P1 核酸酶酶解为单个三磷酸核苷。P1 核酸酶反应缓冲液为 50 μL 30 mmol/L 乙酸钠（pH 5.3），5 μL 20 mmol/L $ZnSO_4$，加入 3 μL（≈1U）P1 核酸酶（340 U/mL）。37℃作用 2 h。

3）小牛小肠碱性磷酸酶（calf intestinal alkaline phosphatase，CIAP）处理：加入 10 μL 的 10×碱性磷酸酶缓冲液和 4 μL CIAP（200U/mL），用无菌水定容至 100 μL，37℃作用 6 h（可过夜）。

4）10 000 *g* 离心 4 min，可将样品在–20℃保存直至用于色谱分析。

5）色谱分析：所有样品上样前都需要用滤膜（0.45 μm）过滤，上样量为 5～10 μL。色谱条件：流速 1.0 mL/min，柱温 37℃；检测波长为 210 nm（图 3-17，表 3-3，以及图 3-18，表 3-4）。

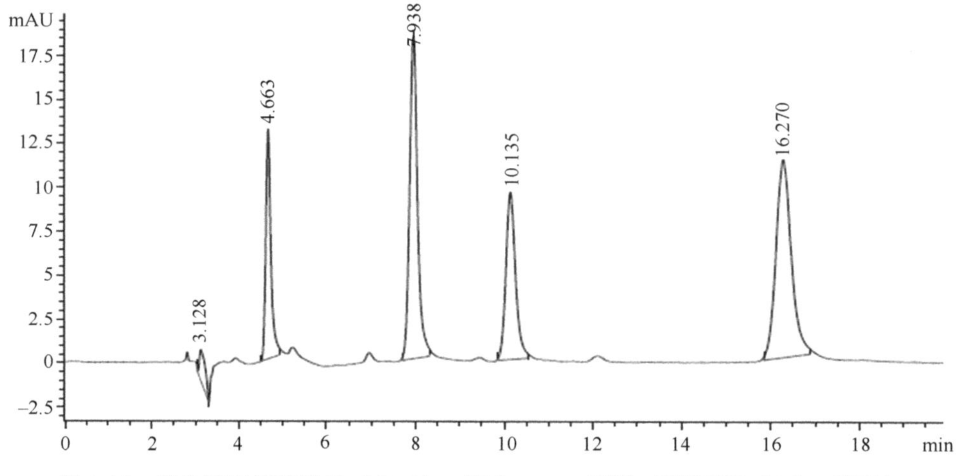

图 3-17　鲑鱼精子标准样品（G+C）%测定 HPLC 图谱（彩图请扫封底二维码）

表 3-3　鲑鱼精子标准样品（G+C）%测定 HPLC 分析

编号	时间/min	峰面积	峰高/mAU	峰宽/min	对称因子	峰面积比/%
1	4.663	105.8	13.1	0.1201	0.672	14.015
2	7.938	233.4	18.6	0.1885	0.767	30.918
3	10.135	143.7	9.5	0.2257	0.804	19.0356
4	16.270	272	11.3	0.3527	0.805	36.0312

注：峰面积比是指单碱基的峰面积/4 种碱基峰面积总和

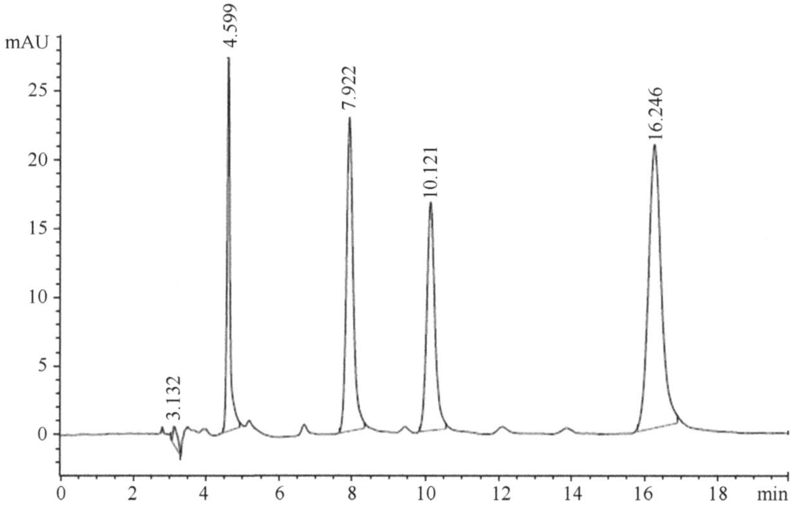

图 3-18 菌株（G+C）%测定 HPLC 图谱（彩图请扫封底二维码）

表 3-4 菌株（G+C）%测定 HPLC 分析

编号	时间/min	峰面积	峰高/mAU	峰宽/min	对称因子	峰面积比/%
1	4.599	161.3	27.4	0.0868	0.738	13.326
2	7.922	293.1	22.9	0.1932	0.763	24.215
3	10.121	253.8	16.6	0.2299	0.796	20.968
4	16.246	502.2	20.7	0.3675	0.801	41.490

6）菌株（G+C）%的计算：通过同时上柱分离的已知碱基组成的标准样品利用以下公式计算测试样品的碱基组成。

$$\mathrm{Ma} = \mathrm{SG}/(\mathrm{SG}+\mathrm{ST})$$

$$M = [(\mathrm{Ma}^{-1}-1)/x+1]^{-1}$$

$$x = M(1-\mathrm{Ma})/\mathrm{Ma}(1-M)$$

式中，Ma 为 HPLC 获得的表观（G+C）%，SG、ST 为 HPLC 获得的相应碱基的峰面积（%）；*M* 为样品实际的摩尔百分比；*x* 为校正系数，可由标准样品（如鲑鱼精子）的 Ma 和 *M* 值计算获得，并用于未知样品的 *M* 值计算。

如标准样品鲑鱼精子的 *M* 值即（G+C）%为 41.2%，而实验中（图 3-17）出峰时间位置对应的碱基为 C（4.663min）、G（7.938 min）、T（10.135 min）、A（16.270 min）。

$$\mathrm{Ma} = \mathrm{SG}/(\mathrm{SG}+\mathrm{ST}) = 0.309/(0.309+0.190) = 0.309/0.499 = 0.619$$

$$x = M(1-\mathrm{Ma})/\mathrm{Ma}(1-M) = 0.412(1-0.619)/0.619(1-0.412) = 0.431$$

7）将 *x* 代入 $M=[(\mathrm{Ma}^{-1}-1)/x+1]^{-1}$ 即可得到样品 DNA（图 3-18，表 3-4）的（G+C）摩尔分数：其中 *M* 为测试样品的摩尔百分含量；Ma 为测试样品表观摩尔分数。

$$Ma=SG/(SG+ST)=0.242/(0.242+0.210)=0.242/0.452=0.535$$

$M=[(Ma^{-1}-1)/x+1]^{-1}=0.332$　即测定样品的（G+C）%为 33.2%。

五、实验提示与注意事项

1）在测定未知样本 DNA 的 T_m 值时，要同时测定大肠杆菌参比菌株的 T_m 值，以确保 T_m 值测定的标准。大肠杆菌 K12 株的（G+C）%为 51.2%，B 株为 50.9%。

2）利用 HPLC 方法进行色谱分析，所有样品在上样前都需要用滤膜（0.45 μm）过滤，以防溶液中颗粒性物质堵塞色谱柱。且 DNA 样品需用 0.1×SSC 溶解，而非 TE 溶解。

3）待测（G+C）%的细菌培养分液体培养和固体培养两种。对于需氧菌或兼性厌氧菌，可将其接种于液体培养基，其优点为细菌生长快、菌量多、易于离心收集等。对于厌氧菌则宜接种于固体培养基上，厌氧培养至细菌生长丰满后用生理盐水洗下菌苔。通常收获 2～3 g 湿菌所制备的 DNA 即可满足（G+C）%测定的需要。

4）单一 DNA 样本的多次测定或同种细菌多次提取 DNA 样本所测得的 T_m 值差异在≤±0.15℃，相当于 0.4%（G+C）。但 T_m 值法对 A、T、C、G 外的其他稀有碱基不敏感，且测定样本的（G+C）%范围超过 25%～75%时误差明显增大。一般 T_m 值法比 HPLC 法测定的（G+C）%要高些。HPLC 法反映的并非是 DNA 真正的摩尔分数。

5）利用 Beckman-Coulter 公司的 DU800™ 分光光度仪测定 T_m 值，先记录 25℃时的 A_{260} 值，再迅速升温至 55℃，期间每隔 3℃记录一次。A_{260} 值上升表示变性开始，每隔 0.5℃稳定 1 min，记录比色皿温度和 A_{260} 值，直至 A_{260} 值不变表示变性完毕。

6）上面计算（G+C）%采用的是 0.1×SSC 的公式，2×SSC 的计算公式与其差距较大。因此，做（G+C）%的 SSC 需要用容量瓶准确定容，所用试剂含量也要绝对符合要求，盐需要烘干，以去除水分。

六、思考题

1）哪些因子会影响实验结果？如何校正实验误差？

2）为什么要使用大肠杆菌 K12 或 B 菌株作为参比菌株？

实验 3.8　核酸 DNA 杂交

一、实验原理

某一物种 DNA 碱基的排列顺序是其进化历史在分子水平上的记录，是一种比（G+C）%更精确、细致的遗传性状指标。核酸杂交是用来研究不同来源的 DNA 之间线性序列的相似性及同源性，从遗传学的角度评估它们的亲缘关系。生物间的亲缘关系越近，DNA 之间的同源率越高。通常当 16S rRNA 基因序列比对结果＞97%时，则需要对目标菌株进行 DNA 杂交，判断是否为不同的种，被确定为建立新种的必要标准之一。

核酸 DNA 杂交（hybridization）是基于 DNA 解链的可逆性和碱基配对的专一性。提取 DNA 并使之解链，按碱基互补配对原则，用人工方法对两条不同来源的单链 DNA 进行复性，使互补的碱基配对结合成新的杂合双链。如图 3-19 所示，双链 DNA 加热变性，冷却处理后可复性。不仅同一菌株的 DNA 单链可以复性成双链，来自不同菌株的 DNA 单链，只要具有同源互补的碱基序列，它们也会在同源序列之间互补结合成双链。根据生成双链的情况，可测知杂合率。杂合率越高，表示两个 DNA 之间碱基顺序的相似越高，亲缘关系也就越近。若两个菌株 DNA 分子序列完全相同，则应 100%地杂交结合。

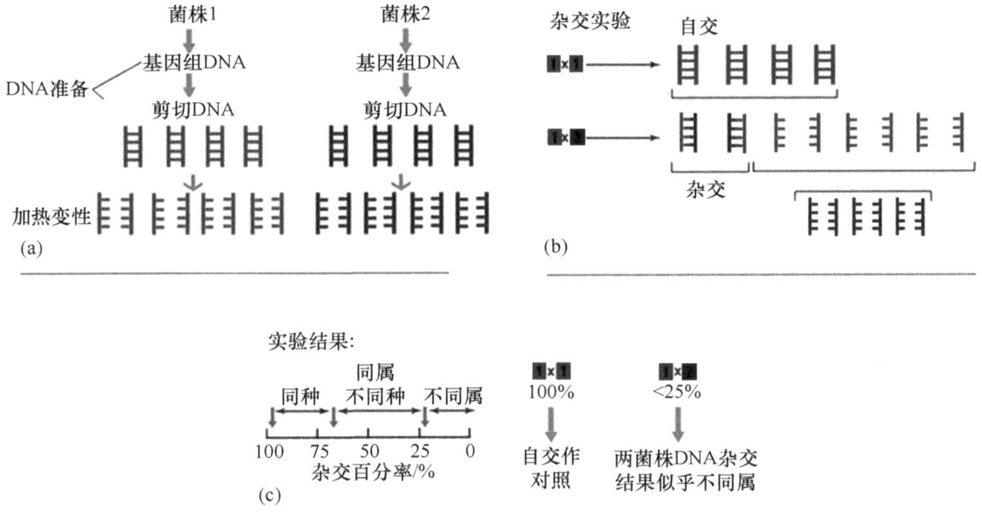

图 3-19　不同菌株的 DNA 杂交（彩图请扫封底二维码）

细菌、古菌等原核生物的基因组 DNA 通常不包含重复序列，其基因组 DNA 在液相中复性时，同源 DNA 比异源 DNA 的复性速度要快。同源程度越高，复性速率和杂交率亦越快。利用此特点，可通过紫外分光光度计直接测定 DNA 在一定条件下的复性速率，进而用理论推导的数学公式来计算 DNA-DNA 之间的杂交（结合）度（图 3-20）。

1987 年，国际系统细菌学委员会（International Committee on Systematic Bacteriology，ICSB）规定，基因组 DNA 同源性低于 70%或杂交分子热变性温度差 $\Delta T_m \leqslant 5$℃为

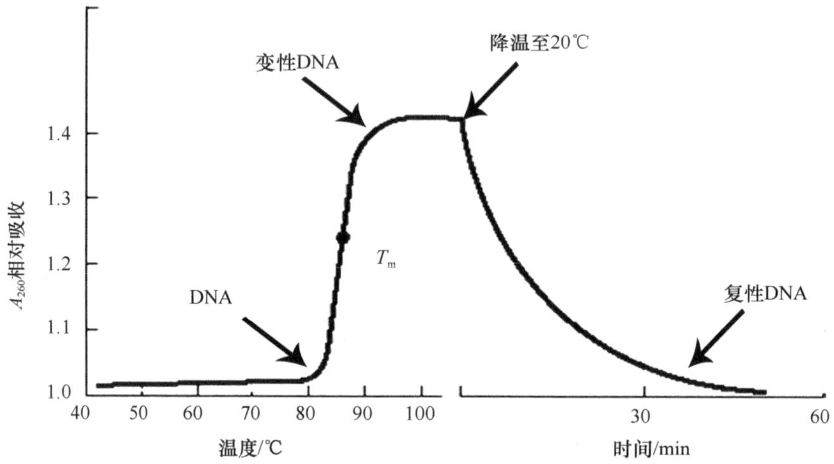

图 3-20 DNA 变性与复性曲线

细菌种的界限，被认为是非常重要的“黄金标准”（gold standard）。资料表明，DNA 杂交同源性为 20%～60%是同属不同种的关系；在 60%以上的菌株可以被认为同一个种；同源性超过 70%为同一个亚种。一般认为，菌株间 DNA 相似性大于 70%，就至少有 97%的 DNA 序列是一致的。

当细菌间 16S rRNA 相似度较高，只有少数碱基替换的变化，加上测序中的误差，仅用 16S rRNA 基因序列比对不足以辨别，需用分辨率更高的核酸 DNA 杂交技术加以鉴定。通常研究菌株的 16S rRNA 基因相似性大于 97%时，再用核酸 DNA 杂交技术判断两者是否为同一种。

二、实验试剂

10×SSC、2×SSC、0.1×SSC、无菌纯水、待测 DNA 样品、参比标准菌株 DNA。

三、实验器具

DU800™ 分光光度仪、水浴锅、200 mL 烧杯、50 mL 离心管、浮漂、镊子、1 mL 注射器、4 号注射针头、移液器、吸头、灭菌 1.5 mL 离心管 1 包、擦镜纸等。

四、实验操作

1）将 DU800™ 分光光度仪的波长设定为 260 nm，测定待测 DNA 样品的 A_{260}，用 0.1×SSC 稀释待测 DNA 样品，使其 A_{260} 介于 1.5～1.8。

2）用带有 4 号注射针头的容量为 1 mL 的一次性注射器反复吸吹（慢吸快推）

待测 DNA 样品 35～40 次，将待测 DNA 样品剪切为 2×10^5～5×10^5 Da 的片段。

3）用 0.1×SSC 稀释经剪切的待测 DNA 样品（A、B），使其 A_{260} 介于 1.5～1.8，且两者 A_{260} 相同（结果精确到 0.001）。

4）进入 DU800™ 分光光度仪“Kinetics/Time”子程序，设定波长为 260 nm，背景波长为 250 nm，读数间隔时间为 15 s，总测定时间设定为 30 min。

5）按照已经测定的（G+C）摩尔百分比计算最适复性温度 T_{OR}（optimal renaturation temperature），将比色杯的温度稳定在最适复性温度。在 2×SSC 反应液中，最适复性温度按公式：$T_{OR}=0.51\times$（G+C）%+47 计算。在比色皿架上放 2 个比色皿，一个是空白对照，加 200 μL 2×SSC，另一个等待加待测样品。

6）样品 A 或 B 的自复性速率的测定。

a）取样品 A（或 B）300 μL 加入一个 1.5 mL 离心管中混合均匀，在沸水浴中变性 10 min。取 1 mL 10×SSC 同样在沸水浴中保温 10 min。

b）在水浴锅中放置一个 200 mL 烧杯，杯中加入一定量沸水后，再放入一个 50 mL 塑料离心管，将带吸头的 2 支移液器插入离心管保温 5～10min。

c）迅速用带有同在沸水浴中预热吸头的一支移液器吸取 72 μL 同在沸水浴中预热的 10×SSC 加入上述变性样品 A 中，快速稍加混匀，使最终浓度为 2×SSC。

d）迅速用另一支移液器吸取 200 μL 变性 DNA 样品加入已经稳定在最适复性温度的比色杯中，塞好塞子。

e）立刻点击“GO READ”读数按键启动仪器读数。最终得到一条随时间延长、A_{260} 逐渐减小的直线。每个样品需重复测试 2～3 次。

7）样品 A、B 复性速率的测定。

a）取样品 A、样品 B 各 150 μL，装在一个 1.5 mL 离心管中混合均匀，定为样品 M。将样品 M 在沸水浴中变性 10 min。取 1 mL 10×SSC 同样在沸水浴中保温 10 min。

b）在水浴锅中放置一个 200 mL 烧杯，杯中加入一定量沸水后，再放入一个 50 mL 塑料离心管，带吸头的 2 支移液器插入离心管保温 10 min。

c）迅速用带有同在沸水浴中预热吸头的一支移液器吸取 72 μL 同在沸水浴中预热的 10×SSC 加入上述变性样品 M 中，快速稍加混匀，使最终浓度为 2×SSC。

d）迅速用另一支移液器吸取 200 μL 变性 DNA 样品加入已经稳定在最适复性温度的比色杯中，塞好塞子。

e）点击“GO READ”读数按键启动仪器读数，记录 A_{260} 值，每隔 15 s 读数一次，待反应进行到 30 min 时，停止读数，全过程样品的温度不得低于 T_{OR}。最终得到一条随时间延长、A_{260} 逐渐减小的直线。每个样品重复测试 2～3 次。

f）根据软件 Microcal Origin 5.0，绘制光吸收值随时间变化的直线（图 3-21）。

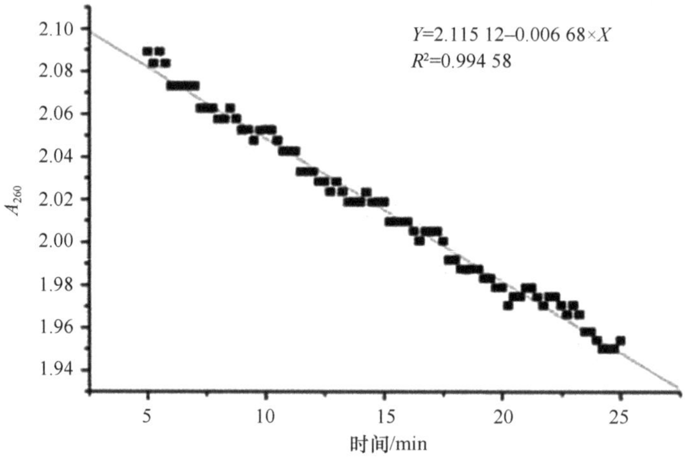

图 3-21 光吸收值的变化

8）计算复性速率：零时吸光度减去 30 min 时的吸光度，除以总时间（30 min），得出直线的斜率，即 DNA 的复性速率（通常用 V 表示，单位为每分钟吸光度的减少数）。

9）将分别得到的 3 个测试样品的复性速率代入以下公式，即可得出两个相关菌株 DNA 杂交百分数（通常用结合度 D%，binding degree 表示）。

$$D\%=\frac{4V_{\mathrm{M}}-(V_{\mathrm{A}}+V_{\mathrm{B}})}{2\sqrt{V_{\mathrm{A}}\times V_{\mathrm{B}}}}\times 100\%$$

五、实验提示与注意事项

1）用 0.1×SSC 稀释待测 DNA 样品，使其 A_{260} 介于 1.5～1.8，最好是 1.7。

2）移液器的吸头要在沸水浴中预热 5 min 以上，加样的动作要迅速。室温最好控制在 20～30℃。杂交时应提前将样品混匀，放置一段时间再做。若两种 DNA 未混匀，则有可能导致斜率较大。

3）大肠杆菌 K12 菌株的（G+C）%=51.2%，T_{m}=75.8℃。

4）一般自交斜率为 40%～50%。而新种与参比菌株间的杂交相似性在 55%以下，最好不要超过 60%。

六、思考题

如何确定杂交过程是正常的？

实验 3.9　亲缘关系分析

一、实验原理

16S rRNA 结构具有保守性，又有高变性，在所测定的区域中包含了 V1～V9 共 9 个高变区，尤其是 V3 这一高变区，因其进化速度相对较快，所包含的信息足以用于物种属及属以上分类单位的比较分析。常用的引物包括 V3 区的 341F/534R、V6～V8 区的 968F/1401R、V1～V3 区的 63F/534R、V3～V5 区的 341F/926R 等。

寡核苷酸标签序列是 16S rRNA 在不同种群水平上的特征性核苷酸序列，或是在某些特定的序列位点上出现的单碱基标签。寡核苷酸标签序列有助于迅速确定某种微生物的分类归属及分类单元。表 3-5 显示限定古菌、细菌的寡核苷酸标签序列。

表 3-5　限定生命序列的 16S rRNA 中的寡核苷酸标签序列

寡核苷酸标签序列	rRNA 中的位置	存在比例/%	
		古菌	细菌
CACYYG	315	0	>95
CYAAYUNYG	510	0	>95
AAACUCAAA	910	3	100
AAACUUAAAG	910	100	0
NUUAAUUCG	960	0	>95
YUYAAUUG	960	100	>1
CAACCYYCR	1110	0	>95
UUCCCG	1380	0	>95
UCCCUG	1380	>95	0
CUCCUUG	1390	>95	0
UACACACCG	1400	0	>99
CACACACCG	1400	100	0

16S rRNA 基因序列构建系统发育树，可直观判断目标菌株与其他菌株的亲缘关系及其分类地位。除了分析 16S rRNA 基因序列外，还可利用间隔序列、某些发育较为古老而序列又较稳定的特异性酶的基因进行系统发育分析。

16S-23S rRNA 转录间隔区（internally transcribed spacer，ITS）在不同种属中的拷贝数，所含 tRNA 基因种类和数目不同，具有长度和序列上的多态性。并且根据 L. Bourget 等的研究，ITS 片段的进化速率比 16S rRNA 大 10 倍，在分析系统发育地位相近的种间关系时，ITS 成为信息的补充（图 3-22）。在间隔区两端（16S

的 3′和 23S 的 5′端）均具有分别与 5′-GAAGTCCAAGG-3′和 5′-CAAGGCATCCACCGT-3′互补的极端保守的碱基序列，使其在细菌系统发育学特别是近缘种菌株的区分和鉴定方面有着不可替代的作用，可作为菌种鉴定的分子特征之一，适合于属及属以下水平的相似种和菌株的分类和鉴定研究。

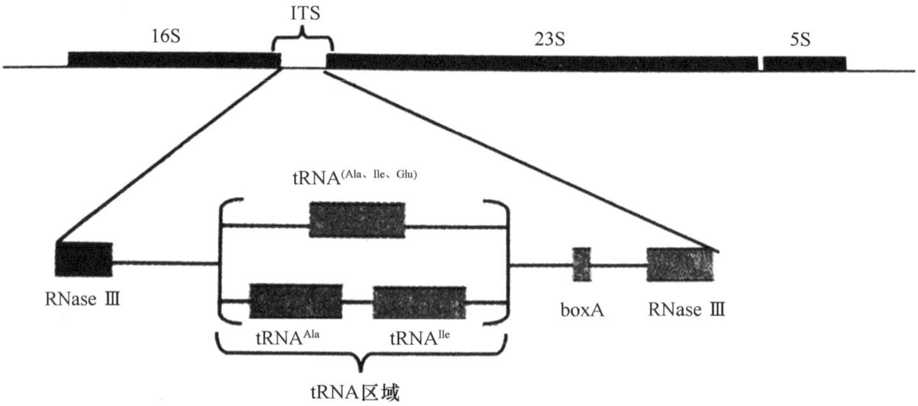

图 3-22　16S-23S rRNA 的 ITS

对细菌的多样性研究除了 16S rRNA 基因、16S-23S rRNA ITS 外，其他保守的管家基因近年来也越来越多地被用于分类鉴定中，如 *atpD*（ATP synthase F1，β-subunit）、*gyrB*（DNA gyrase，β-subunit）、*recA*（recombinase A）、*trpB*（tryptophan synthase，β-subunit）、*hsp70*、*rpoB*、*tufA* 等分子标记基因。对古菌多样性研究可利用 *mcrA*、*amoA*、*nirK* 等基因。

在深海热液区环境中，*nifH*、*pmoA*、*amoA* 和 *dsrAB* 基因是研究得最为广泛的功能基因，这些基因编码的蛋白质分别在固氮、甲烷氧化、氨氧化和硫氧化等代谢过程中发挥作用。这些基因既保守，又有种群的差异。通过对它们系统发育的研究，可了解深海热液区环境中各种微生物类群的代谢类型，以及在各种元素循环中扮演的角色。例如，固氮反应由固氮酶催化完成，固氮酶由两个复合亚基组成，一个是钼铁蛋白，分别由 *nifD* 和 *nifK* 基因编码两个异型亚基组成；另一个是铁蛋白，由 *nifH* 基因编码的两个同型亚基组成。*nifH* 基因由于序列的保守性，从而被广泛地应用于系统发育分析中。

与 16S rRNA 基因一样，对这些管家基因及功能基因进行克隆得到全长，然后进行序列比对与系统发育分析，其结果可与 16S rRNA 基因序列分析结果互相支持。

二、实验试剂

基因组 DNA 提取试剂、PCR 扩增试剂盒、电泳试剂等。

三、实验器具

PCR 仪、凝胶电泳与成像仪、微量移液器、吸头、测序仪等。

四、实验操作

（一）16S-23S rRNA 转录间隔区多态性分析

1）引物：16SF 5′-GTCGTAACAAGGTAGCC-3′
　　　　23SR 5′-GCCAAGGCATCCACCGT-3′

2）PCR 体系（总体积 50 μL）

无菌水	35.5 μL
10×PCR buffer	5 μL
dNTP（各 2.5 mmol/L）	4 μL
16SF（10 μmol/L）	2 μL
23SR（10 μmol/L）	2 μL
Template（约 50 ng/μL）	1 μL
Taq 酶（5 U/μL）	0.5 μL

3）PCR 扩增程序：94℃预变性 5 min；然后 94℃变性 45 s，54℃复性 45 s，72℃延伸 60 s 的 3 个反应循环 30 次；再 72℃延伸 5 min，4℃保温。

4）多态性分析：5 μL PCR 产物点样，于 2%琼脂糖凝胶中电泳，凝胶成像系统观察。

（二）*rpo B′*基因的分析

1）嗜盐古菌 *rpo B′*基因扩增引物

Forward 444F：5′-TCCCGTACCCNGARCAYAAY-3′

Reverse 1743R：5′-TTGAAYGCGTAGSWSATCTC-3′

2）*rpo B′*基因 PCR 扩增体系（50 μL 体系）

无菌 ddH_2O	34 μL
模板 DNA	0.5 μL
10×buffer（含 Mg^{2+}）	5 μL
引物 444F	2.5 μL
引物 1743R	2.5 μL
dNTPs（10 mmol/L）	5 μL
Taq 聚合酶（2.5 U/μL）	0.5 μL

3）PCR 扩增：94℃预变性 5 min；然后 94℃变性 45 s，48℃复性 45 s，72℃延伸 80 s 的 3 个反应循环 30 次；再 72℃延伸 5 min，4℃保温。

4）测序：PCR 产物电泳，约 1.3 kb 处出现条带送测，将双向测序结果拼接，得到近完整的 *rpo B'*基因序列。

5）基于 *rpo B'*基因的系统发育分析：将获得的 *rpo B'*基因序列提交至在线比对软件 NCBI（http://www.ncbi.nlm.nih.gov/BLAST/）获取与其序列相近的菌株信息。利用 MEGA6 软件进行系统发育树的构建。

五、实验提示与注意事项

由于 16S rRNA 存在着异质性（heterogeneity），因此可以借助其他管家基因和功能基因进行进一步的分析。

六、思考题

用于分类研究的管家基因与功能基因有哪些？

实验 3.10　芽孢基因的检测

一、实验原理

芽孢的形成有时需要一定的条件，如酸性环境 pH 5.5 以下，或热诱导条件等。此外，还与其基因有关，有文献报道：凡是能产孢子的细菌都有 3 个在产孢不同阶段起关键作用的基因，*ssp*、*spo 0A* 和 *dpaA/B*，否则这些基因不存在。

目前，对 *spo 0* 家族基因的研究发现有 *spo 0A*、*spo 0B*、*spo 0F* 等，*spo 0A* 是进入芽孢阶段重要的转录调控因子，是磷酸化激活的转录因子，DNA 复制的抑制剂。磷酸化 *spo 0A* 可诱导 σE 与 σF 因子的活化。*spo 0B* 是磷酸化转移酶基因，*spo 0F* 是调节因子基因。

二、实验材料

1）*spo 0A* 基因的引物

FP1：GGI(A/G)TICCIGCICA(C/T)AT(A/T/C)AA(A/G)GGITA

RP2：CATIGC(G/A/T)AT(A/G)AA(C/T)TCI(G/C)(A/T)(A/G)TTIGTIGG(C/T)TT

2）*ssp* 基因的引物

SP1：ATTCAAAIA(C/T)GA(A/G)GT(A/C)GC(A/T)A

AP1：ATTTCTCC(G/A)CC(A/T)ACG(G/C)(A/T)TCC

SP2：GA(G/A)GTAGC(A/T)ACAGAA(A/T)T(GC)GG(A/T)GTA

AP2：C(G/T)TTT(A/T)A(T/C)CATTTCTCC(G/A)CC

3）*dpaA/B* 基因引物

FP：CTATCTTGTCGGTTTTGA

RP：GCAGATCCATTTTGGCTACC

4）PCR 扩增试剂盒。

三、实验器具

PCR 仪、微量移液器、Eppendorf 管、吸头、微波炉、电泳装置、紫外分光光度计、凝胶成像系统等。

四、实验操作

1）提取菌株的基因组 DNA（实验 3.1）。

2）PCR 扩增 *spo 0A* 基因：PCR 体系为 1 mmol/L $MgCl_2$、0.5 mmol/L 每个引物、0.5～1 μg 模板、0.2 mmol/L dNTPs、2.5 U *Taq* DNA 酶、1×buffer。

PCR 过程：94℃条件下使模板 DNA 变性 5 min。

变性	92℃	45 s	35 个循环
复性	45℃	2 min	
延伸	72℃	1 min	

最后在 72℃条件下进行延伸 7～10 min。

3）*spo 0A* 基因的 PCR 扩增表现为单一的 300 bp 目的产物（图 3-23）。

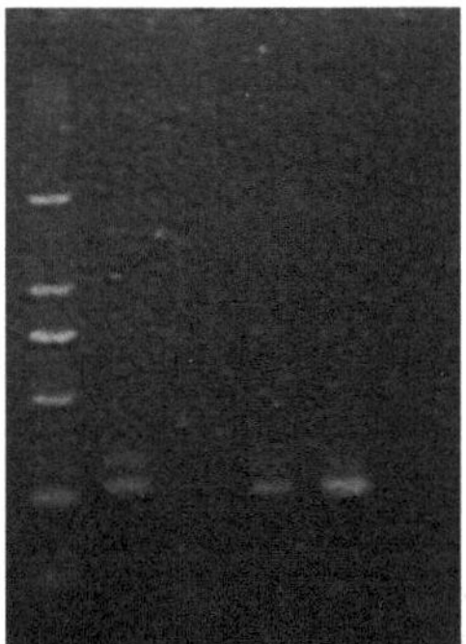

图 3-23　*spo 0A* 基因的 PCR 扩增

M 为标准分子质量；1～3 为分析株；4 为阳性对照株；5 为阴性对照株大肠杆菌

4） PCR 扩增 *ssp* 基因，反应体系同上。反应程序如下。

94℃条件下使模板 DNA 变性 5 min。

变性	92℃	45s	42 个循环
复性	42℃	2 min	
延伸	72℃	1 min	

最后在 72℃条件下进行延伸 7～10 min。

5）*ssp* 基因表现为系列条带，其中包括 100 bp 的目的基因（图 3-24）。

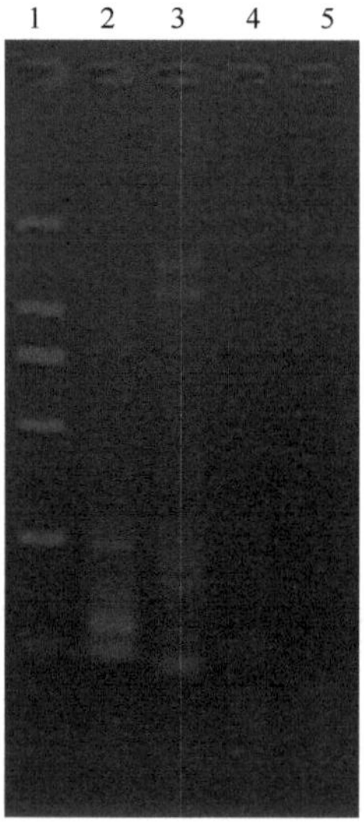

图 3-24　*ssp* 基因的 PCR 扩增

1. 标准分子质量；2. NH-JN4；3. Zn2；4. 大肠杆菌；5. 阴性对照菌

6）PCR 扩增 *dpaA/B* 基因，反应体系同上。

94℃条件下使模板 DNA 变性 5 min。

变性	92℃	45s	42 个循环
复性	48℃	2 min	
延伸	72℃	1 min	

最后在 72℃条件下进行延伸 7～10 min。

五、实验提示与注意事项

实验过程中，应设置阳性对照枯草芽孢杆菌（*Bacillus subtilis*）与阴性对照大肠杆菌（*E. coli*）。扩增结束后应将相应条带割胶纯化并测序确认是否为相应基因，以免出现非特异条带影响结果判定。

六、思考题

芽孢的形成与哪些基因有关？

实验 3.11　全基因组序列分析

一、实验原理

对未知基因组序列的物种进行个体的全基因组测序，能提供整个基因组的全面视图，可检测单核苷酸变异、插入/缺失、拷贝数改变和大的结构变异。全基因组测序先是提取基因组 DNA，然后随机打断，电泳回收所需长度的 DNA 片段（0.2～5 kb），加上接头，进行基因簇 cluster 制备或电子扩增 E-PCR，最后利用 Paired-End（Solexa）或者 Mate-Pair（SOLiD）的方法对插入片段进行测序（图 3-25）。测序深度要求在 50～100 X 及以上，可保证基因组覆盖度和测序错误率的控制。测序后再对测得的序列组装成 Contig，通过 Paired-End 的距离可进一步组装成 Scaffold，进而组装成染色体等。组装效果与测序深度与覆盖度、测序质量等有关。常用的组装有：SOAPdenovo、Trinity、Abyss 等。

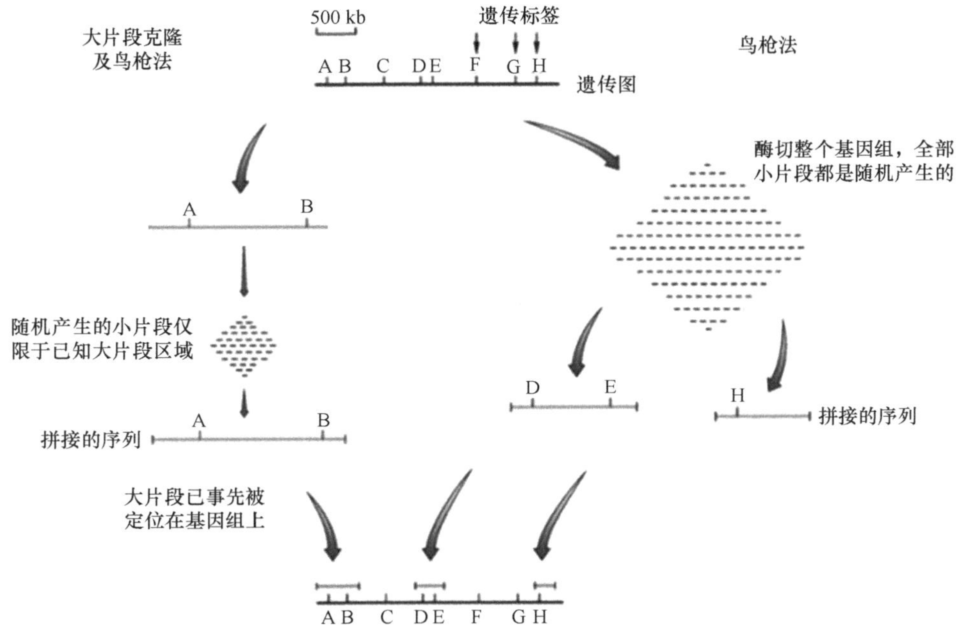

图 3-25　鸟枪法基因组测序

基因组分类研究主要包括多位点基因序列分析（multilocus sequence typing，MLSA）、超级树分析、平均氨基酸标识（average amino acid identity，AAI）、平均核苷酸同源性（average nucleotide identity，ANI）、基因签名、密码子使用偏颇性、代谢途径及核心与范围基因组分析等。基因组分类提出了新物种的新定义：同一类群 AAI 和 ANI 大于 95%，Karlin signature 小于 10，基因多重比对同一性大于 95%，基因组杂交同源性大于 70%。

二、实验试剂

菌株基因组 DNA 制备试剂、高保真 PCR 试剂盒。

三、实验器具

电泳仪、凝胶成像仪、凝胶电泳装置、NanoDrop®测定仪、PCR 仪、Illumina/Solexa 高通量测序仪器（图 3-26）等。

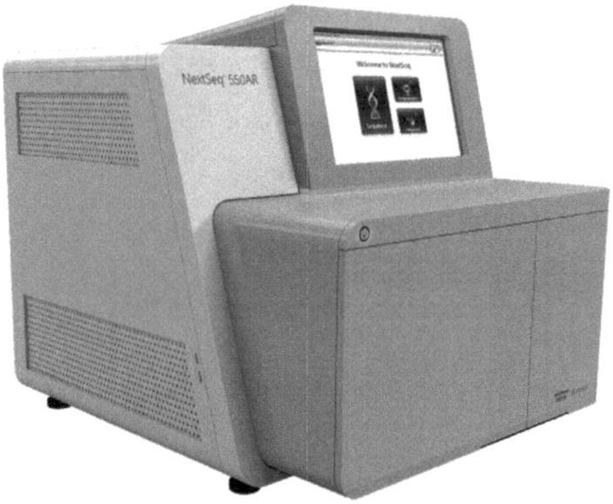

图 3-26　Illumina/Solexa 高通量测序仪器

四、实验操作

1）菌株基因组 DNA 制备（实验 3.1）。通过琼脂糖凝胶电泳检测基因组质量，如条带大小、有无 RNA 及蛋白质污染等，并使用 NanoDrop®测定浓度及 $A_{260/280}$ 值。

2）将 $A_{260/280}$ 值处于 1.8～2.0，浓度≥133 ng/μL，总量≥20 μg（单次建库），以及条带清晰、无拖尾、无弥散的样品送测，请专业公司如华大基因研究院进行 Illumina/Solexa 高通量测序，采用全基因组鸟枪法（whole genome shotgun strategy）构建 500 bp 的 Paired-End 片段进行测序。2000 bp 的片段需要用 matepair 技术环化后再进行扩增测序。整体测序深度达到 100 倍以上，保证碱基的准确性。

3）测序的原始数据经过滤及统计后，进行信息分析（图 3-27）。运用 SOAPdenovo 软件（http://soap.genomics.org.cn/soapdenovo.html；版本：1.05）对处理后的 Reads 数据进行组装（图 3-28，表 3-6），得到基因组精细图。

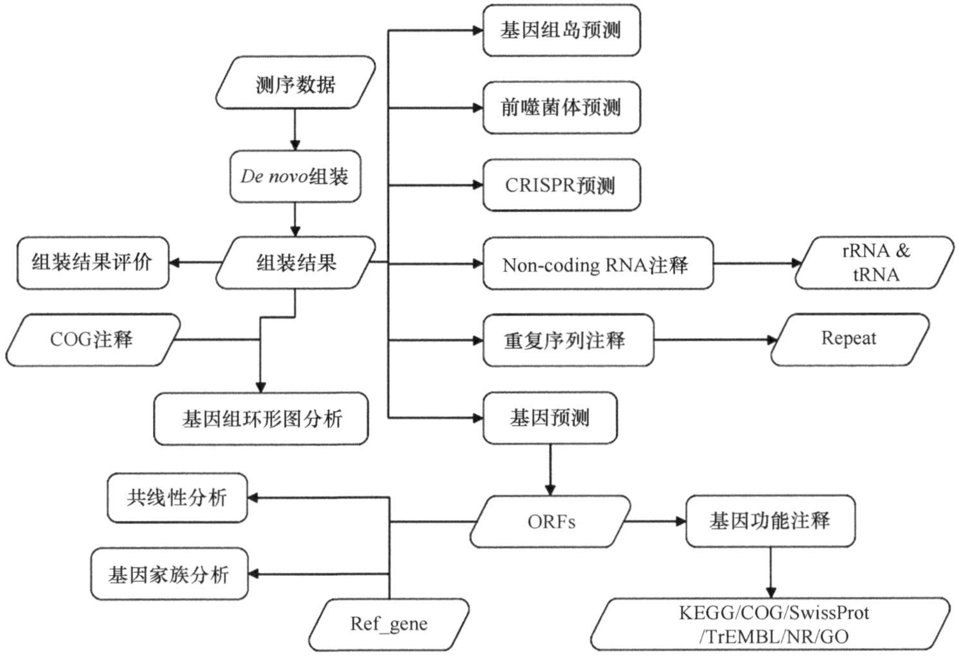

图 3-27　信息分析

表 3-6　组装结果统计表

	Scaffold	Contig
数量	30	83
总长度/bp	3 836 603	3 831 075
N50/bp	676 113	143 350
N90/bp	113 915	32 587
最长	1 374 356	255 884
最短	542	231
（G+C）/%	37.32	37.32

4）基因组序列拼装及补洞：采用 SOAPdenovo 2 短序列组装软件对筛选过后的 Reads 进行拼接，获取 Contig 和 Scaffold（图 3-29）。

5）针对各 Scaffold 内部的未知序列 Gap（洞），利用 Primer Premier 5 软件进行特异性引物设计，并经本地 Blast 检查特异性。选用高保真 DNA 聚合酶进行 PCR 扩增，获得的目标片段送测。

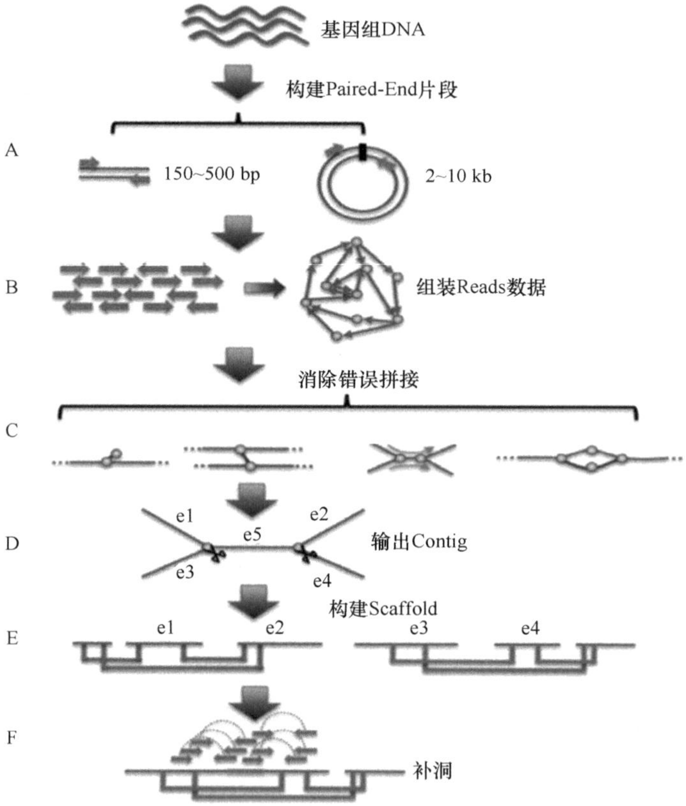

图 3-28 测序数据组装

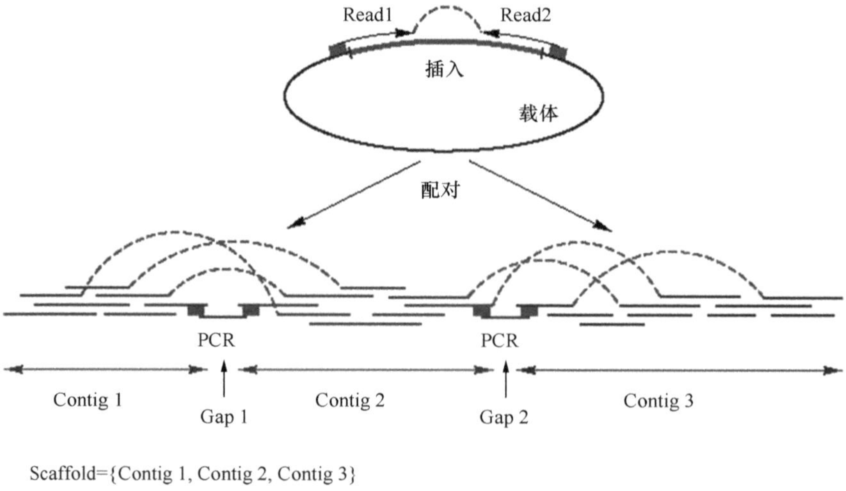

图 3-29 基因组序列拼接（彩图请扫封底二维码）

2×PrimeSTAR® GC buffer	25 μL
dNTP（2.5 mmol/L each）	4 μL
Primers（10 μmol/L）	各 1.25 μL
Template（5～200 ng）	1 μL
PrimeSTAR® HS DNA Polymerase（2.5 U/μL）	0.5 μL
无菌 ddH_2O	至 50 μL

98℃预变性 3 min；98℃、10 s，X℃（根据引物 T_m 确定）、5 s，72℃、1 min/kb，共 30 个循环；72℃后延伸 10 min。

6）序列拼接完成后，进行基因功能注释。

a）RNA 基因注释：以 Rfam 数据库为依据，使用 tRNAscan-SE 寻找、预测 tRNA 的二级结构，使用 RNAmmer 1.2 Server 寻找 rRNA 基因。

b）ORF 预测：利用 Glimmer 3.02 寻找基因组上的编码区，预测原核生物基因组的结构。使用基因组在线预测软件（http://rast.nmpdr.org/）进行可读框（ORF）、功能基因的测序及基因组的比较分析；将蛋白质序列与 NCBI NR 和 SWISS-PROT（Bairoch and Boeckmann，1992）数据库进行 Blast 比对，获得基因功能信息。

c）基因注释：①利用蛋白直系同源簇 COG（clusters of orthologous group）数据库（http://www.ncbi.nlm.nih.gov/COG）对基因进行同源聚类分析，预测单个蛋白质功能和整个新基因组中蛋白质的功能；②利用 KEGG（Kyoto Encyclopedia of Genes and Genomes，京都基因和基因组百科全书）网站（http://www.genome. jp/kegg 或 www.kegg.jp/blastkoala/）的 KAAS 注释系统对基因序列进行代谢通路的预测（图 3-30）；③利用 InterPro 数据库中的 Pfam 数据库进行 GO（Gene Ontology，基因本体论）注释分析（http://www.geneontology.org/）；④利用 SignalP 4.1 Server 进行信号肽的预测分析（http://www.cbs.dtu.dk/services/SignalP/）；⑤利用 TMHMM Server v. 2.0 进行跨膜螺旋的预测（http://www.cbs.dtu.dk/services/TMHMM/）；⑥使用 Phobius web server 预测蛋白质信号肽和跨膜结构（http://phobius.cgb.ki.se 与 http://phobius.binf.ku.dk）。所有分析均设置 E-value＜$1×10^5$；⑦tRNA/rRNA 注释；⑧重复序列分析（http://www.repeatmasker.org/cgi-bin/WEBRepeatMasker）。

d）利用 CRISPRs web server 预测 CRISPR（http://crispr.i2bc.paris-saclay.fr/）。

e）使用 RAST（rapid annotation using subsystem technology）server（http://rast.nmpdr.org/）进行平行的 ORF 预测及 subsystem 功能分类分析。

f）环形图。根使用（G–C）/（G+C）的计算方法来进行 GC 偏移（skew）分析，同时根据 COG 的注释结果和基因的位置信息绘出 COG 注释的基因在基因组上的分布情况（图 3-31）。原核生物的基因组 DNA 链不同区域的碱基组成是不对称的，对于大多数原核生物来说，其前导链含有较多的 G 而后随链含有较多的 C，

GC 偏移=（*n*G–*n*C）/（*n*G+*n*C）。在复制的终点和起点会发生（*n*G–*n*C）/（*n*G+*n*C）的正负值之间的转变。

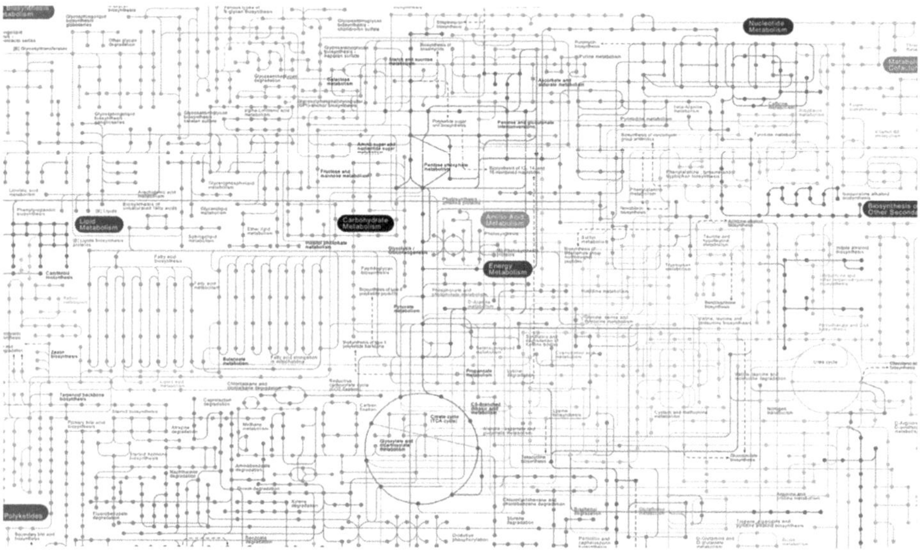

图 3-30　KEGG 分析（彩图请扫封底二维码）

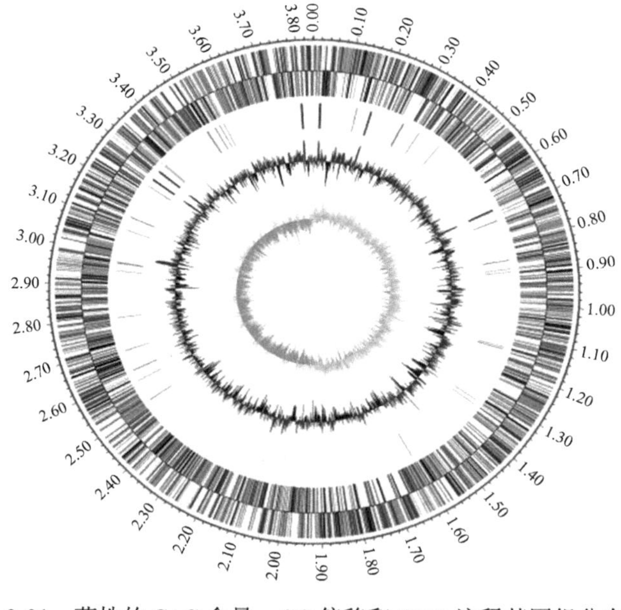

图 3-31　菌株的 G+C 含量、GC 偏移和 COG 注释基因组分布图

最外圈为基因组大小的标识；第二和第三圈为正、负链上的 CDS 及不同的 COG 的功能分类；第四圈为 rRNA 和 tRNA；第五圈为 GC 含量，向外的部分表示该区域 GC 含量高于平均 GC 含量，向内的部分表示该区域 GC 含量低于平均 GC 含量

7）提交序列至 NCBI，获取基因组的登录号。

五、实验提示与注意事项

1）补洞过程中，若出现非特异性扩增现象，可适当提高复性温度，若无明显改善，对于条带清晰的产物，可尝试割胶测序，对于条带弥散的产物，则将用于引物设计的模板序列向其上下游方向分别做适当延长，再重新设计引物。

2）为确保拼接的准确性和可靠性，引物需位于距离末端约 300 bp 且特异性较高处。对于 Scaffold 之间的 Gap，在其序列末端设计特异性引物，使引物 3′方向指向末端，并通过引物组合的多重 PCR 进行扩增。

六、思考题

1）基因组研究包括了什么内容？

2）全基因组测序的策略。

参 考 文 献

朱旭芬, 吴敏, 向太和. 2014. 基因工程. 北京: 高等教育出版社.

朱旭芬. 2010. 基因工程实验指导. 第 2 版. 北京: 高等教育出版社.

Apweiler R, Attwood TK, Bairoch A, et al. 2001. The InterPro database, an integrated documentation resource for protein families, domains and functional sites. Nucleic Acids Res, 29: 37-40.

Aziz RK, Bartels D, Best A, et al. 2008. The RAST Server: rapid annotations using sub-systems technology. BMC Genomics, 9(1): 75.

Bairoch A, Boeckmann B. 1992. The SWISS-PROT protein sequence data bank. Nucleic Acids Res, 20: 2019-2022.

Brill J A, Wiegel J. 1997. Differentiation between spore-forming and asporogenic bacteria using a PCR and southern hybridization based method. Journal of Microbiological Methods, 31: 29-36.

Campbell MK. 1999. Biochemistry. 3rd ed. San Diego: Harcourt Brace College Publishers.

Case RJ, Boucher Y, Dahllöf I, et al. 2007. Use of 16S rRNA and *rpoB* genes as molecular markers for microbial ecology studies. Appl Environ Microbiol, 73(1): 278-288.

Cha J, Bishai W, Chandrasegaran S. 1993. New vectors for direct cloning of PCR products. Gene, 136: 369-370.

Dauga C. 2002. Evolution of the *gyrB* gene and the molecular phylogeny of Enterobacteriaceae: a model molecule for molecular systematic studies. Int J Syst Evol Microbiol, 52(2): 531-547.

de Ley J, Cattoir H, Reynaerts A. 1970. The quantitative measurement of DNA hybridization from renaturation rates. Eur J Biochem, 12: 133-142.

Enache M, Itoh T, Fukushima T, et al. 2007. Phylogenetic relationships within the family Halobacteriaceae inferred from *rpoB′* gene and protein sequences. Int J Syst Evol Microbiol, 57(10): 2289-2295.

Felsenstein J. 1981. Evolutionary trees from DNA sequences: a maximum likelihood approach. J Mol

Evol, 17: 368-376.

Flint SH, Ward LJH, Walker KMR. 2001. Functional grouping of thermophilic *Bacillus* strains using amplification profiles of the 16S-23S internal spacer region. System Appl Microbiol, 24: 539-548.

Goris J, Konstantinidis KT, Klappenbach JA, et al. 2007. DNA-DNA hybridization values and their relationship to whole-genome sequence similarities. Int J Syst Evol Microbiol, 57(1): 81-91.

Griffiths-Jones S, Moxon S, Marshall M, et al. 2005. Rfam: annotating non-coding RNAs in complete genomes. Nucleic Acids Research, 33: D121-D124.

Grissa I, Vergnaud G, Pourcel C. 2007. CRISPRFinder: a web tool to identify clustered regularly interspaced short palindromic repeats. Nucleic Acids Res, 35(2): 52-57.

Huss VA, Festl H, Schleifer KH. 1983. Studies on the pectrophotometric determination of DNA hybridization from renaturation rates. Syst Appl Microbiol, 4: 184-192.

Kall L, Krogh A, Sonnhammer EL. 2007. Advantages of combined transmembrane topology and signal peptide prediction—the Phobius web server. Nucleic Acids Res, 35 (Web Server Issue): W429-W432.

Kato S, Kobayashi C, Kakegawa T, et al. 2009. Microbial communities in iron-silica-rich microbial mats at deep-sea hydrothermal fields of the Southern Mariana Trough. Environ Microbiol, 11: 2094-2111.

Kim OS, Cho YJ, Lee K, et al. 2012. Introducing EzTaxon-e: a prokaryotic 16S rRNA Gene sequence database with phylotypes that represent uncultured species. Int J Syst Evol Microbiol, 62: 716-721.

Konstantinidls KT, Stackebrandt E. 2013 Defining taxonomic ranks. *In*: Rosenberg E, Delong EF, Stackebrandt E, et al. The Prokaryotes: Prokaryotic Biology and Symbiotic Associations. 4th edition. New York: Springer: 229.

Lowe TM, Eddy SR. 1997. tRNAscan-SE: a program for improved detection of transfer RNA genes in genomic sequence. Nucleic Acids Res, 25(5): 955-964.

Madigan MT, Martinko JM, Dunlap P V, et al. 2009. Brock Biology of Microorganisms. 12th ed. San Francisco: Benjamin Cummings.

Marchuk D, Drumm M, Saulino A, et al. 1991. Construction of T-vectors, a rapid and general system for direct cloning of unmodified PCR products. Nucleic Acids Res, 19(5): 1154.

Margulies M, Egholm M, Altman WE, et al. 2005. Genome sequencing in microfabricated high-density picoliter reactors. Nature, 437: 376-380.

Marmur J, Doty P. 1962. Determination of the base composition of deoxyribonucleic acid from its thermal denaturation temperature. J Mol Biol, 5: 109-118.

Mesbah M, Premachandran U, Whitman W. 1989. Precise measurement of G+C content of deoxyribonucleic acid by high-preformance liquid chromatography. Int J Syst Bacteriol, 39(2): 159-167.

Minegishi H, Kamekura M, Itoh T, et al. 2010. Further refinement of the phylogeny of the Halobacteriaceae based on the full-length RNA polymerase subunit B′(*rpoB′*)gene. Int J Syst Evol Microbiol, 60(10): 2398-2408.

Moriya Y, Itoh M, Okuda S, et al. 2007. KAAS: an automatic genome annotation and pathway reconstruction server. Nucleic Acids Res, 35: W182-W185.

Parkinson N, Stead D, Bew J, et al. 2009. *Dickeya* species relatedness and clade structure determined by comparison of *recA* sequences. Int J Syst Evol Microbiol, 59(10): 2388-2393.

Petersen TN, Brunak S, von Heijne G, et al. 2011. SignalP 4.0: discriminating signal peptides from transmembrane regions. Nature Methods, 8(10): 785-786.

Rogers YH, Venter JC. 2005. Massively parallel sequencing. Nature, 437: 326-327.
Saitou N, Nei M. 1987. The neighbor-joining method: a new method for reconstructing phylogenetic trees. Mol Biol Evol, 4: 406-425.
Schattner P, Brooks AN, Lowe TM. 2005. The tRNAscan-SE, snoscan and snoGPS web servers for the detection of tRNAs and snoRNAs. Nucleic Acids Research, 33(2): W686-W689.
Stackebrandt E, Ebers J. 2006. Taxonomic parameters revisited: tarnished gold standards. Microbiol Today, 33: 152-155.
Stackebrandt E, Goebel BM. 1994. Taxonomic note: a place for DNA-DNA reassociation and 16S rRNA analysis in the present species definition in bacteriology. Int J Syst Bacteriol, 44: 846-849.
Stryer L. 1995. Biochemistry. 4th ed. New York: W. H. Freeman and Company.
Swofford DL. 2002. PAUP: Phylogenetic analysis using parsimony(*and other methods), version 4. Sunderland, MA: Sinauer Associates.
Tamura K, Stecher G, Peterson D, et al. 2013. MEGA6: molecular evolutionary genetics analysis version 6.0. Mol Biol Evol, 30: 2725-2729.
Tatusov RL, Fedorova ND, Jackson JD, et al. 2003. The COG database: an updated version includes eukaryotes. BMC Bioinformatics, 4: 41-54.
Ye J, Fang L, Zheng HK, et al. 2007. WEGO: a web tool for plotting GO annotations. Nucleic Acids Research, 34: W293-W297.
Zdobnov EM, Apweiler R. 2001. InterProScan-an integration platform for the signature-recognition methods in InterPro. Bioinformatics, 17(9): 847-848.

第四章　化学分类特征

细菌、古菌细胞中的一些化学物质的结构与含量具有种属的特征，与其分类地位有关。化学分类（chemotaxonomy）是研究细菌与古菌细胞不同的化学组分，利用这些组分分析从而对个体进行分类和鉴定的过程。由于细胞特定化学组分和分子结构的相对稳定性，化学分类成为原核微生物系统分类的主要方法之一。目前常用的化学分类指标基于细胞结构，包括细胞的细胞壁（如肽聚糖、磷壁酸、分枝菌酸等）、细胞膜（脂肪酸、极性脂、呼吸醌、色素等）或胞质的组成部分多胺等（表 4-1）。

表 4-1　化学分类法

细胞成分	分析内容	在分类水平上的作用
细胞壁	肽聚糖结构、多糖、磷壁酸、分枝菌酸	种和属
细胞膜	脂肪酸、极性脂、类异戊烯苯醌	种和属
蛋白质	氨基酸序列分析	属和属以上单位
全细胞分析	热解-气液色谱分析、质谱分析	种和亚种

细胞壁的化学成分与其细胞的抗原性、致病性，以及对噬菌体的敏感性等有关。细菌细胞壁的主要成分是肽聚糖（peptidoglycan），由双糖单位、四肽链（tetrapeptide side chain）及肽桥（peptide interbridge）组成。革兰氏阴性菌的肽聚糖组成很类似，且仅占 10%以下；而革兰氏阳性菌的肽聚糖却占 30%～70%，有的高达 90%，且结构和组分也有差异，肽聚糖的四肽链氨基酸顺序与组成及糖的成分可作为革兰氏阳性菌株属或种的特征指标。与细胞膜连接的 10%～30%磷壁酸（teichoic acid）在所有革兰氏阳性菌中都存在，但与细胞壁连接的磷壁酸只发现在部分革兰氏阳性菌中，磷壁酸也可作为部分革兰氏阳性菌的特征指标。

脂质是区别细菌与古菌的标准之一，细菌具有酯键（ester linkage），而古菌为醚键（ether linkage）（图 4-1）。极性脂（polar lipid）是细菌细胞膜脂双层的主要组成部分，鞘氨醇单胞菌属（*Sphingomonas*）和鞘氨醇杆菌属（*Sphingobacterium*）等细胞膜含有鞘氨醇（鞘磷脂，sphingosine），所以，鞘氨醇的存在与否可作为这类细菌的一个重要鉴定特征。

脂肪酸是脂和脂多糖的主要组成成分，目前已有超过 300 种不同的脂肪酸被证实，它们之间在链的长度、双链的位置、取代基团方面具有差异，可被用于分类学研究。

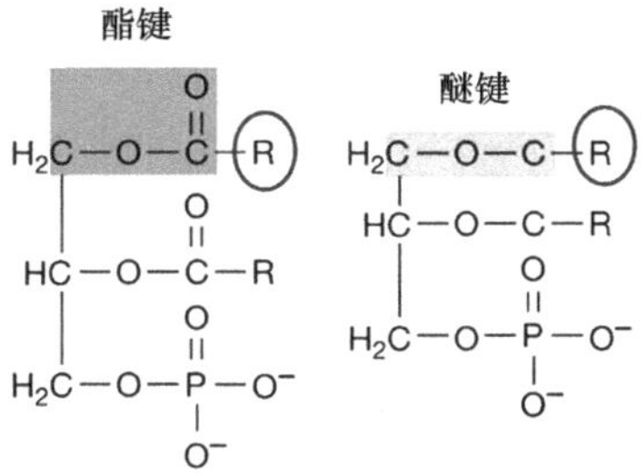

图 4-1　酯键与醚键结构

异戊烯醌包括甲基萘醌（menaquinone，MK）和泛醌（ubiquinone，UQ）（图 4-2），位于大多数原核生物的原生质膜上，在电子传递、氧化磷酸化、主动运输中起着重要作用。大多数细菌含有一种及以上的异戊烯醌。作为分类学的指标，主要是分析某类组分的有无，以及侧链长度和氢饱和度的变化。例如，大多数好氧革兰氏阴性菌只含有泛醌，蓝细菌不含 UQ 与 MK，而含有植物所固有的叶绿醌（维生素 K_1，phylloquinone）和质体醌（plastoquinone，PQ）。

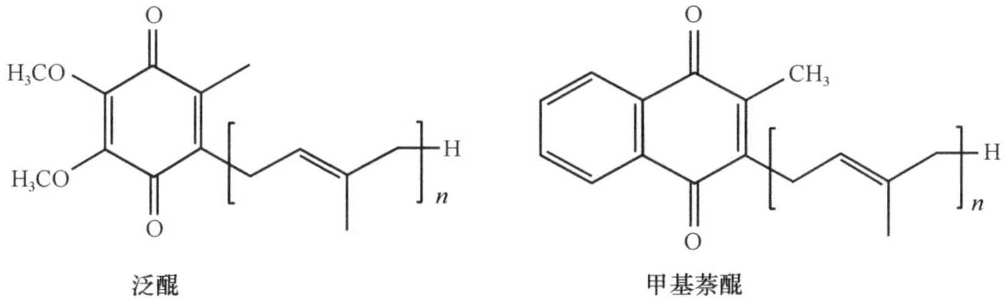

图 4-2　呼吸醌（甲基萘醌和泛醌）的结构

实验 4.1　肽聚糖分析

一、实验原理

许多原核微生物如细菌的细胞壁中含有特征性的肽聚糖。在生长的不同时期及条件下，肽聚糖的结构非常稳定，只有极少数的氨基酸会发生改变。革兰氏阴性菌的肽聚糖含量低且其组成比较类似，革兰氏阳性菌的肽聚糖组成可作为属和种的特征指标。

肽聚糖主要由 *N*-乙酰葡糖胺（*N*-acetylglucosamine，G）和 *N*-乙酰胞壁酸（*N*-acetylmuramic acid，M）组成双糖单位，通过 β-1,4-糖苷键连接形成多糖骨架，并在 *N*-乙酰胞壁酸（M）上连接有一个 4 种氨基酸构成的肽链，邻近的两个肽链则通过肽桥进行连接，构成细胞壁的网状骨架结构。典型肽聚糖的一级结构如图 4-3 所示。

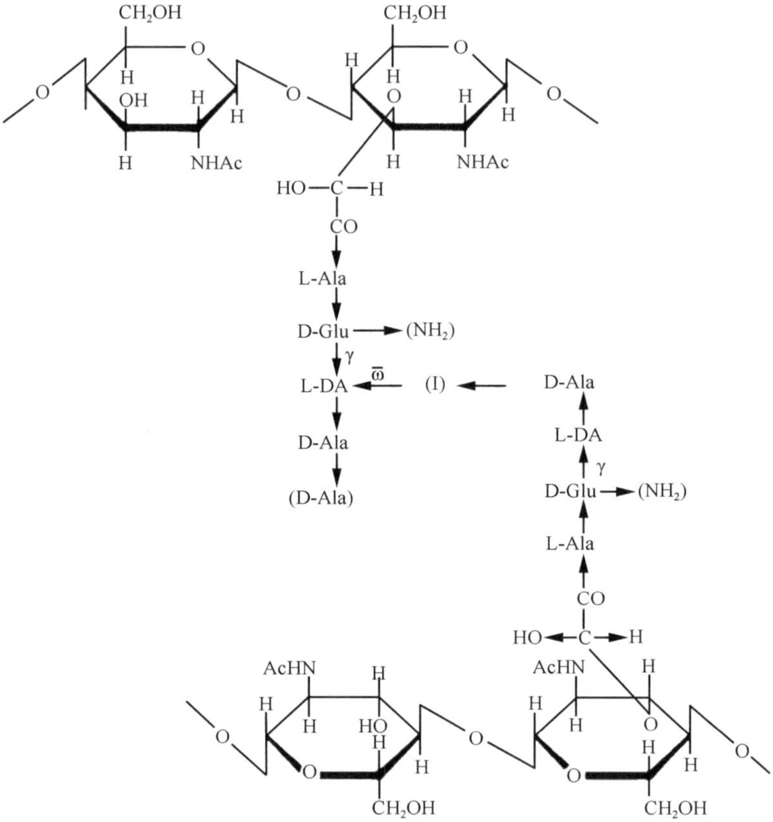

图 4-3　典型肽聚糖的一级结构

根据肽链间的连接方式，肽聚糖可以分为 A 型与 B 型两个类群。A 型为一肽链的第三个氨基酸与另一肽链的第四个氨基酸交联；B 型为一肽链的第二个氨基酸与另一肽链的第四个氨基酸交联。B 型肽聚糖是微杆菌科（Microbacteriaceae）下所有属及丹毒丝菌属（*Erysipelothrix*）/霍尔德曼氏菌属（*Holdemania*）的特征。而其他分析过的所有含胞壁质的细菌都含有 A 型肽聚糖。通常肽链的氨基酸组成在一个属的不同种中保持一致。然而肽链间的连接方式具可变性，在同属不同种间会有变化，如微杆菌属（*Microbacterium*），而在同种的不同菌株间也会有不同。

根据肽聚糖分子中四肽链第 3 位氨基酸的种类（图 4-4）、中间肽桥及邻近的四肽链交联（图 4-5）位置，革兰氏阳性菌可分为 5 类：①第 3 位为内消旋的二氨基庚二酸 *meso*-DAP（*meso*-diaminopimelic acid），与邻近肽链以 3-4 位交联，如棒状杆菌属（*Corynebacterium*）、分枝杆菌属（*Mycobacterium*）、诺卡氏菌属（*Nocardia*）和乳酸杆菌属（*Lactobacillus*）、节杆菌属（*Arthrobacter*）及丙酸杆菌属（*Propionibacterium*）中的某些种。②第 3 位为 L,L-型二氨基庚二酸 LL-DAP，与邻近肽链以 3-4 位交联，如链霉菌属（*Streptomyces*）、类诺卡氏菌属（*Nocardioides*）、节杆菌属、丙酸杆菌属（*Propionibacterium*）中的某些种。③第 3 位为赖氨酸，与邻近肽链以 3-4 位交联，包括链球菌属（*Streptococcus*）、片球菌属（*Pediococcus*）、明串珠菌属（*Leuconostoc*）、葡萄球菌属（*Staphylococcus*）、微球菌属（*Micrococcus*）、乳酸杆菌属、节杆菌属及双歧杆菌属（*Bifidobacterium*）中的某些种。④第 3 位为 L-鸟苷酸，与邻近肽链以 3-4 位交联，如双歧杆菌属（*Bifidobacterium*）和乳酸杆菌属中的某些种。⑤第 3 位氨基酸不固定，中间肽桥包括二氨基酸、第 2 位的 D-谷氨酸和第 4 位的 D-丙氨酸之间的羧基在内，如某些节杆菌和棒状杆菌等。

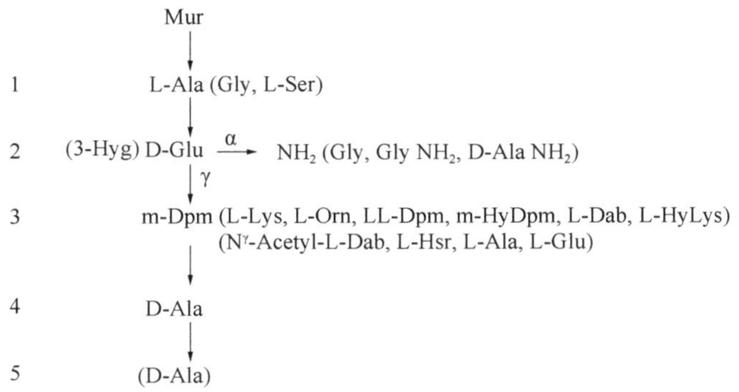

图 4-4　肽链中氨基酸的多样性

括号内的氨基酸可以取代相应位置上的氨基酸

细胞壁组成中氨基酸所占比例很高，与其相联系的可变组分是糖和氨基糖。每个属都具有一个特征性的细胞壁组分。根据同一属中糖含量的变化，可区分不同的种。

放线菌是革兰氏阳性菌，其细胞壁含有肽聚糖、磷壁酸、多糖等大分子，不同的是其肽聚糖分子结构中的氨基酸有差异。有人分析了 600 多株放线菌以后，将这些菌的细胞壁肽聚糖分子中的氨基酸归纳为 9 个类型（表 4-2），并以此作为放线菌分属的标准之一。

古菌大多没有坚硬的细胞壁，细胞壁不含肽聚糖、胞壁酸和二氨基庚二酸，所以，古菌不受溶菌酶与内酰胺抗生素（如青霉素）的作用，多以糖蛋白或蛋白质为组分形成的拟晶体结构与细胞膜紧密连接。有的古菌细胞壁却含有假肽聚糖（pseudomurein），由 *N*-乙酰葡糖胺（G）或 *N*-乙酰半乳糖胺（*N*-acetylgalactosamine，GalNAc）与 *N*-乙酰塔罗糖胺糖醛酸（*N*-acetyltalosaminuronic acid，T）通过 β-1,3 糖苷键交替连接成多糖链，连在后一氨基糖上的短肽由 3 个 L 型氨基酸 L-Glu、L-Ala 和 L-Lys 组成，肽桥则是 L-Glu 一个氨基酸（图 4-6）。

同属不同种的细胞壁中氨基酸组分相同，而不同属之间则有差异。有些氨基酸如谷氨酸总会出现，而有些氨基酸则出现在不同的属，如赖氨酸、*meso*-或 L,L-DAP 等。糖结构也有差异，已知胞壁酸 6 位羟基（-OH）有乙酰型、羟乙酰基型、磷酸型、内酰胺型。一般认为细胞壁中氨基酸组分的分析是属分类的指标，而糖的分析则有助于种的鉴定。

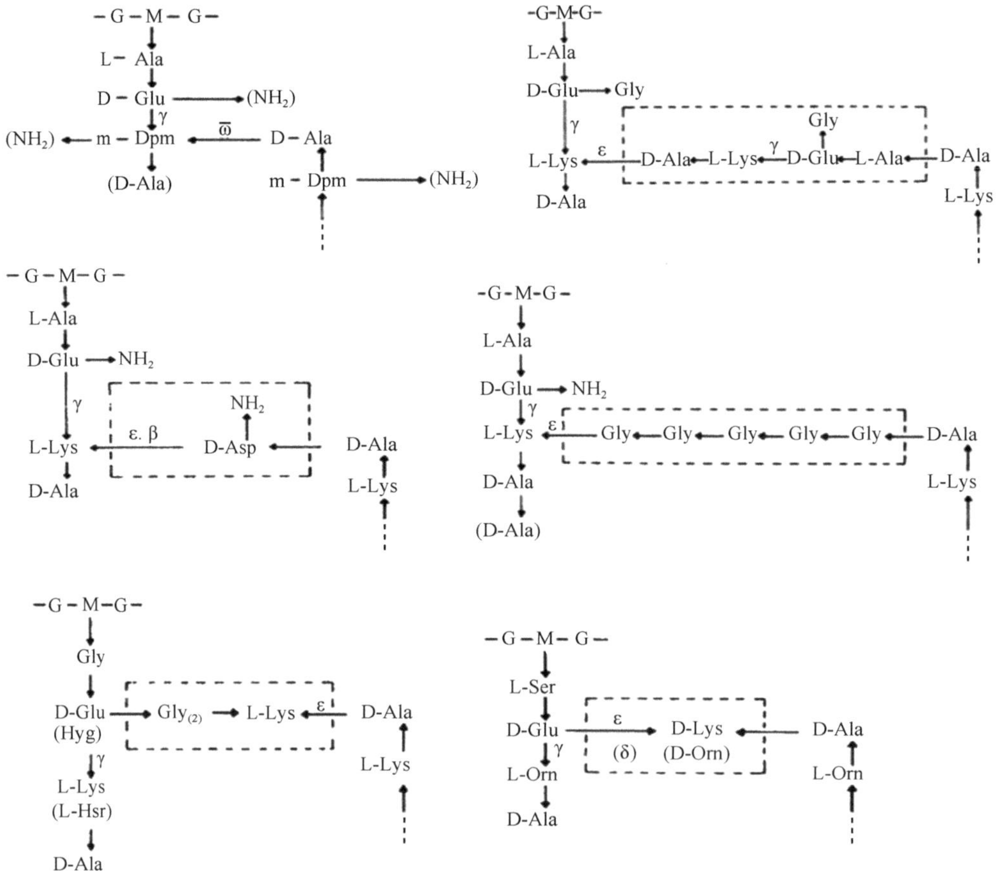

图 4-5　肽桥模式

表 4-2　放线菌细胞壁的主要类型

类型	独特组分	代表属
Ⅰ	L-DAP、甘氨酸	链霉菌属（*Streptomyces*）
Ⅱ	*meso*-DAP、甘氨酸	小单孢菌属（*Micromonospora*）
Ⅲ	*meso*-DAP	马杜拉放线菌属（*Actinomadura*）
Ⅳ	*meso*-DAP、阿拉伯糖、半乳糖	诺卡氏菌属（*Nocardia*）
Ⅴ	赖氨酸、鸟氨酸	以色列放线菌（*Actinomyces israelii*）
Ⅵ	赖氨酸、天冬氨酸	厄氏菌属（*Oerskovia*）
Ⅶ	DAB（二氨基丁酸）、甘氨酸	壤霉菌属（*Agromyces*）
Ⅷ	鸟氨酸	双歧杆菌属（*Bifidobacterium*）
Ⅸ	*meso*-DAP、多种氨基酸	枝动菌属（*Mycoplana*）

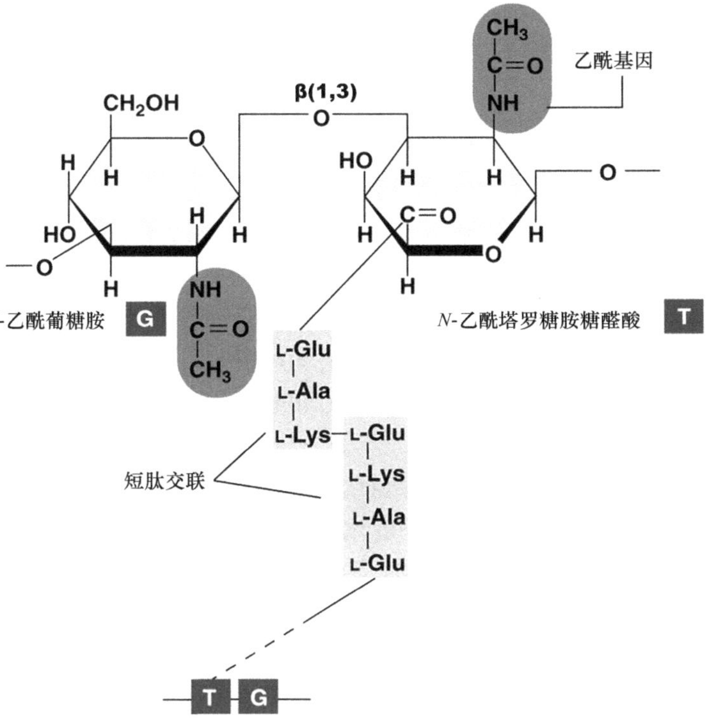

图 4-6　古菌的假肽聚糖

二、实验试剂

1）培养基，4% SDS，0.5 mol/L 盐酸，6 mol/L 盐酸。

2）苯胺-邻苯二甲酸显色试剂：13.25 g 邻苯二甲酸溶于 100 mL 水饱和正丁醇溶液中，再加 20 mL 苯胺。

3）甲醇∶水∶10 mol/L 盐酸∶吡啶（32∶7∶1∶4）或甲醇∶吡啶∶冰醋酸∶水（10∶5∶1∶0.25）。

4）乙酸乙酯∶吡啶∶冰醋酸∶水（16∶10∶2∶3）。

5）1%鼠李糖、核糖、木糖、阿拉伯糖、甘露糖、葡萄糖和半乳糖的混合液。

6）0.01 mol/L D,L-DAP［同时含有 L,L-DAP、*meso*-DAP 和 D,D-DAP（Sigma）］、天冬氨酸、甘氨酸、谷氨酸、丙氨酸。

三、实验器具

试管、摇床、离心机、冷冻干燥仪、超声波发生仪、硅胶板（Merck，Kieselgel 60F 256）、微量移液器、吸头、氨基酸分析仪 Hitachi L-8900 等。

四、实验操作

（一）肽聚糖的准备

1）将培养至对数生长后期的菌液离心获得 3 g 菌体（或冻干菌体 0.6 g），水洗。

2）悬浮在 10～20 mL 纯水中，冰浴条件下超声波 150～200 W 破胞 1 min，间隙停 1 min，处理 15 min，至破胞完全。

3）5000 r/min 离心 30 min（7000 *g*，10 min），取上清液，弃掉未裂解细胞。

4）上清液加入 4% SDS 溶液，沸水浴 40 min。

5）冷却至室温后，18 000 r/min（100 000 *g*）离心 30 min，弃上清液，沉淀用预热的水洗，室温离心。

6）弃上清液，沉淀用 0.1 mol/L 磷酸缓冲液（pH 7.5）悬浮，用链霉蛋白酶（50 mg）37℃过夜处理。100 000 *g* 离心 30 min 水洗两次，获得细胞壁。

7）细胞壁溶解在 5%三氯乙酸中，90℃加热 20 min，沉淀物 100 000 *g* 离心 30 min，水洗两次获得肽聚糖。

（二）肽聚糖的水解

1）糖分析试管中加入 0.1 mL 0.5 mol/L HCl，氨基酸分析试管中加入 0.1 mL 6 mol/L HCl。

2）用酒精喷灯火焰封口，放入烘箱，温度上升至 120℃，维持 15 min 后取出。

3）糖水解液以黄褐色（棕色）为宜，氨基酸水解液以褐色为宜，用于氨基酸分析的水解液以黑褐色为宜。

（三）氨基酸分析

1）取上述样品直接点样于硅胶板进行层析。或将 5 mg 细胞壁溶解在 1 mL 6 mol/L HCl 中，在密封的派热克斯玻璃管（pyrex tube）中 105℃处理 16 h，冻干，用 1 mL 去离子水溶解。

2）硅胶板上的点样量约为 50 μL，点在距薄板下缘 1 cm 处，并分别点上 0.01 mol/L D,L-DAP（同时含有 L,L-DAP、*meso*-DAP 和 D,D-DAP）、天冬氨酸、甘氨酸、谷氨酸、丙氨酸 0.2 μL 作为标准样。

3）用展层剂甲醇：水：10 mol/L 盐酸：吡啶（32：7：1：4）进行展层，待展层液前沿浸液至距板上缘 1 cm 左右，取出风干（大约需要 2 h）。

4）对于氨基酸及 DAP 的分析：用 0.4%茚三酮水饱和正丁醇溶液显色，100℃加热 2 min 即可。迁移速率由慢到快的顺序为：D,D-DAP、*meso*-DAP、L,L-DAP、天冬氨酸、甘氨酸、丙氨酸、谷氨酸。

5）或直接采用氨基酸分析仪 Hitachi L-8900 分析氨基酸组分。

（四）糖分析

1）点样：在微晶纤维素薄板上距下缘 1 cm 处点样，同时点上分别含有 1% 鼠李糖、核糖、木糖、阿拉伯糖、半乳糖、甘露糖和葡萄糖的混合液 0.2 μL 作为标准样品，风干。

2）展层液为乙酸乙酯∶吡啶∶冰醋酸∶水（16∶10∶2∶3），待展层液前沿浸液至距板上缘 1 cm 左右时，取出风干（图 4-7）。

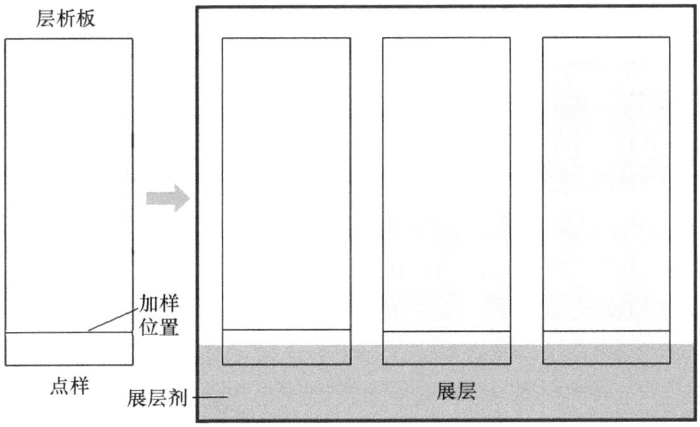

图 4-7　薄层层析（TLC）分析

3）显色：用苯胺-邻苯二甲酸试剂显色，105℃加热 5 min 即可。迁移速率由慢到快顺序为：半乳糖、葡萄糖、阿拉伯糖、甘露糖、木糖、核糖、鼠李糖。

4）根据层析图谱可确定菌体所含 DAP 及糖的种类。

五、实验提示与注意事项

1）肽桥中的氨基酸种类很多，一般会发现 3～6 个氨基酸，如甘氨酸 Gly、苏氨酸 Thr、丝氨酸 Ser 和天冬氨酸 Asp。但支链氨基酸（缬氨酸 Val、亮氨酸 Leu 等）、芳香氨基酸（苯丙氨酸 Phe、酪氨酸 Tyr、色氨酸 Trp）、含硫氨基酸（半胱氨酸 Cys、甲硫氨酸 Met）、组氨酸（His）、精氨酸（Arg）和脯氨酸（Pro）等从未被发现过。

2）新建的革兰氏阳性菌属需进行肽聚糖分析，需要提供其氨基酸构成。多数情况下，标准种的肽链的氨基酸组成与归到这一属中的其他种一致，应在属中进行描述。一新种的肽聚糖构成应与其属相同，也可提供桥联等的不同来区分新种与其他种。

六、思考题

1）简述肽聚糖的基本构成。

2）肽聚糖分子中肽链都含有哪几种氨基酸？

实验 4.2　呼吸醌分析

一、实验原理

生物醌位于细胞膜上，分呼吸型和光合型两类。呼吸醌广泛分布于古菌和细菌中，是呼吸链中的电子传递体，主要有泛醌 UQ（辅酶 Q）和甲基萘醌 MK（维生素 K_2）（图 4-8）。而苯并噻吩衍生物（benzothiophene derivatives）类呼吸醌仅存在于硫化叶菌目中，如硫化叶菌属（*Sulfolobus*）。泛醌 UQ 存在于真核生物线粒体内膜和革兰氏阴性菌细胞膜上，用于好氧呼吸和硝酸盐呼吸；而甲基萘醌 MK 存在于革兰氏阳性菌和个别革兰氏阴性菌中，行厌氧呼吸和好氧呼吸。已知有很多类群合成甲基萘醌 MK 及衍生物，如脱甲基甲基萘醌（demethylmenaquinone，DMK）、

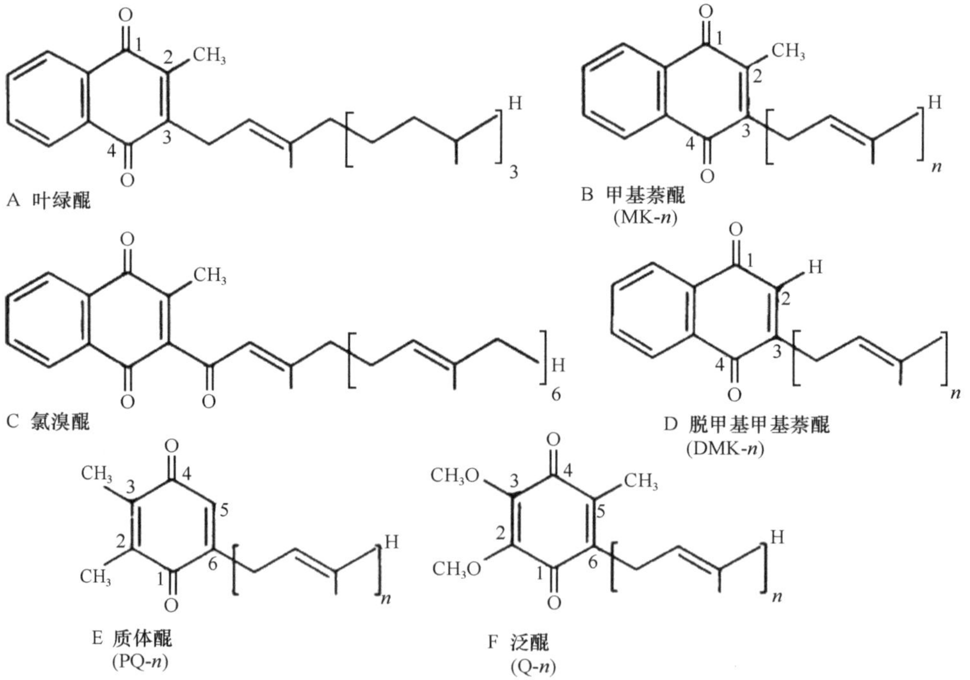

图 4-8　不同生物醌的结构

单甲基萘醌（monomethylmenaquinone）、二甲基萘醌（dimethylmenaquinone）和menathioquinone。光合型醌主要有质体醌 PQ 和叶绿醌（维生素 K_1），主要存在于能进行光合作用的藻类和植物中。

UQ 以苯环为核心，MK 以萘酚为核心。虽然分子骨架不同，但都有一个相同的 5C 聚异戊二烯侧链。根据异戊二烯的单位长度和侧链中被氢饱和的双键个数，UQ 和 MK 分别被命名为 UQ-*n*（H*x*）和 MK-*n*（H*x*）。微生物的 UQ 侧链长为 7～14，MK 的侧链长为 5～15。δ-变形菌纲和盐杆菌纲的某些成员会合成在侧链末端有氢饱和的 MK。盐杆菌纲有 8 单位的侧链，而 δ-变形菌纲一般为 5～7 个单位。高 G+C 含量革兰氏阳性菌的异戊二烯侧链显示不同氢化模式。一是第一氢化点位于第二个异戊二烯的双键，第二氢化点位于第三个双键上。而另一是第二氢化点位于侧链的末端。在古菌中有报道存在完全饱和的侧链。最常见的质体醌 PQ 为 9 个单位（PQ-9）。除了主要的异戊二烯醌外，还有其他如氯溴醌、脱甲基甲基萘醌 DMK 等。绿色光合细菌能产生氯溴醌，兼性好氧光能自养菌含脱甲基甲基萘醌 DMK。

UQ 的存在局限于 α-变形菌纲、γ-变形菌纲及 β-变形菌纲。在 α-变形菌纲中，主要是 UQ-10，也有 UQ-9 或 UQ-11。β-变形菌纲主要有 UQ-8。而 γ-变形菌纲的醌类变化较多，从 UQ-7 到 UQ-14。军团菌属（*Legionella*）成员通常合成一种以上的醌，链长为 10～14。α-变形菌纲和 γ-变形菌纲的一些成员也合成 MK 和深红醌（rhodoquinone）类。其相对丰度与所用的底物及是否使用氧作为电子受体有关。据报道，一些 β-变形菌纲的种如纤细红螺菌（*Rhodocyclus tenuis*）及 *Rubrivivax gelatinosu* 除了可合成 UQ 外，也可合成 MK-8。

光合细菌以 UQ-10 最常见，也有些含 UQ-8、UQ-9 和 UQ-7；大多数严格好氧的革兰氏阴性菌只含 UQ；噬纤维菌（*Cytophage*）和粘细菌（myxocobacteria）只含 MK；蓝细菌含有叶绿醌和质体醌 PQ。高 G+C 的革兰氏阳性菌中含有 MK，其很多侧链异戊二烯基团被氢化。多数菌株仅含有一类主要的异戊二烯醌。但并非每种都含有异戊二烯醌，如产甲烷菌。很多细菌除了含有一类主要醌外，也含有少量的其他醌，且主要醌基本上不会因生理条件变化而改变（表 4-3）。

呼吸醌分析：先利用氯仿和甲醇提取，再通过单向薄层层析（thin layer chromatography，TLC）分离，最后使用高效液相色谱（high performance liquid chromatography，HPLC）与质谱（mass spectrometry，MS）联用，通过分子质量确定醌的种类和组成。

二、实验试剂

甲醇：氯仿（1：2）、正己烷：乙醚（34：6）、异丙醇：甲醇（1：3）。

表 4-3 醌类与具体微生物群的对应关系

菌	对应的微生物群落	主要醌类
变形菌	α-变形菌	
	农杆菌属（*Agrobacterium*）	UQ-10
	Rhodomicrobuim vannielii	UQ-10，RQ-10
	嗜酸红假单胞菌（*Rhodopseudomonas acidophila*）	UQ-10，RQ-10，MK-10
	β-变形菌	
	产碱杆菌属（*Alcaligenes*）	UQ-8
	短单胞菌属（*Brachymonas*），动胶菌属（*Zoogloea*）	UQ-8，RQ-8
	红环菌属（*Rhodocyclus*），红长命菌属（*Rubrivivax*）	UQ-8，MK-8
	γ-变形菌	
	不动细菌属（*Acinetobacter*），假单胞菌属（*Pseudomonas*）	UQ-9
	固氮菌（*Azotobacter*）	UQ-8
	着色菌科（Chromatiaceae）	UQ-8，MK-8
	外硫红螺菌（Ectothiohodospiraceae）	UQ-7，MK-7，UQ-8，MK-8
	肠杆菌科（Enterobacteriaceae）	UQ-8，MK-8，DMK-8
	弧菌属（*Vibrio*）	UQ-8，MK-8
	δ-变形菌	
	脱硫球茎菌属（*Desulfobulbus*）	MK-5（H2）
	脱硫球菌属（*Desulfococcus*）	MK-7
	脱硫弧菌属（*Desulfovibriao*）	MK-6，MK-6（H2）
革兰氏阳性菌	低 G+C 含量	
	芽孢杆菌（*Bacillus*）	MK-7
	肠球菌（*Enterococcus*）	MK-8，DMK-9
	高 G+C 含量	
	节杆菌（*Arthrobacter*）	MK-9（H2）
	金杆菌属（*Aureobacterium*）	MK-11，MK-12
	棒状杆菌（*Corynebacterium*）	MK-8（H2），MK-9（H2）
	Kribbella	MK-9（H4）
	链霉菌（*Streptomyces*）	MK-9（H6），MK-9（H8）
	无毛螺旋体属（*Spirosoma*）	MK-7
	拟杆菌属（*Bacteroides*）	MK-10，MK-11
	噬碳酸菌（*Capnocytophaga*）	MK-6
	黄杆菌/噬细胞菌属（*Flavobacterium/Cytophaga*）	MK-6，MK-7
	鞘氨醇杆菌（*Sphingobacterium*）	MK-7
	绿菌属（*Chlorobium*）	MK-7
	绿弯菌属（*Chloroflexus*）	MK-10，MK-8
	异常杆菌属（*Deinobacter*）	MK-8

三、实验器具

摇床、三角瓶、离心机、真空干燥仪、硅胶板 GF254、膜过滤器（0.22 μm）、高效液相色谱仪（图 4-9）、液相色谱质谱联用、微量移液器、Eppendorf 管、吸头、旋转蒸发仪（图 4-10）等。

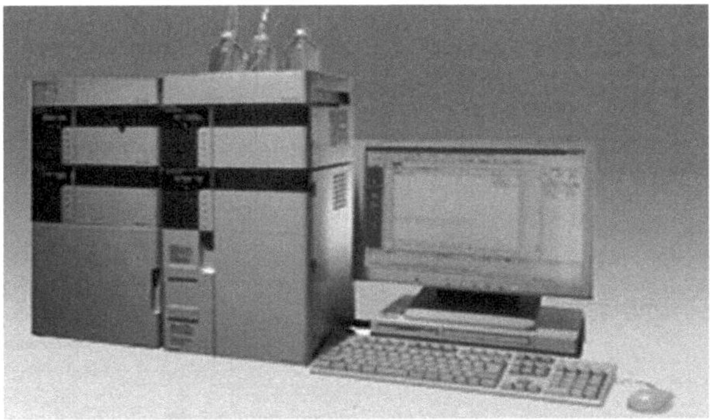

图 4-9　HPLC

图 4-10　旋转蒸发仪

四、实验操作

1）100 mL 稳定期的培养液，离心收集菌体，用无菌水洗涤两次，然后冷冻干燥处理。

2）用 50 mL 甲醇：氯仿（1∶2）抽提冻干细胞（200～250 mg），避光磁力搅拌过夜。

3）黑暗处，以漏斗滤纸过滤，收集滤液。

4）用减压旋转蒸发仪 40℃减压蒸馏至干燥，弃去蒸馏液。

5）再溶至 1 mL 甲醇：氯仿（1∶2）中，得到呼吸醌样品。

6）点样在经 65℃活化 30～60 min 的硅胶板 GF254（100 mm×200 mm）上，用维生素 K_1 作对照。

7）用正己烷：乙醚（34∶6）作展层剂，展层约 1 h，取出风干（电吹风）。

8）在紫外线灯（254 nm）下观察，在绿色荧光背景下前端呈褐色的带为甲基醌（相对迁移率 R_f 0.7～0.8）。后面 R_f 0.4～0.5 的位置有暗褐色的带为泛醌组分。

9）刮下条带所在位置的微晶纤维素颗粒，加入 1 mL 氯仿提取。膜过滤器（0.22 μm）过滤后，收集滤液，4℃避光保存。

10）HPLC 条件：C18 反相柱，流动相为异丙醇：甲醇（1∶3），柱温为 40℃，流速 2 mL/min，柱压 90～100 bar①，检测波长为 270 nm。一般以标准菌株作为对照（图 4-11）。

不同生物醌的洗脱先后顺序与保留时间如表 4-4 所示。

① 1 bar=10^5 Pa

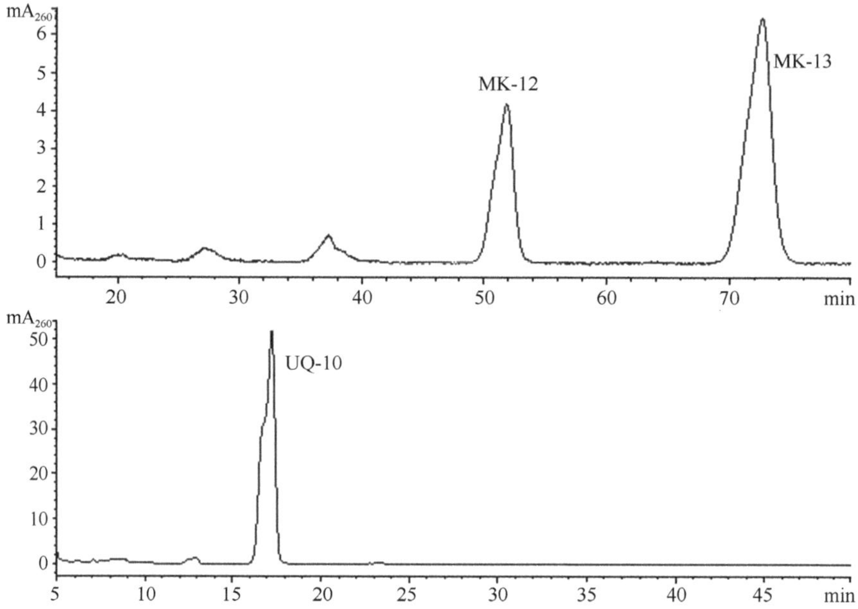

图 4-11　不同菌株的呼吸醌的高效液相色谱分析

表 4-4　不同生物醌的洗脱先后顺序与保留时间

洗脱顺序	醌型	保留时间/min
1	MK-6	9.56
2	MK-6（H_2）	10.52
3	MK-7	12.26
4	MK-7（H_2）	13.72
5	MK-7（H_4）	15.23
6	MK-8	15.96
7	MK-7（H_6）	16.82

11）若需测定醌的分子质量，则以 APCI 离子源质谱做液相色谱质谱联用分析。质谱的毛细管温度（Capillary Temp）为 150℃，蒸发温度为 450℃。Sheath Gas Flow 65；AUX Gas Flow 10；Source current（UA）2.00。不同菌株的呼吸醌的高效液相色谱见图 4-12。

分子质量计算：泛醌 MW=182+68.1*n*

甲基萘醌 MW=172+68.1*n*　　　*n* 为异戊二烯单位数

图 4-12 中呼吸醌的相对分子质量为 728，即可判断其为 UQ-8。

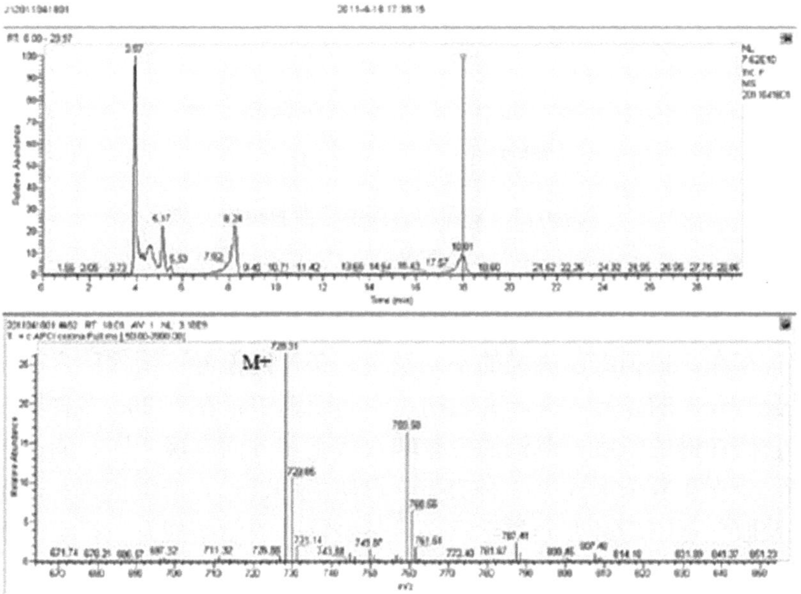

图 4-12 上为总离子图，下为呼吸醌峰的分子质量（彩图请扫封底二维码）

五、实验提示与注意事项

1）由于醌类极易氧化，在提取与保存中应避免强光照射及高氧化环境，勿与酸、碱和水接触。提取好后应马上进行测定。

2）醌类为属水平上的指标，菌体的菌龄对结果影响不大。

3）甲基萘醌适用于放线菌和革兰氏阳性菌的分类。

4）使用薄层层析（TLC）预筛可以分离泛醌、深红醌、甲基萘醌、硫化叶菌/卡拉达尔氏菌醌、脱甲基、单甲基及二甲基萘醌。

5）MK-8（4）或者 MK-8（H4）表示含 8 个单位的甲基萘醌，其侧链中的两个双键被 4 个氢原子所饱和。

实验 4.3 脂肪酸分析

一、实验原理

细菌的脂质是由甘油与脂肪酸通过酯键连接，而古菌细胞膜的脂质是由甘油与类异戊二烯烃链通过醚键连接的（图 4-13）。

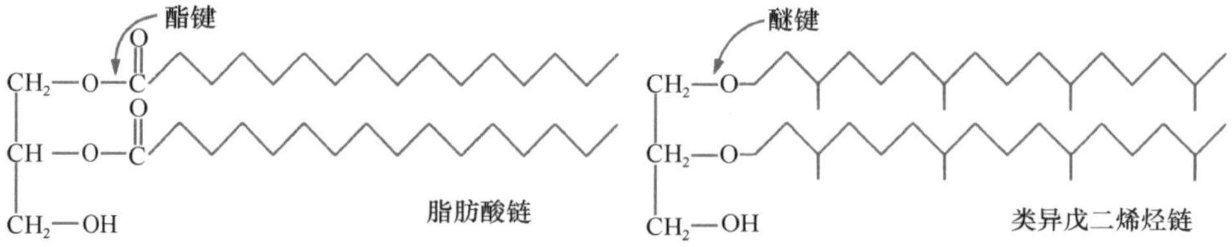

图 4-13 细菌与古菌中极性脂结构

脂肪酸（fatty acid）是细菌细胞中一种含量较高、相对稳定的组分，主要存在于生物膜的脂双层，以及游离的糖脂、磷脂和脂蛋白等生物大分子中，常以极性脂的形式存在。根据细菌种类的不同及生长条件的差异，菌体所含的脂肪酸种类、含量会有较大的差异。有研究表明，不同细菌中存在着 300 多种脂肪酸及其衍生物，它们在链的长度、双链的位置和取代基团方面有所不同。脂肪酸一般可分为直链、分支和复杂形式等 3 种类型，脂肪酸的链长、双键位置和数量、是否具有分支及取代基团均具有分类学意义。某些特殊的脂肪酸只在特定的细菌中存在，如一些 C_{20} 以上的多不饱和脂肪酸只存在于少数希瓦氏菌属（*Shewanella*）中，而高含量的不饱和脂肪酸 $C_{16:3}$ 是蓝细菌的特点。大多数革兰氏阳性菌中 $C_{15:0}$ 支链脂肪酸丰度高，而在大多数革兰氏阴性菌中 $C_{16:0}$ 丰度较高。

细菌的脂肪酸组成不是一成不变的，不同生长条件，如菌龄、培养基成分与温度的改变，其脂肪酸组分的相对含量也会有差异。因此，在比较不同细菌脂肪酸时，需进行标准化的培养，并注意采用不同的标准库进行比对（表 4-5）。脂肪酸分析应采用稳定期的菌体。通常不同属之间的脂肪酸组分会有较大的差异。脂肪酸的定性分析应用于属及属以上的分类单位；而定量分析则可用于种和亚种分类。

表 4-5 Sherlocks 标准库

类群	名称	备注
好氧菌	TSB A40	好氧菌在 TSB（trypticase soy broth agar）固体培养基，28℃、24 h 培养
	CLIN40	临床好氧菌，在血平板、巧克力琼脂上，35℃、24～48 h 培养
	MI7H10	分枝杆菌 QADC 加富 Middle brook7H10 固体培养基，35℃培养
厌氧菌	BHIBLA	厌氧菌，BHIBLA 平板，35℃、48 h
	MOORE ANAER 9	VPI Broth-grown 厌氧库，在 PYG Broth 35℃培养
酵母菌	YST28	酵母在 SAB Dextrose 固体培养基，28℃、24 h 培养
	YSTCLN	临床酵母 SAB Dextrose 固体培养基，28℃、24 h 培养
	FUNGI	霉菌在 TSB 液体培养基，28℃、3～10 d、150 r/min 振荡培养
	ACTIN1	假丝酵母在 TSB 液体培养基，28℃、3～10 d、150 r/min 振荡培养

分枝菌酸（也称霉菌酸 mycolic acid）是 α-烷基 β-羟基的高级支链脂肪酸，1938 年最初由 R. J. Anderson 等从人型结核菌中分离出来。分枝菌酸的原子数目在

C_{20}～C_{90}，其结构与一般脂肪酸不同，在 α 位具有很长的烷基侧键，β 基为羟基的脂肪酸（图 4-14）。其中 α-β（C_2-C_3）键在高温下不稳定会断裂，裂解成脂肪酸甲酯（fatty acids methyl ester，FAME）和醛两部分（图 4-15）。

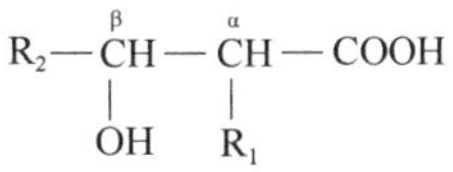

图 4-14　分枝菌酸结构

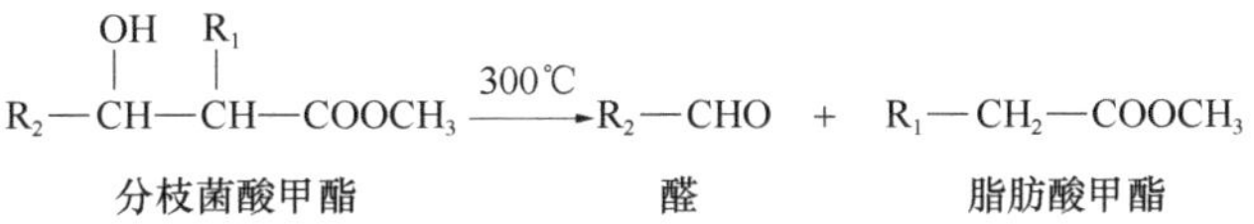

图 4-15　分枝菌酸的裂解

含分枝菌酸的属有棒状杆菌（*Corynebacterium*）、小多孢菌（*Micropolyspora*）、分枝杆菌（*Mycobacterium*）、诺卡氏菌（*Nocardia*）和红球菌（*Rhodococcus*）等。菌种不同，分枝菌酸的结构、碳原子总数、含双键的数目、直链及 α 侧链上的碳原子数等都会有所不同。根据所含碳原子数的差异可分为 3 类：①含有碳 80 的分枝杆菌枝菌酸（mycobactomycolic acid），裂解后产生的直链（R_1）脂肪酸甲酯 FAME 有 C_{22}～C_{26}个碳原子；②含有碳 50 的诺卡氏菌枝菌酸（nocardomycolic acid），热解产生的醛部分（R_2）含有 C_{22}～C_{38} 碳原子；③含有碳 30 的棒状杆菌枝菌酸（corynomycolic acid），热解产生的醛部分（R_2）较少，含有 C_{16}～C_{18} 碳原子。诺卡氏菌枝菌酸和棒状杆菌枝菌酸只产生 C_{12}～C_{18} 的短链脂肪酸甲酯 FAME。分枝菌酸是诺卡氏放线菌及相关菌分类鉴定的重要指标。

气相色谱（gas chromatography，GC）是常用的脂肪酸分析手段，先将菌体离心收集，经过洗涤，再在酸性或碱性溶液中破壁并水解脂质。水解产物与甲醇在盐酸催化下反应，生成脂肪酸甲酯，在 100℃条件下加热 3 h，再用乙醚于 40～60℃条件下提取甲酯，蒸发后，取一定量注入气相色谱仪，利用非极性柱可以分开所有的主要组分。脂肪酸分析包括：细菌的培养→脂肪酸甲酯的提取→气相色谱→结果解析（图 4-16）。

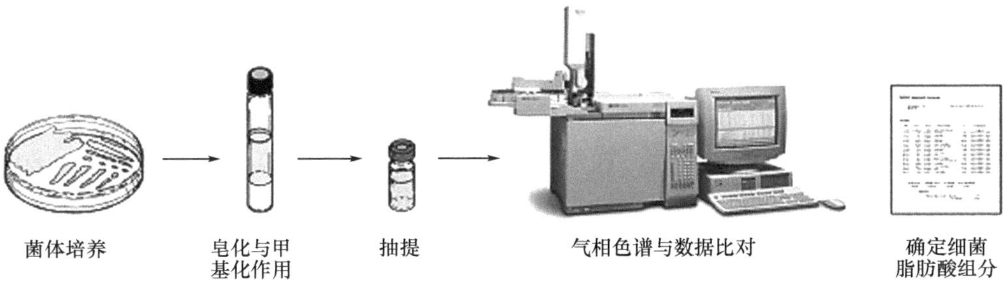

图 4-16　脂肪酸分析过程

美国 MIDI 公司的 Sherlock MIS（microbial identification system）是全细胞脂肪酸分析系统，通过对微生物的全细胞脂肪酸组分的定性和定量分析，做成指纹图谱，并通过图谱比对，确定微生物如细菌及酵母的种属。Sherlock 细菌鉴定系统是目前唯一通过分析全细胞脂肪酸来确定细菌分类地位的商业化细菌鉴定系统。该系统通过使用安捷伦（Aglient）气相色谱设备、MIDI 微生物数据库和 MIDI 图谱识别软件来鉴定每一细菌。其中 MIDI 微生物数据库一直与美国军事医学疾病感染研究院（USA MRIID at Fort Detrick）合作发展。该系统特性：①通过脂肪酸的图谱来鉴别菌株，操作安全、简单、快捷。②系统的数据库资源丰富：建立了包括 2000 多种细菌脂肪酸组成的标准库，其中需氧菌 1100 种，厌氧菌 800 种，酵母菌和放线菌约 300 种，共计 2200 种。同时独创并唯一拥有 21 种细菌（生物）武器数据库。③脂肪酸的分离在安捷伦 6850 或 6890 型气相色谱仪上进行。

二、实验试剂

1）溶液Ⅰ：14.4 g 氢氧化钠溶于 150 mL 甲醇及 150 mL 蒸馏水中。
2）溶液Ⅱ：190 mL 浓盐酸、275 mL 甲醇、135 mL 蒸馏水。
3）溶液Ⅲ：200 mL 正己烷与 200 mL 甲基叔丁基醚混合均匀。
4）溶液Ⅳ：10.8 g 氢氧化钠溶于 900 mL 蒸馏水中。
5）溶液Ⅴ：饱和 NaCl 溶液。

三、实验器具

试管、三角瓶、螺口玻璃管、离心机、水浴锅、摇床、漩涡仪、微量移液器、Eppendorf 管、吸头等。

四、实验操作

1）新鲜培养液 6000 r/min 离心 20 min，获取菌体量 40 mg 以上（湿重）或 5 mg 干菌。

2）置于 8 mL 螺口玻璃管中，加入 1 mL 溶液Ⅰ，完全悬浮菌体，拧紧管盖，沸水浴 5 min，取出振荡 5～10 s，再度拧紧螺盖，继续沸水浴 25 min，完成皂化。

3）待样品冷却至室温后，加入 2 mL 溶液Ⅱ，拧紧螺盖振荡，随后在（80±1）℃水浴中温育 10 min（精确控制温度与时间，以免羟基酸和环式脂肪酸受到破坏），冰浴冷却。

4）在冷却样品中加入 1.25 mL 溶液Ⅲ，快速振荡 10 min，萃取脂肪酸甲酯，弃去下层水相。

5）上层有机相中加入 3 mL 溶液Ⅳ及几滴溶液Ⅴ，快速振荡 5 min 后离心，取 2/3 上层有机相置气相色谱管中备用。

6）色谱分析：送至北京军事医学科学院或上海市公共卫生临床中心（或其他有 MIDI 公司 Sherlock MIS 系统的仪器平台）采用 HP 6890 气相色谱仪进行分析，采用 TRACEGC 2000/TRACE MS 气相色谱-质谱联用仪，分析样品组成。

7）分析方法：HP 6890 气相色谱仪，配备分流/不分流进样口，氢火焰离子化检测器（FID）及 HP 气相色谱化学工作站（HP CHEMSTATION ver A 5.01）；色谱柱为 Ultra-2 柱，长 25 m，内径 0.2 mm，液膜厚度 0.33 μm；炉温为二阶程序升温，起始温度 170℃，5℃/min 升至 260℃，随后以 40℃/min 继续升至 310℃，维持 1.5 min；进样口温度 250℃，载气为氢气，流速 0.5 mL/min，分流进样模式，分流比 100∶1，进样量 2 μL；检测器温度 300℃，氢气流速 30 mL/min，空气流速 216 mL/min，补充气（氮气）流速 30 mL/min。

8）峰型的判定，以标准脂肪酸甲酯作为内标或外标，与实验样品在同样条件下进行共色谱分析，根据保留时间来确定每一个色谱峰对应何种脂肪酸成分。

五、实验提示与注意事项

1）细菌的脂肪酸分析，必须采取标准化的培养条件（如相同的培养基等），确保实验的重复性。如果菌株在相同条件下无法生长则可以例外，但需要注明。通常好氧菌在 TSB（trypticase soy broth，胰酶大豆汤）琼脂上 28～37℃培养 24 h，而厌氧菌则在 PYG 培养基上 35℃培养。送测样品培养到对数生长末期，离心水洗，真空冷冻干燥成菌粉，约 200 μL 体积的样品。厌氧菌与好氧菌采用的是不同系统的数据库，送测时应特别注明（表 4-5）。

2）在甲酯化过程中，需严格控制温度与时间，以免羟基酸和环式脂肪酸受到破坏。

3）脂肪酸有两种命名原则：①按照碳原子的排列以阿拉伯数字编号，如双键位于 C_{12}～C_{13}，名称就是 $C_{13:1}$ ANTEISO 12～13，有的直接用 AT 表示 ANTEISO（反异式）。②按照碳碳化学键的英文字母顺序，如双键位于第 5 个键的位置，也就是第 5 个碳和第 6 个碳之间，该脂肪酸就可命名为 $C_{14:1}$ ISO E，ISO 为异式。此外，$C_{17:0}$ CYCLO ω7c（$C_{17:0}$ CYCLO 9-10）表示 $C_{17:0}$ 环丙烷从 α 端开始第 9 个碳与第 10 个碳原子的位置上，或者是从 ω 端开始的 7 位上。一些脂肪酸的结构如图 4-17 所示。

4）一些脂肪酸名称举例如表 4-6 所示。

5）以通过 Sherlock MIDI 系统测定的细菌脂肪酸为例，如 $C_{18:3}$ ω6c（6,9,12），其中 18 表示脂肪酸碳链的长度；3 表示不饱和键的个数，位置分别在第 6、9、12 位的碳原子（离羧基最远的碳原子算起）上，c 表示双键的空间结构，为顺式 *cis-*，如果是 t 则为反式 *trans-*。

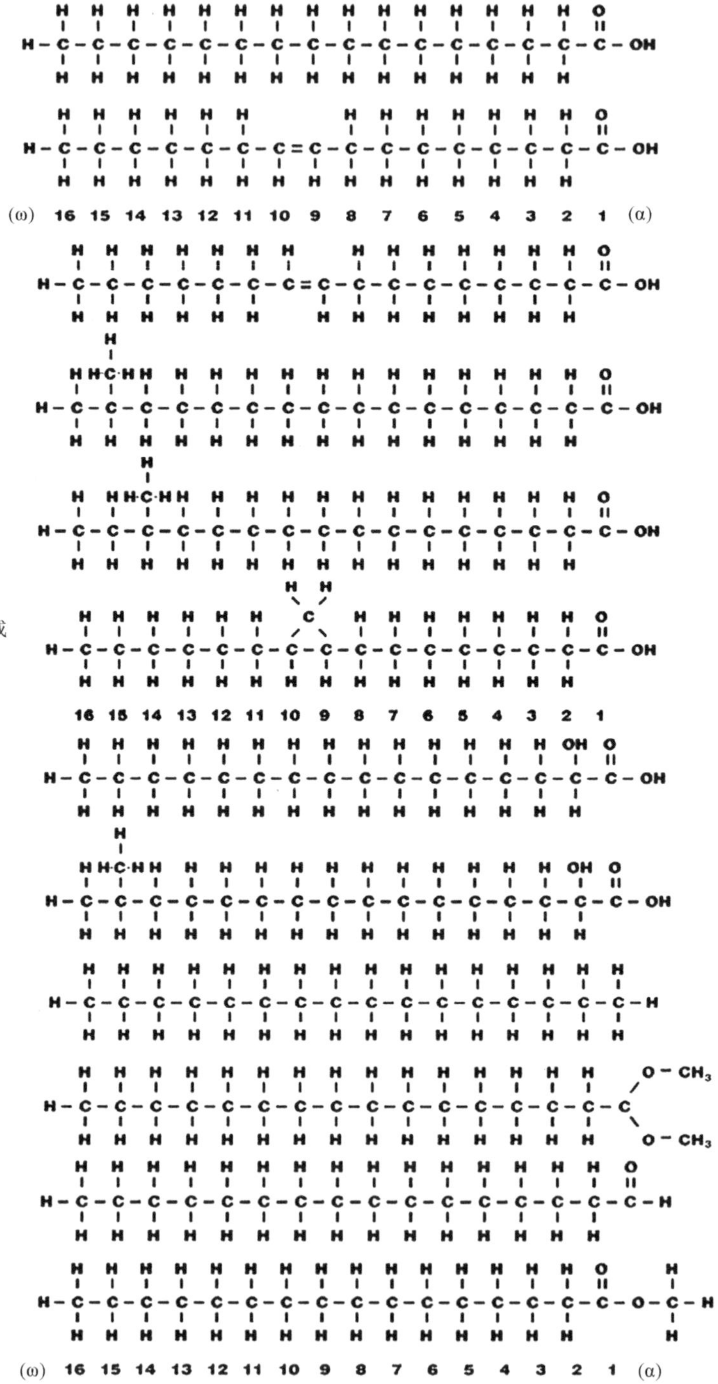

$C_{16:0}$

$C_{16:0:1}$ω7c

$C_{16:1}$ω7t

$C_{17:0}$ ISO

$C_{17:0}$ ANTE ISO

$C_{17:0}$ CYCLO ω7c或

$C_{17:0}$ CYCLO 9-10

$C_{16:0}$ 2OH

$C_{17:0}$ ISO 2OH

$C_{16:0}$ N

$C_{16:0}$ DMA

$C_{16:0}$ ALDE

$C_{16:0}$ FAME

图 4-17　各脂肪酸的结构

$C_{16:0}$ 二甲基乙缩醛（$C_{16:0}$ DMA），$C_{16:0}$ 乙醛（$C_{16:0}$ ALDE），$C_{16:0}$ 脂肪酸甲酯（$C_{16:0}$ FAME）

表 4-6　脂肪酸名称举例说明

脂肪酸名称	脂肪酸成分
$C_{9:0}$	九碳饱和脂肪酸
$C_{10:0}$	十碳饱和脂肪酸（羊蜡酸）
11 methyl 18:1 ω7c	11-甲基-ω7c-十八碳单不饱和脂肪酸
$C_{11:0}$ ISO	异式十一碳饱和脂肪酸
$C_{12:0}$	十二碳饱和脂肪酸（月桂酸）
$C_{12:0}$ ISO	异式十二碳饱和脂肪酸
$C_{12:0}$ 2OH	2-羟基十二碳饱和脂肪酸
$C_{12:0}$ 3OH	3-羟基十二碳饱和脂肪酸
$C_{12:0}$ ALDE	十二碳饱和脂肪醛
$C_{13:0}$	十三碳饱和脂肪酸
$C_{13:0}$ 3OH	3-羟基十三碳饱和脂肪酸
$C_{13:0}$ ISO	异式十三碳饱和脂肪酸
$C_{13:0}$ ANTEISO	反异式十三碳饱和脂肪酸
$C_{13:1}$ INTE ISO 12-13	反异式十三碳不饱和脂肪酸
$C_{14:0}$	十四碳饱和脂肪酸（肉豆蔻酸）
$C_{14:0}$ 3OH	3-羟基十四碳饱和脂肪酸
$C_{14:0}$ ISO	异式十四碳饱和脂肪酸
$C_{15:0}$	十五碳饱和脂肪酸
$C_{15:0}$ 3OH	3-羟基十五碳饱和脂肪酸
$C_{15:0}$ ANTEISO	反异式十五碳饱和脂肪酸
$C_{15:0}$ ISO	异式十五碳饱和脂肪酸
$C_{15:0}$ ISO 3OH	3-羟基异式十五碳饱和脂肪酸
$C_{15:1}$ ISO G	G 型异式十五碳单不饱和脂肪酸
$C_{15:1}$ ISO H	H 型异式十五碳单不饱和脂肪酸
$C_{15:1}$ ω8c	ω8c-十五碳单不饱和脂肪酸
$C_{16:0}$	十六碳饱和脂肪酸（棕榈酸）
$C_{16:0}$ 3OH	3-羟基十六碳饱和脂肪酸
$C_{16:0}$ 2OH	2-羟基十六碳饱和脂肪酸
$C_{16:0}$ ISO	异式十六碳饱和脂肪酸
$C_{16:0}$ N alcohol	十六碳饱和脂肪醇
$C_{16:1}$ ISO Ⅰ	Ⅰ 型异式十六碳单不饱和脂肪酸
$C_{16:1}$ ω5c	ω5c-十六碳单不饱和脂肪酸
$C_{16:1}$ ω7c alcohol	ω7c-十六碳单不饱和脂肪醇
$C_{16:1}$ ω7t	ω7t-十六碳单不饱和脂肪酸
$C_{17:0}$	十七碳饱和脂肪酸
$C_{17:0}$ ANTEISO	反异式十七碳饱和脂肪酸

续表

脂肪酸名称	脂肪酸成分
$C_{17:0}$ CYCLO	环式十七碳饱和脂肪酸
$C_{17:0}$ ISO	异式十七碳饱和脂肪酸
$C_{17:0}$ ISO 3OH	3-羟基-异式十七碳饱和脂肪酸
$C_{17:1}$ ω8c	ω8c-十七碳单不饱和脂肪酸
$C_{17:1}$ ω9c ISO	ω9c-异式十七碳单不饱和脂肪酸
$C_{18:0}$	十八碳饱和脂肪酸（硬脂酸）
$C_{18:1}$ ω7c	ω7c-十八碳单不饱和脂肪酸
$C_{18:1}$ ω7c-C11 methyl	11-甲基-ω7c-十八碳单不饱和脂肪酸
$C_{18:1}$ ω9c	ω9c-十八碳单不饱和脂肪酸
$C_{19:0}$ ω8c CYCLO	ω8c-环式十九碳饱和脂肪酸
$C_{20:2}$ ω6,9c	ω6,9c-二十碳多不饱和脂肪酸

6）除了简单的脂肪酸，越来越多的证据表明在某些特定类群中发现的极性脂中带修饰脂肪酸的重要性。这些化合物可能是脂肪酸和某些小分子物质如氨基酸缩合而成。广为人知的有鞘脂类（sphingolipids）和烷基胺（alkylamines）。长链二醇（long chain diols）同样是玫瑰色热微菌（*Thermomicrobium roseum*）的脂类的重要组成。

7）在鉴定中，大于 1%的脂肪酸成分都应该报告。在比较脂肪酸模式时，注意一个类群的脂肪酸构成不会有很大的变化。同样，在某个合成直链及不饱和脂肪酸的类群中发现有合成支链脂肪酸时需要注意。此外，羟基化脂肪酸的存在与否通常是特征性的，如果有和某类群不一致的存在或缺失时，也应小心对待。

8）使用不同的 MIDI 系统数据库时相同出峰时间的脂肪酸会被鉴别为不同的种类。厌氧菌一般不会出现 2-OH 类的脂肪酸，如果出现大量的 ISO-14:0 3-OH（ECL=13.565）应该是好氧菌，而厌氧菌则为二甲基乙缩醛（dimethyl acetal，DMA）。

六、思考题

$C_{18:3}$ ω6c（6,9,12）表示什么意思？

实验 4.4 极性脂分析

一、实验原理

极性脂是细菌与古菌细胞膜的脂双层成分，由一亲水的极性端和一疏水的非极性端组成。细菌的极性脂是甘油与脂肪酸通过酯键连接形成的甘油脂肪酸酯。古菌的极性脂是甘油骨架与类异戊二烯烃链通过醚键连接，大多是非皂化的甘油二醚的磷脂和糖脂衍生物（图 4-13）。

极性脂包括甘油磷脂（glycerol phosphatide）、鞘脂（sphingolipid，SL）与糖脂（glycolipid，GL）。甘油磷脂在极性头的甘油 3C 上，不同细菌有不同 X 基，如磷脂酸（phosphatidic acid，PA）、磷脂酰乙醇胺（脑磷脂 phosphatidylethanolamine，PE）、磷脂酰胆碱（卵磷脂 phosphatidylcholine，PC）、磷脂酰丝氨酸（phosphatidylserine，PS）、磷脂酰甘油（phosphatidyl glycerol，PG）、磷脂酰肌醇（phosphatidylinositol，PI）及双磷脂酰甘油（心磷脂 diphosphatidyl glycerol，DPG）等（图 4-18）。而鞘脂主要由鞘氨醇骨架、脂肪酸长链和极性头基团组成。鞘脂可分为神经氨酰、鞘磷脂和鞘糖脂。其可进一步分为神经鞘氨醇（含不饱和双键）、二氢神经鞘氨醇（饱和）和植物鞘氨醇（含 3 个羟基）。糖脂结构与鞘磷脂很相似，只是由一个或多个糖残基代替了磷脂酰胆碱与鞘氨醇的羟基结合。糖脂可分甘油糖脂和鞘糖脂。

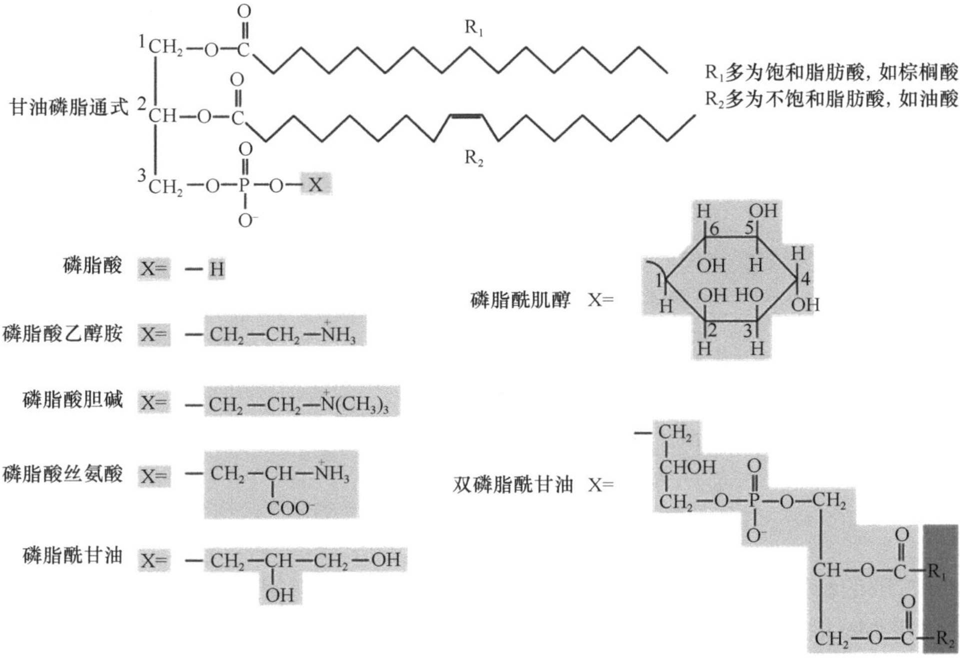

图 4-18 各种不同的甘油磷脂（磷脂酸 PA、磷脂酰乙醇胺 PE、磷脂酰胆碱 PC、磷脂酰丝氨酸 PS、磷脂酰甘油 PG、磷脂酰肌醇 PI、双磷脂酰甘油 DPG）

细菌的极性脂包括磷脂（phospholipid，PL）、氨基磷脂（aminophospholipid，APL）、糖脂（GL）、磷酸糖脂（phosphoglycolipid，PGL）。此外，还有氨基酸衍生脂类（amino acid derived lipid）、噬纤维菌脂类（capnines）、鞘脂类（鞘糖脂或

鞘磷脂）及藿烷类（hopanoids）等。细菌的磷脂以 sn-G-3-P 为骨架与脂肪酸形成酯键。不同属的菌体其磷脂组分不同，是鉴别属的重要依据之一。

古菌中的极性脂包括磷脂酸 PA 与磷脂 PL。常见的磷脂 PL 有磷脂酰甘油硫酸盐（phosphatidylglycerol sulfate，PGS）及衍生自 C_{20}-C_{20} 与 C_{20}-C_{25} 甘油二醚（glycerol diether）（图 4-19，图 4-20）的磷脂酰甘油磷酸甲酯（phosphatidylglycerol phosphate methyl ester，PGP-Me）与磷脂酰甘油 PG 等。

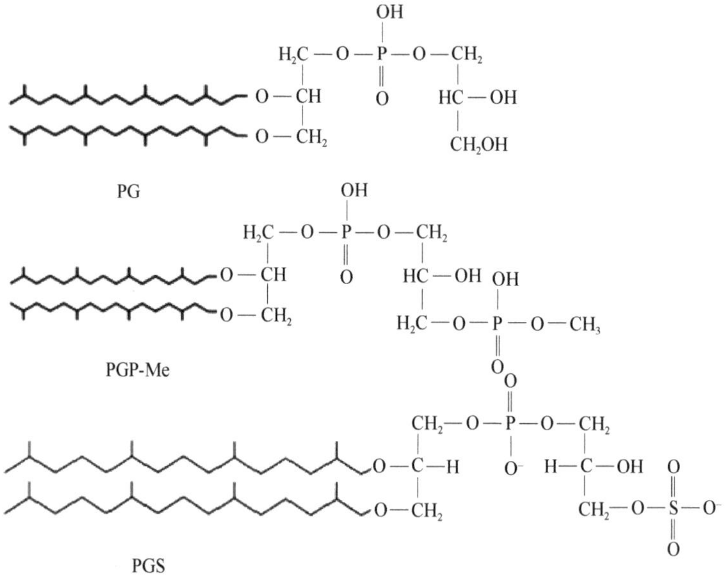

图 4-19　嗜盐古菌中常见的极性脂磷脂

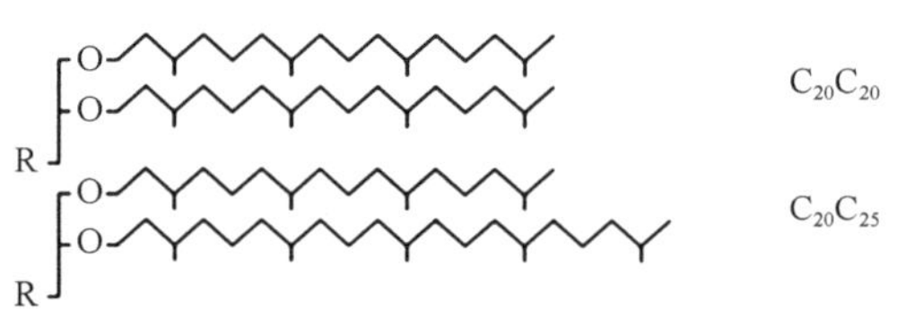

图 4-20　甘油二醚

古菌的磷脂以 sn-G-1-P 为骨架与类异戊二烯形成双层四醚脂（图 4-21），其中 PGP-Me 最为普遍，在总脂中所占的比例高达 50%～80%，而在其他中低度嗜盐和非嗜盐细菌中未发现。另外，嗜盐古菌中，还存在包括二糖基二醚（diglycosyl diether，DGD-1）、硫酸化二糖基二醚（sulfated DGD-1，S-DGD-1）、二硫酸化二糖基二醚（bis-sulfated DGD-1，S2-DGD-1）、三糖基二醚（triglycosyl diether，TGD-1）、硫酸化三糖基二醚（sulfated TGD-1，S-TGD-1）等多种类型的糖脂。古菌中不同属的极性脂组成差别很大，甚至同属不同种间也可能不同。但其菌体极性脂成分一般不随外界生长条件的改变而发生变化。

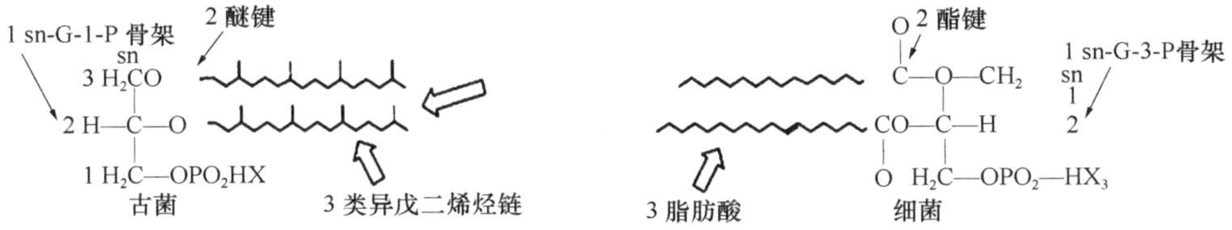

图 4-21 古菌与细菌极性脂的特征

细菌分类学上重要的磷脂有：磷脂酰乙醇胺 PE、磷脂酰胆碱 PC、磷脂酰甘油 PG、磷脂酰甲基乙醇胺（phosphatidyl methyl ethanolamine，PME，即单甲基化的 PE），以及含葡糖胺未知结构的磷酸类脂（phospholipids of unknown structure containing glucosamine，GluNus）（图 4-22）5 类。不同的细胞中所含的脂类物质不同，例如，革兰氏阴性菌以磷脂酰乙醇胺 PE 为主，也含有磷脂酰甘油 PG，革兰氏阳性菌则以磷脂酰甘油 PG 为主。

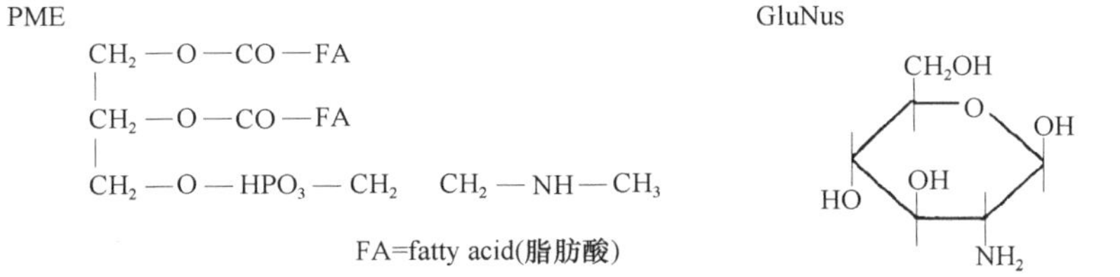

图 4-22 磷脂酰甲基乙醇胺 PME 与含葡糖胺未知结构的磷酸类脂 GluNus

每种磷酸类脂结构中都含有脂肪酸，在脱酰作用后每种磷酸类脂都能分解成脂肪酸甲酯 FAME，以及胆碱、乙醇胺、丝氨酸或肌醇与磷酸结合的物质。前者是非极性的，需借助于气相层析鉴别，后者为极性类脂，用薄板层析或纸层析即可鉴别其种类。

非极性尾则由长链脂肪酸通过酯键连接在甘油的 C_1 和 C_2 位上组成，其链长与饱和度因细菌种类和生长温度而异，大多数侧链饱和脂肪酸为 ISO/ANTEISO 系列（图 4-23）。

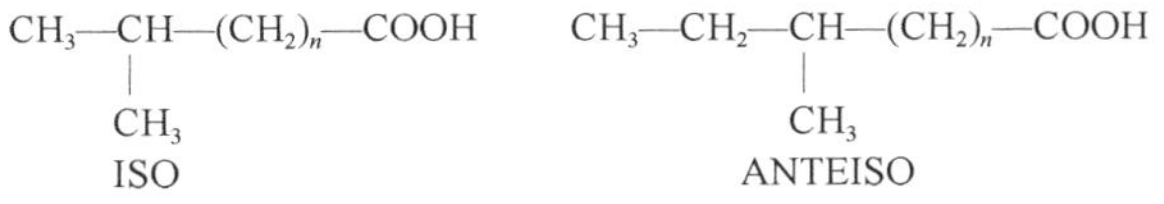

图 4-23 饱和脂肪酸的 ISO/ANTEISO 结构

根据磷酸类脂中侧链脂肪酸的有无，ANTEISO/ISO（ANT-ISO）系列及饱和脂肪酸是否为 17-碳烯酸，可将磷酸类脂中的脂肪酸分成 4 型：Ⅰ型的主要成分为 ANTEISO/ISO 系列的侧链脂肪酸（ANT-ISO）；Ⅱ型的主要成分为饱和或非饱和脂肪酸，不是 17-碳烯酸，ANT-ISO 存在；Ⅲ型的主要成分为 17-碳烯酸，ANT-ISO

存在；Ⅳ型是无 ANT-ISO，如有，则含量小于总脂肪酸的 10%。

通常采用甲醇-氯仿抽提法获取总脂，使用硅胶薄层层析（thin layer chromatography，TLC）进行磷酸类脂（极性脂）的定性分析。

二、实验试剂

1）极性脂抽提液：甲醇∶氯仿（2∶1）、氯仿、氯仿∶甲醇（2∶1）。

2）展层剂：第一相 氯仿∶甲醇∶水（65∶25∶4）；第二相 氯仿∶甲醇∶乙酸∶水（80∶12∶15∶4）。

3）磷脂 PL 显色剂（Zinzadze 试剂）的配制：Ⅰ液是 1.6 g 钼酸胺溶于 12 mL 水；Ⅱ液是在 4 mL 浓盐酸中加入 1 mL 液体汞和 8 mL Ⅰ液。混匀，摇动 30 min，过滤；在剩余的Ⅰ液中缓慢加入 20 mL 浓硫酸及全部的Ⅱ液，冷却，保存（此储存液为翠绿色）。用前，将储存液∶水以 1∶3（*V*/*V*）稀释，配成的喷显剂呈琥珀色。

4）氨基脂 AL 显色剂：茚三酮（ninhydrin）用乙醇配制成 0.25%的溶液。

5）糖脂 GL 显色剂：称取 0.5 g α-萘酚溶于 50 mL 甲醇中，再加入 50 mL 水混匀，配成 0.5% α-萘酚。

6）总脂显色剂：钼磷酸显色，用乙醇配制成 5%的钼磷酸（molybdatophosphoric acid）显色溶液；或硫酸显色，浓硫酸∶乙醇（1∶1）。

7）卵磷脂 PC 显色剂：A 液为烟硝酸铋 1.7 g，去离子水 80 mL，冰醋酸 20 mL；B 液为碘化钾 40 g，去离子水 100 mL。碘化铋钾试剂：A 液 5 mL，B 液 5 mL，冰醋酸 20 mL，去离子水 70 mL。

三、实验器具

离心机、展层缸、微量移液管、旋转蒸发仪、真空泵、硅胶板（Merck 公司 Kieselgel 60F 256，20 cm×20 cm）、喷瓶、250mL 锥形瓶、氮气钢瓶、分液漏斗、圆底烧瓶、摇床、Eppendorf 管、吸头、吹风机、烘箱等。

四、实验操作

（一）古菌总脂抽提

1）培养至对数生长后期的菌液，离心后洗涤。或称量 100～150 mg 冷冻干燥的菌体。

2）将菌体悬浮于 1 mL 4 mol/L NaCl 溶液中，再加入 3.75 mL 甲醇∶氯仿（2∶1）溶剂，抽提 4 h。

3）离心后将上清液转移到另一个离心管中，沉淀用 4.75 mL 甲醇∶氯仿：

水（2∶1∶0.8）溶剂抽提后再离心，合并上清液。

4）加入 2.5 mL 氯仿和 2.5 mL 水，混匀后离心。收集氯仿相，并以 N_2 干燥。

5）将干燥的样品溶入 100 μL 氯仿∶甲醇（2∶1）溶剂。

（二）细菌总脂抽提

1）200 mL 菌液（A_{600} 为 1.0 左右），分装到 6 支 50 mL 离心管中，室温离心获取菌体。

2）用无菌的最适盐度 NaCl 溶液悬洗菌体并进行离心，共 3 次。

3）少量无菌水悬浮菌体（或者直接加入抽干的菌粉约 400 μL）后定容至 20 mL，转入 250 mL 三角瓶。

4)在三角瓶中加入 20 mL 氯仿，40 mL 甲醇，用保鲜膜封口防止挥发，200 r/min 摇床上于 15℃以下 4～5 h，或用磁力搅拌器搅拌过夜。

5）加入氯仿和水，使氯仿∶甲醇∶水比例为 1∶2∶1，这时极性脂将进入有机相。继续混匀 1 h 左右，然后将溶液离心分相（12 000 r/m，10 min）。或用分液漏斗静置半天分层，再放出下层液体（分液漏斗可能会轻微漏液）。

6）小心分取下层氯仿至旋转蒸发仪专用烧瓶中，通过减压旋转蒸发干燥样品（＜36℃）。如果有水，滴入少量苯再减压旋转蒸发至获得干燥的总脂样品。

7）用 0.5～1 mL 氯仿溶解总脂，4℃，12 000 r/min 离心 10 min，上清液于 4℃保存备用。

（三）极性脂的薄层层析 TLC 分析

1. 单向层析

1）硅胶板裁剪 20 cm×10 cm 大小，于 110℃活化 1 h 备用。

2）点样：10 μL 移液器吸取样品，为了加大上样量，可于同一处重复点样，各样品点间隔 1 cm 左右。

3）可用吹风机吹冷风（30 min 以上），使上样样品中的溶剂充分挥发。

4）层析缸中加入单向展层剂氯仿∶甲醇∶乙酸∶水（85∶22.5∶10∶4）。

5）将硅胶板放入层析缸中，样品线位于展层剂液面以上，并保持与液面的平行。

6）待展层剂延伸至 4/5 片长处，取出硅胶板，用吹风机冷风吹干，显色（图 4-24）。

2. 双向层析

1）硅胶板裁剪 10 cm×10 cm 大小，在烘箱里烘一下。边缘 1 cm 划线。一个样品应同时跑四块板，并分别用钼磷酸、α-萘酚、Zinzadze 试剂和茚三酮同时显色。

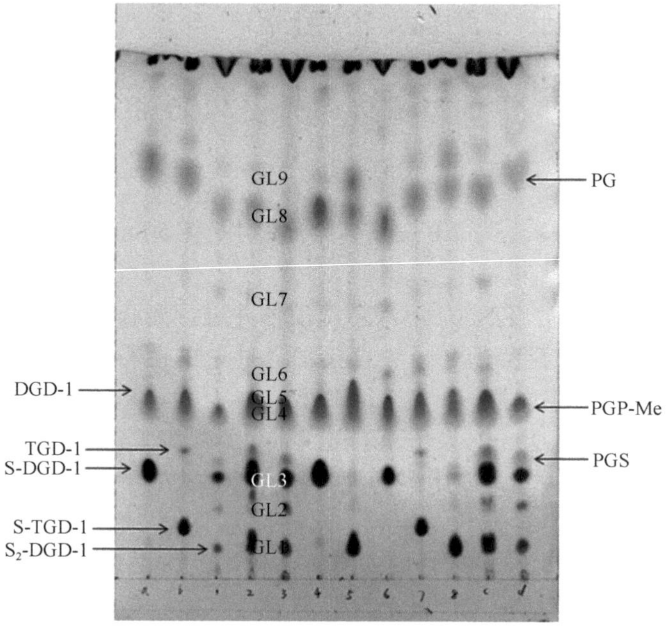

图 4-24　极性脂的单向层析（彩图请扫封底二维码）

DGD-1. 二糖基二醚；S-DGD-1. 硫酸化二糖基二醚；S2-DGD-1. 二硫酸化二糖基二醚；TGD-1. 三糖基二醚；S-TGD-1. 硫酸化三糖基二醚；PGP-Me. 磷脂酰甘油磷酸甲酯；PGS. 磷脂酰甘油硫酸盐

2）在右下角距两侧边缘 1 cm 用 10 μL 微量移液器反复上样，样品点足够小，直径控制在 1～2 mm，每点一次需将氯仿吹到完全挥发，再点下一次。注意每次点样的圆心尽量重合，点样总量为 10～20 μL，以硅胶板对样品的吸收能力变得较差为宜。

3）将点完样品的板放在第一向展层剂（氯仿∶甲醇∶水，65∶25∶4），一般加 13 mL∶5 mL∶0.8 mL，直接加到层析缸中，左右倾斜混匀（图 4-25）。

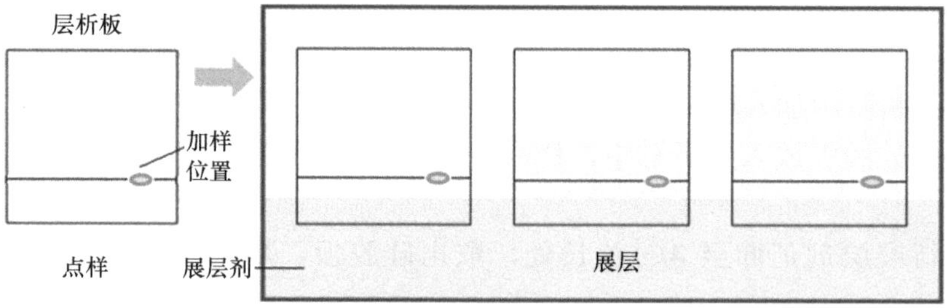

图 4-25　第一向层析（彩图请扫封底二维码）

4）第一向跑完后（展层剂浸润至距上缘 1 cm 左右），取出硅胶板室温风干（室温放置 30 min）或用吹风机吹干。

5）硅胶板顺时针旋转 90°后跑第二向，也就是说，这时点样点应在左下方（图 4-26）。

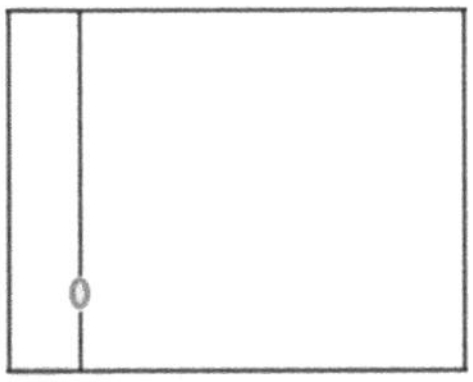

图 4-26　第二向层析

6）双向层析第二向展层剂（氯仿∶甲醇∶冰醋酸∶水，80∶12∶15∶4），一般加 16 mL∶2.4 mL∶3 mL∶0.8 mL。应该充分混匀后再使用，层析缸需用凡士林封口。

7）液体前方接近硅胶板边缘时，马上将硅胶板从第二向展层剂中拿出，使用吹风机将硅胶板表面的液体吹到完全挥发，挥发时间需要 1.5～2 h。

（四）显色

对于不同种类的极性脂，需要用不同的试剂进行显色。

1）磷脂 PL：使用 Zinzadze 试剂，显色时，气流要开大，喷的显色剂量要适当，将显色剂均匀喷洒于硅胶板至完全湿润。Zinzadze 如果过多，则会使硅胶板下方的铝板与酸反应产生气泡。显色剂喷过之后，稍微放置片刻，深蓝色的磷脂斑点就会在白色的背景中显出。迅速扫描，记录结果（图 4-27）。

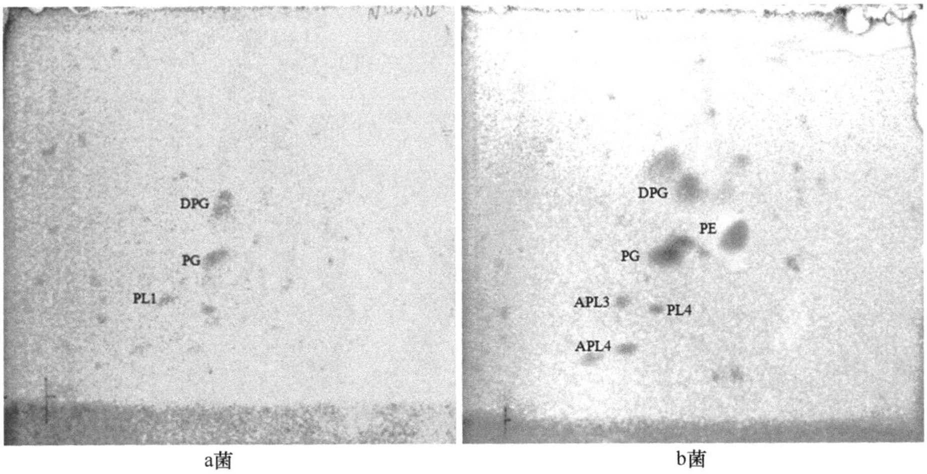

图 4-27　Zinzadze 试剂的磷脂显色（彩图请扫封底二维码）

PG. 磷脂酰甘油；DPG. 双磷脂酰甘油；PL. 磷脂；PE. 磷脂酰乙醇胺；APL. 氨基磷脂

2）氨基脂 AL（aminolipid）：0.5%茚三酮（ninhydrin）显色剂将硅胶板喷到完全湿润。用吹风机将其吹干之后，放在 55℃烘箱中反应 5～30 min，茚三酮将氨基脂类以粉红至紫色的点显出（图 4-28）。氨基脂 AL 斑点为紫红色。迅速扫描硅胶板，记录结果。

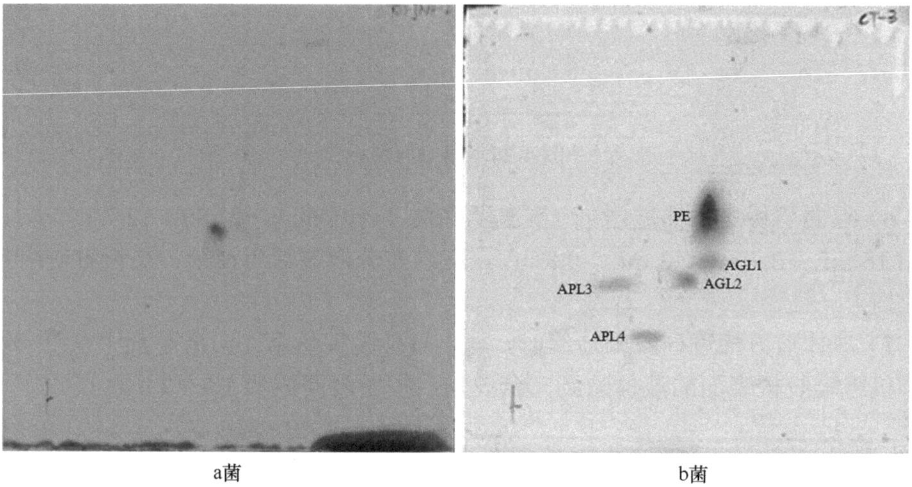

图 4-28 茚三酮显色的氨基脂（彩图请扫封底二维码）

PE. 磷脂酰乙醇胺；APL. 氨基磷脂；AGL. 氨基糖脂

3）糖脂 GL：用 0.5%萘酚（溶于 1∶1 的甲醇∶水溶剂中），喷洒 TLC 板至完全湿润，风干。再喷洒少许浓硫酸∶乙醇（1∶1，*V*/*V*）溶液，晾干后于 120℃烘烤 5～15 min 至全部显色。糖脂 GL 斑点为蓝紫色（图 4-29），磷脂 PL 为黄色。

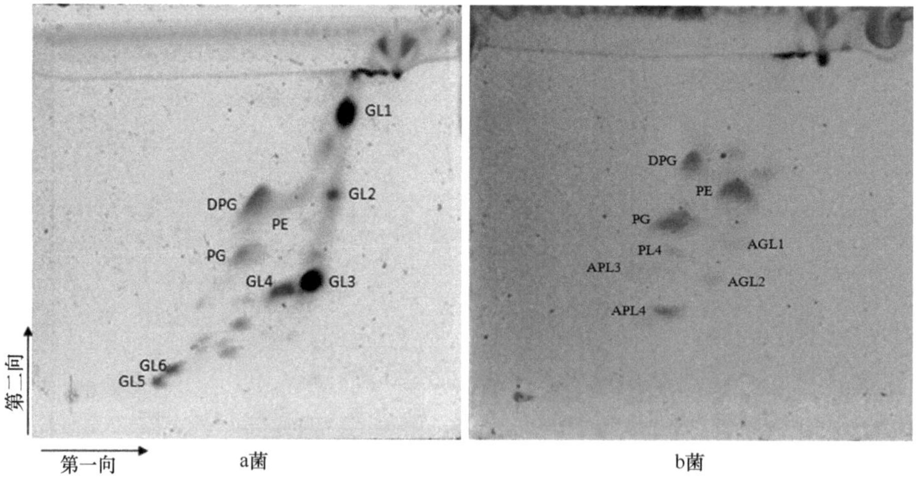

图 4-29 α-萘酚与浓硫酸（紫色是糖脂）（彩图请扫封底二维码）

DPG. 双磷脂酰甘油；PG. 磷脂酰甘油；PE. 磷脂酰乙醇胺；GL. 糖脂；APL. 氨基磷脂；AGL. 氨基糖脂

4）总脂：①使用 5%钼磷酸显色剂将硅胶板喷到出现绿色，然后用吹风机吹干之后，放在 120℃烘箱反应，5～10 min 就会有蓝黑色的点在硅胶板上显出。如果显色不明显或者有点无法着色的情况，可以烘烤之前在烘箱中放一杯浓氨水。迅速扫描硅胶板，记录结果。喷钼磷酸前，应等板上试剂挥发干，烘片前，也应等待乙醇完全挥发，不然整张片子容易发黑。钼磷酸可以将总脂显出来，所有点呈蓝黑色（图 4-30）。②萘酚-浓硫酸显色的总脂见图 4-31。糖脂 GL 斑点为蓝紫色，磷脂 PL 为黄色。

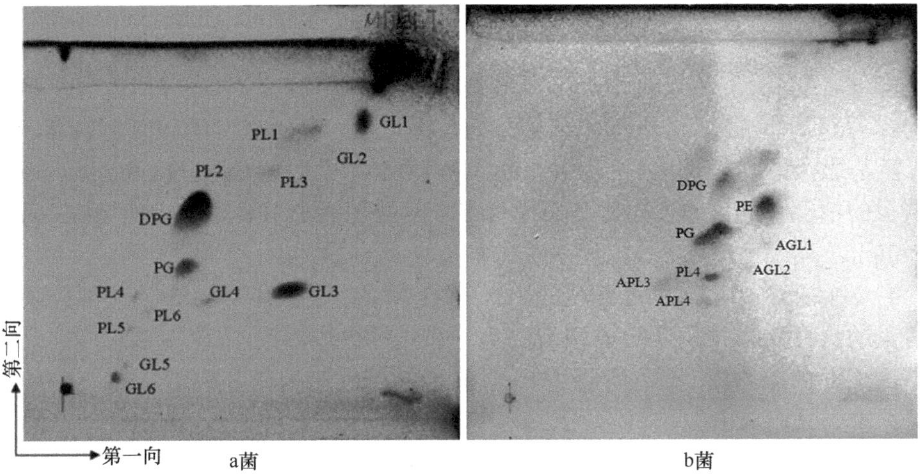

图 4-30　钼磷酸显色总脂（彩图请扫封底二维码）

DPG. 双磷脂酰甘油；PG. 磷脂酰甘油；PE. 磷脂酰乙醇胺；PL. 磷脂；GL. 糖脂；APL. 氨基磷脂；AGL. 氨基糖脂

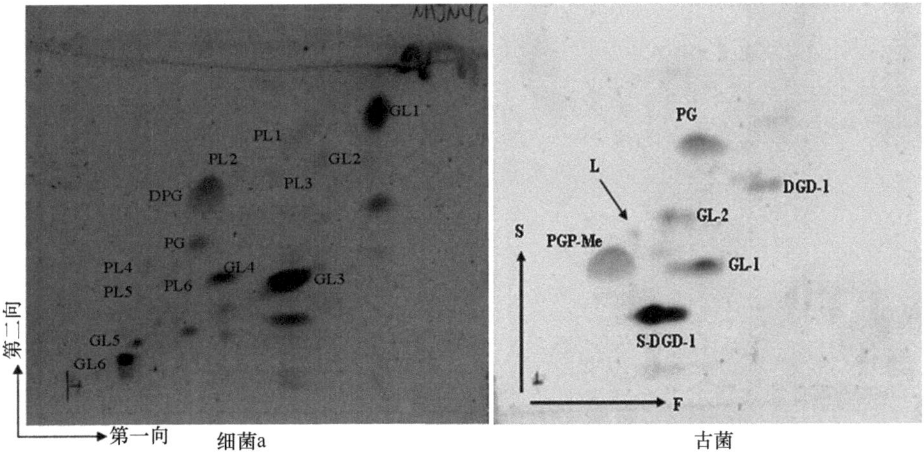

图 4-31　硫酸显色的总脂（彩图请扫封底二维码）

DPG. 双磷脂酰甘油；PG. 磷脂酰甘油；PL. 磷脂；GL. 糖脂；PGP-Me. 磷脂酰甘油磷酸甲酯；DGD-1. 二糖基二醚；S-DGD-1. 硫酸化二糖基二醚

5）卵磷脂 PC：使用碘化铋钾试剂喷洒 TLC 板，直至完全湿润，显示橙黄色的为 PC。

（五）分析

1）Zinzadze 试剂板上的点为带有磷酸基团的脂类，有 DPG、PG、PE、PME（单甲基化的 PE，phosphatidylmethyl ethanolamine）、PDE（二甲基化的 PE，phosphatidyldimethyl ethanolamine）、PI、PC、PS 等，无法标出的则直接标记 PL。

2）萘酚-硫酸板上显出紫色的点均为带有糖基的点，一般标为 GL（SGL 也应显出颜色）。

3）茚三酮板上的点为带有游离氨基端的点，有 PE、PDE、PME、PS 等，未知的标为氨基脂 AL。这些点可在总脂板上标记出，有的点可能同时对磷脂、糖脂 GL、氨基脂类的检测反应，可标为氨基磷酸糖脂 APGL（amino phosphoglycolipid），根据板的情况任意组合，如氨基磷脂 APL、磷酸糖脂 PGL、氨基糖脂 AGL（amino glycolipid）等。

4）双磷脂酰甘油 DPG、磷脂酰甘油 PG 和磷脂酰乙醇胺 PE 为大部分菌株比较常见的极性脂，并呈现很典型的三角分布。再通过萘酚-浓硫酸显总脂，确定蓝紫色斑点为糖脂 GL，黄色为磷脂 PL。其他的极性脂为氨基磷脂 APL、磷酸糖脂 PGL、磷脂酰胆碱 PC、磷脂酰甲基乙醇胺 PME、磷脂酸 PA、磷脂酰丝氨酸 PS、磷脂酰肌醇 PI、磷酸单脂 PME、磷脂酰甘油磷酸盐（phosphatidylglycerol phosphate，PGP）、氨基脂 AL、氨基糖脂 AGL、氨基磷酸糖脂 APGL、磷脂酰甘油硫酸盐 PGS。一般脂类的分布见图 4-32。

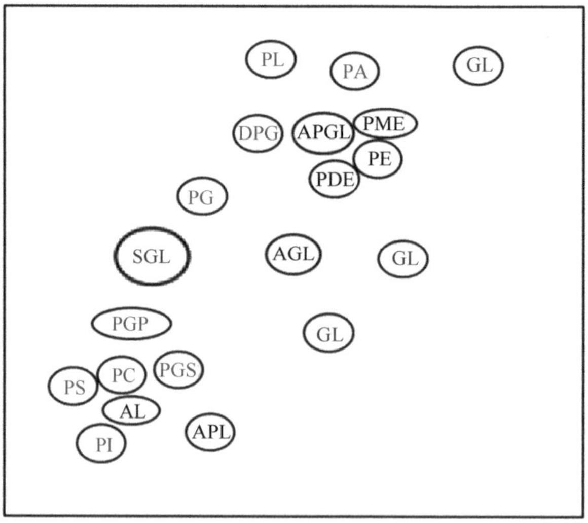

图 4-32　细菌的极性脂的分布

图 4-32 中左到右是第一向，下到上是第二向。其中 GL 只是示意，因为一般 GL 在第一向都比其他脂类跑得快，但也有混在中间的 GL，具体可通过萘酚-硫酸的显色判定。SGL 是鞘糖脂，在糖脂显色中有颜色反应，它的氨基是形成酰胺而非游离，所以茚三酮没有反应。

五、实验提示与注意事项

1）适量菌体即对于 50 mL 的离心管，在管底形成直径 4 cm 左右的沉淀的菌量就足够了，对于最大 A_{600} 在 0.2 左右的菌，需要 2～3 L 培养液的菌体。

2）TLC 分析时应注意温度和湿度，以 20℃、湿度较低为宜，尽可能在晴天进行实验。湿度较高会使层析板吸水，导致层析效果不佳。展层时，盖子需用凡士林封口。展层剂配好后需等待 0.5～1 h 使之在缸内达到气相饱和，期间有气体冲破凡士林封口属正常现象（多出现在第一向）。

3）第二向若没跑开（都挤在第二条线位置），一般是未等一向展层剂完全（水最难挥发掉）挥发就开始二向展层所致。

4）显色剂均有一定的毒性及腐蚀性，需在通风橱内配制，喷洒时注意防护（戴口罩、手套等）。喷所有试剂时应将整张板喷湿润为止，气流要开大且稳定（钼磷酸很好判断，板喷绿就行）。用钼磷酸显色时可适当多喷些，而用浓硫酸显色时应注意控制喷的量。

5）判断一块板跑的好坏首先是 PG、DPG 应处在一块板（或所有脂类出现范围）的中间位置（图 4-33）。其次，所有的点应呈现圆形（PG、DPG 或者某些含

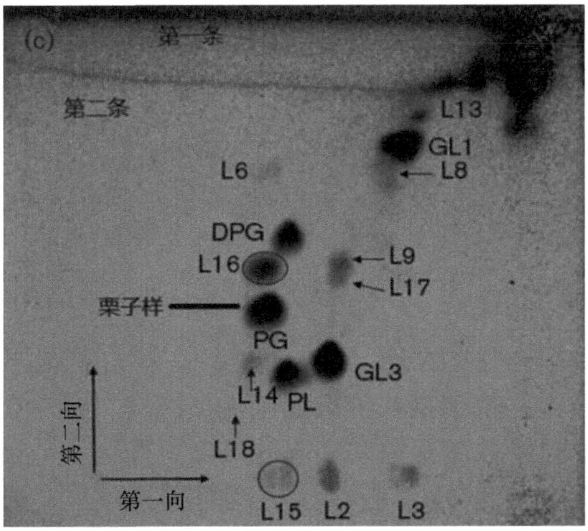

图 4-33　极性脂 TLC 示意图

DPG. 双磷脂酰甘油；PG. 磷脂酰甘油；PL. 磷脂；GL. 糖脂

量脂类可能会呈现栗子样）。最后，显色要清晰。一般跑得比较好的板，在跑完后就能看见板上有两条线，第一条位于第二向展层剂跑到的最高位置之下，呈白色；第二条在第一条下方，棕黄色（其实跑不好的板也可能有这两条，若是没有则基本是展层不佳的）。

6）建议先用萘酚-硫酸显色糖脂，可提供较多的信息，再显总脂、磷脂、氨基脂类。

7）用硫酸∶乙醇=1∶1 直接炭化显总脂，不过颜色没有钼磷酸显得深。在用钼磷酸显色时，如果展层剂未挥发完全，则会出现整张板变黑的情况。用硫酸显总脂时，有时非极性脂也显色出来，而钼磷酸显色则可以避免非特异性的显色。

8）在一些细菌的极性脂中存在羟基化的脂肪酸，这会使其 Rf 值与不含羟基的脂肪酸不同，这类物质是某些特定类群的特征。

实验 4.5　多 胺 分 析

一、实验原理

多胺（polyamine）是一类含有两个或多个氨基的小分子质量化合物，最普遍的多胺是腐胺（putrescine，1,4-丁二胺）、尸胺（cadaverine，1,5-戊二胺）、亚精胺（spermidine）、精胺（spermine）等（图 4-34）。有些细菌具有某种氨基酸脱羧酶（decarboxylases），如赖氨酸脱羧酶、鸟氨酸脱羧酶、精氨酸脱羧酶，可使赖氨酸（lysine）、鸟氨酸（ornithine）或精氨酸（arginine）脱去羧基生成胺类和二氧化碳。细菌的 DNA 不是和组蛋白而是和多胺结合，多胺与核酸通过非共价键牢固结合。多胺对嗜热性古菌的化学分类是一个标示物。

$NH_2—(CH_2)_4—NH_2$	腐胺	putrescine (MW=88)
$NH_2—(CH_2)_5—NH_2$	尸胺	cadaverine (MW=102)
$NH_2—(CH_2)_4—NH—(CH_2)_3—NH_2$	亚精胺	spermidine (MW=145)
$NH_2—(CH_2)_3—NH—(CH_2)_4—NH—(CH_2)_3—NH_2$	精胺	spermine (MW=202)

图 4-34　多胺的分子式

多胺的功能很多，如保持 DNA 稳定性，作为调节渗透压的补充等。已知在鼠孢菌属（*Sporomusa*）、梳状菌属（*Pectinatus*）、新月单胞菌属（*Selenomonas*）进化类群中某些多胺与肽聚糖以共价键连接。多胺在很多原核生物中都能被检测到，但是在中等或极端嗜盐细菌中，其胞内浓度可能低于能被检测的浓度。

二、实验试剂

高氯酸、Na_2CO_3、丹磺酰氯（dansyl chloride）、50 mg/mL 脯氨酸溶液、甲苯。

三、实验器具

离心管、水浴锅、冰箱、HPLC 分析仪、液相质谱联用（liquid chromatography-tandem mass spectrometry，LC-MS）（图 4-35）等。

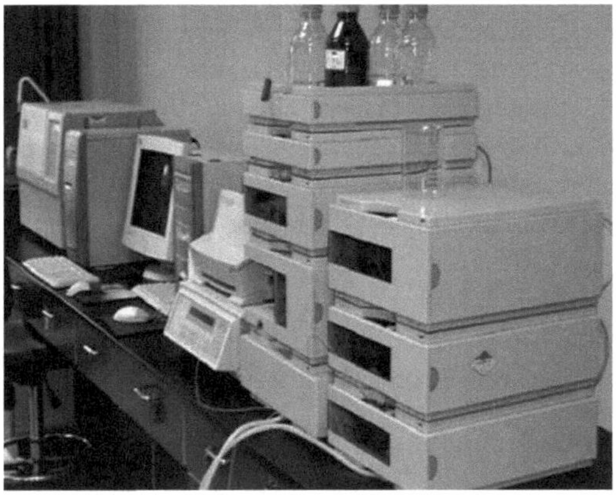

图 4-35　液相质谱联用（LC-MS）

四、实验操作

1）60 mg 冻干细胞在 1 mL 0.2 mol/L 高氯酸中 100℃水解 30 min，多次混匀。

2）高速离心，取 0.4 mL 上清液转移至装有 0.6 mL 100 mg/mL Na_2CO_3 溶液的试管中。

3）加入 1.6 mL 丹磺酰氯溶液（15 mg/mL，溶解于丙酮中）中，混匀（此后步骤尽量避光操作）。

4）60℃避光水浴 20 min。

5）加入 0.2 mL 100 mg/mL 脯氨酸溶液，60℃继续水浴 10 min。

6）取出放置冰箱降温至 4℃，用 0.2 mL 甲苯萃取。

7）离心分层后上层做 HPLC 分析，条件：反向色谱（250 mm×4 mm，Hypersil octyldecyl silane；5 μm particles）；激发波长 360 nm，检测 520 nm；40%～85%乙腈-水线性梯度，35 min；85%～100%乙腈-水线性梯度，15 min，40℃。

8）或上层用 N_2 吹干，做液相质谱联用分析。

五、实验提示与注意事项

采用对数生长期末期的菌体进行多胺分析，使用丹磺酰氯可以在酸解及衍生后将多胺提取。

参 考 文 献

Altenburger P, Kampfer P, Akimov VN, et al. 1997. Polyamine distribution in actinomycetes with group B peptidoglycan and species of the genera *Brevibacterium*, *Corynebacterium*, and *Tsukamurella*. Int J Syst Bacteriol, 47: 270-277.

Collins MD. 1994. Isoprenoid quinones. *In*: Goodfellow M, O'Donnell AG. Chemical Methods in Prokaryotic Systematics. Chichester: John Wiley & Sons: 345-401.

Ducros V, Ruffieux D, Belva-Besnet H, et al. 2009. Determination of dansylated polyamines in red blood cells by liquid chromatography-tandem mass spectrometry. Anal Biochem, 390: 46-51.

Jacquemet A, Barbeau J, Lemiègre L, et al. 2009. Archaeal tetraether bipolar lipids: structures, functions and applications. Biochimie, 91: 711-717.

Kamekura M, Kates M. 1988. Lipids of halophilic archaebacteria. *In*: Rodriguez-Valera F. Halophilic Bacteria II. Boca Raton: CRC Press: 25-54.

Kates M. 1986. Techniques of Lipidology. 2nd ed. Amsterdam: Elsevier.

Kawamoto I, Oka T, Nara T. 1981. Cell wall composition of micromonospora olivoasterospora micromonospora sagamiensis, and related organisms. J Bacteriol, 146(2): 527-534.

Komagata K, Suzuki K. 1987. Lipids and cell-wall analysis in bacterial systematics. Methods Microbiol, 19: 161-167.

Kuykendall LD, Roy MA, O'Nell JJ, et al. 1988. Fatty acids, antibiotic resistance, and deoxyribonucleic acid homology groups of *Bradyrhizobium japonicum*. Int J Syst Bacteriol, 38: 358-361.

Matsumoto A, Kawaguchi Y, Nakashima T, et al. 2014. *Rhizocola hellebori* gen. nov., sp. nov., an actinomycete of the family Micromonosporaceae containing 3, 4-dihydroxydiaminopimelic acid in the cell-wall peptidoglycan. Int J Syst Evol Microbiol, 64(8): 2706-2711.

McKerrow J, Vagg S, McKinney T, et al. 2000. A simple HPLC method for analysing diaminopimelic acid diastereomers in cell walls of Gram-positive bacteria. Lett Appl Microbiol, 30: 178-182.

Rossel PE, Lipp JS, Fredricks HF, et al. 2008. Intact polar lipids of anaerobic methanotrophic archaea and associated bacteria. Organic Geochemistry, 39: 992-999.

Schleifer KH, Kandler O. 1972. Peptidoglycan types of bacterial cell walls and their taxonomic implications. Bacteriol Rev, 36: 407-477.

Stanek JL, Roberts GD. 1974. Simplified approach to identification of aerobic actinomycetes by thin layer chromatography. Appl Microbiol, 28(4): 226-231.

Tindall BJ. 2005. Respiratory lipoquinones as biomarkers. *In*: Akkermans A, de Bruijn F, van Elsas D. Molecular Microbial Ecology Manual, Section 4.1.5, Supplement 1. 2nd ed. Dordrecht, Netherlands: Kluwer Publishers.

Ulrih NP, Gmajner D, Raspor P. 2009. Structural and physico chemical properties of polar lipids from thermophilic archaea. Appl Microbiol Biotechnol, 84: 249-260.

Wu XY, Zheng G, Zhang WW, et al. 2010. *Amphibacillus jilinensis* sp. nov., a facultatively anaerobic and alkaliphilic bacilli from a soda lake in China. Int J Syst Evol Microbiol, 60: 2540-2543.

Xin H, Itoh T, Zhou P, et al. 2000. *Natrinema versiforme* sp. nov., an extremely halophilic archaeon from Aibi salt lake, Xinjiang, China. Int J Syst Evol Microbiol, 50: 1297-1303.

Zhang WY, Meng Y, Zhu XF, et al. 2013. *Halopiger salifodinae* sp. nov., an extremely halophilic archaeon isolated from a salt mine. Int J Syst Evol Microbiol, 63: 3563-3567.

Zhang X, Zhang WY, Shen AH, et al. 2013. *Halopelagius longus* sp. nov., a new member of the family Halobacteriaceae isolated from a salt mine in Xinjiang province, China. Int J Syst Evol Microbiol, 63: 3585-3590.

第五章　菌种命名与发表

细菌、古菌分类中最有代表性和影响力的是《伯杰氏细菌鉴定手册》（*Bergey's Manual of Determinative Bacteriology*），该手册自 1923 年开始出版，至 1974 年相继出版了第 1～第 8 版。

1984～1989 年另一种新版本《伯杰氏系统细菌学手册》（*Bergey's Manual of Systematic Bacteriology*）共四卷也出版了，该手册与《伯杰氏细菌鉴定手册 》有很大不同，首先是在各级分类单元中广泛采用细胞化学分析、数值分类的方法。手册附有每个菌群的生态、分离、保藏及鉴定方法等。新版的《伯杰氏系统细菌学手册》没有按照界、门、纲、目、科、属种的系统进行安排，而是从实用需要出发，根据表型特征把细菌分为 4 个类别，33 个群（表 5-1）。并且手册的高级分类单元发生了变化，特别是在门、纲这两个分类单元上。

表 5-1 《伯杰氏系统细菌学手册》

卷	组	类群
第一卷 一般医学和工业方面重要的革兰氏阴性菌（11 类群）（1984 年）	1	螺旋体
	2	好氧、微好氧、运动、螺旋形或弧形的革兰氏阴性菌
	3	不运动或罕见运动的弯曲的革兰氏阴性菌
	4	革兰氏阴性好氧的杆菌与球菌
	5	兼性厌氧的革兰氏阴性杆菌
	6	厌氧的革兰氏阴性直、弯曲和螺旋形的杆菌
	7	异化还原硫酸盐或留的细菌
	8	厌氧的革兰氏阴性球菌
	9	立克次氏体与衣原体
	10	支原体
	11	内共生菌
第二卷 放线菌以外的革兰氏阳性菌（6 类群）（1986 年）	12	革兰氏阳性球菌
	13	形成芽孢的革兰氏阳性杆菌与球菌
	14	规则的无芽孢的革兰氏阳性杆菌
	15	不规则的无芽孢的革兰氏阳性杆菌
	16	分枝杆菌
	17	诺卡氏菌形的细菌
第三卷 古菌、蓝细菌及其他革兰氏阴性菌（8 类群）（1989 年）	18	不产氧光合细菌
	19	产氧光合细菌

续表

卷	组	类群
第三卷 古菌、蓝细菌及其他革兰氏阴性菌 （8 类群）（1989 年）	20	好氧的化能自养细菌及有关细菌
	21	出芽的和（或）有附属物的细菌
	22	鞘细菌
	23	非光合、无子实体的滑行细菌
	24	形成子实体的滑行细菌——粘细菌
	25	古菌
第四卷 革兰氏阳性的放线菌 （8 类群）（1989 年）	26	诺卡氏菌形放线菌
	27	多腔孢囊放线菌
	28	游动放线菌
	29	链霉菌和有关属
	30	马杜拉菌
	31	高温单胞菌和有关的属
	32	高温放线菌
	33	其他菌属

1994 年出版的《伯杰氏细菌鉴定手册》第 9 版，几乎是《伯杰氏系统细菌学手册》的缩写版。该手册在着重于表观特征描述的基础上，结合化学分类、数值分类，特别是 DNA 相关性分析，以及 16S rRNA 序列在生物种群间的亲缘关系研究，显示了细菌分类研究从表观向系统发育体系的发展。新版不仅记载了细菌鉴定的内容，还增加了细菌生态分布、分离方法、菌种保存及特殊性状测定等内容，提高了手册的实用性。第 9 版《伯杰氏细菌鉴定手册》分为 4 卷，与以往的版本相比，其高级分类单位有很大变化，分为 4 个门。除了薄壁菌门（Gracilicutes）、厚壁菌门（Firmicutes）、软壁菌门（Tendericutes）外，根据细胞壁及 DNA 序列分析，将嗜盐菌和产甲烷菌，另列疵壁菌门（Mendosicutes），古菌纲（Archacobacter）（表 5-2）。属内种的鉴定特征以表格的形式呈现，方便了鉴定工作。

表 5-2　第 9 版细菌高级分类单位

原核生物界 （Procaryotae）	薄壁菌门（Gracilicutes）	暗细菌纲（Scotobacteria）
		无氧光细菌纲（Anoxyphotobacteria）
		产氧光细菌纲（Oxyphotobacteria）
	厚壁菌门（Firmicutes）	厚壁菌纲（Firmicuteria）
		放线菌纲（Actinobacteria）
	软壁菌门（Tendericutes）	柔膜菌纲（Mollicuteria）
	疵壁菌门（Mendosicutes）	古菌纲（Archacobacter）

2001 年后《伯杰氏系统细菌学手册》第 2 版出版，到 2012 年相继出版了 5 卷，将原核生物分为古菌（archaea）和细菌（bacteria）2 个域（domain），下设 25 门，分为 31 个部（section）进行描述（表 5-3）。

表 5-3 《伯杰氏系统细菌学手册》第 2 版

卷	部	类群	域
第一卷 古菌、蓝细菌、光合细菌和位于古老进化分支的细菌群 （最先分化的细菌）	1	热变形菌（Thermoprotei）、硫化叶菌（sulfolobus）、嗜压菌（barophiles），21 属 36 种	I 古菌
	2	产甲烷菌（Methanogens），21 属 97 种	
	3	盐杆菌（Halobacteria），14 属 50 种	
	4	热原体（Thermoplasma），2 属 4 种	
	5	热球菌（Thermococci），5 属 19 种	
	6	产液菌（Aquifex）和相关细菌（3 属 5 种）	II 细菌
	7	栖热袍菌（Thermotogae），1 属 8 种	
	8	异常球菌（Deinococci），1 属 8 种	
	9	栖热菌（Thermus）和归属不明的属，10 属 21 种	
	10	产金菌（Chrysiogenes），1 属 1 种	
	11	绿弯菌（Chloroflexi）和滑柱菌（Herpetosiphons），5 属 11 种	
	12	热微菌（Thermomicrobia），1 属 2 种	
	13	蓝细菌（Cyanobacteria），69 属 73 种	
	14	绿菌（Chlorobia），6 属 17 种	
第二卷 革兰氏阴性的变形菌	15	α-变形菌（α-Proteobacteria），117 属 392 种	
	16	β-变形菌（β-Proteobacteria），117 属 392 种	
	17	γ-变形菌（γ-Proteobacteria），150 属 854 种	
	18	δ-变形菌（δ-Proteobacteria），39 属 128 种	
	19	ε-变形菌（ε-Proteobacteria），6 属 56 种	
第三卷 低 G+C 的革兰氏阳性菌	20	梭菌（Clostridia）和相关细菌，73 属 403 种	
	21	柔膜菌（Mollicutes），10 属 191 种	
	22	芽孢杆菌（Bacilli）和乳杆菌（Lactobacilli），55 属 535 种	
第四卷 浮霉状菌、螺旋体、丝杆菌、拟杆菌、梭杆菌	23	浮霉状菌（Planctomycetes）和衣原体（Chlamydia），5 属 14 种	
	24	螺旋体（Spirochaetes），13 属 92 种	
	25	纤维杆菌（Fibrobacteres），3 属 5 种	
	26	拟杆菌（Bacteroides），20 属 130 种	
	27	黄杆菌（Flavobacteria），15 属 72 种	
	28	鞘氨醇杆菌（Sphingobacteria），22 属 76 种	
	29	梭形菌（Fusoforms），6 属 29 种	
	30	疣微菌（Verrucomicrobium）及相关细菌，2 属 5 种	
第五卷 高 G+C 的革兰氏阳性菌	31	放线细菌（Actinobacteria），117 属 1371 种	

上述两种伯杰氏手册新版的变化反映了鉴定方法的革新，细菌分类鉴定历来都是以表型特征作为基础，由于各学者强调的特征不尽相同，造成了分类上的混乱。

近年来，因细胞学、遗传学和分子生物学的不断渗透，如 DNA 的 G+C 含量测定、核酸 DNA 杂交、RNA 寡核苷酸的序列研究、细胞化学组分的分析、数值分类等方法的应用，改变了以往的细菌与古菌分类过多依赖人为因素的局面，使细菌与古菌的分类系统从人为的分类体系向自然的分类体系不断推进。分类过程中所用的信息也从生态特征一直延伸到分子特性，在各级分类单位中全面应用核酸的研究。一般是在表型特征的基础上，以核酸 DNA 信息给予决定性的判断。并采用尽可能多的特征及所有可能正确的数据，以获得更稳定、更可靠的结果，从而与真正反映亲缘关系的自然体系日趋接近。

目前，一旦分离获得了新的纯种培养物，通常先进行 16S rRNA 基因分析，根据其基因序列分析构建系统发育树，将未知菌种按分类原则放入系统中某一适当的位置。然后，与已知标准的参比菌株进行对比分析，比较它们的相似性，确定未知菌种的分类地位。与已知菌相同即采用已知菌的名称，不同者则按照命名原则确定一个新名称。

实验 5.1　系统分类与发育树

一、实验原理

生物分类（classification）是在相似性或相关性的基础上，把一有机体放在一个合适的分类阶元中。目的在于将所有的生物按其相似性进行归群，依据各类群间亲缘关系的密切程度排列成一个等级系统，尽可能反映各生物种群间自然的系统演化关系。

系统进化树（phylogenetic tree）是根据比较分子序列的同源性而构建的，进化树的分支代表着属或种等分类单位，末端代表某种生物个体。树有时间尺度，分支的长度代表发生分子进化时间距离。系统树可以分成有根树与无根树（图 3-14）。

生物的分类单元（taxonomic ranks）共有七级，即界（kingdom）或域（domain）、门（phylum）、纲（class）、目（order）、科（family）、属（genus）、种（species）。细菌与古菌的属以上单位都有一定的词尾，如门为-mycota；纲为- mycetes；目为-ales；科为-aceae。1993 年 Gordfellow 和 O'Donnell 提出：DNA 的（G+C）%差异≤10%～12%，以及 16S rRNA 的序列同源性≤95%的种可归于一个属。

微生物的种是一最基本的分类单位，由一群具有许多共同稳定特征的菌株或克隆组成，在形态和生理上具有高度的相似性和遗传稳定性。1987 年国际细菌分类委员会 ICSB 颁布：核酸 DNA 同源性≥70%的菌群可定为一个种。1995 年 Embly 和 Stackebrandt 认为当 16S rRNA 的序列同源性≥97%可认为是一个种。所以，细菌与古菌的种是一群由相似 DNA 碱基组成，16S rRNA 序列同源性≥97%，DNA 杂交同源性在 60%～70%及以上，且ΔT_m值小于或等于 5℃的菌株。

亚种以下的分类等级通常表示能用某些特殊的特征加以区别的菌株类群。如细菌分类中，以生物变型（biovar）表示特殊的生化或生理特征，血清变型（serovar）表示抗原结构的不同，致病变型（pathovar）表示某些寄主的专一致病性，噬菌变型（phagovar）表示对噬菌体的特异性反应，形态变型（morphovar）表示特殊的形态特征。

目前，细菌与古菌的分类一般以 16S rRNA 基因序列为基础构建系统发育树，来直观判断目标菌株与其他菌株的亲缘关系及分类地位。此外，其他保守的管家基因也越来越多地被使用在分类鉴定中，如 *atpD*、*gyrB*、*recA*、*rpoB*、*trpB* 等（实验 3.9）。与 16S rRNA 基因一样，这些管家基因的序列比对与系统发育分析，其结果可与 16S rRNA 基因分析互相支持。还有基于全基因组的平均核苷酸同源性（average nucleotide identity，ANI）分析等，认为 ANI 值低于 65%可以考虑建属，在 65%～90%可鉴别种，高于 90%～96%可能为亚种。对于核酸 DNA 杂交的标准，也提出新观点，认为 16S rRNA 基因序列相似度低于 98.2%均不必进行 DNA 杂交，在 98.2%～99%的需要杂交。近年来越来越倾向于以多株菌为基础来建立新属新种。

二、实验试剂

培养基、基因组提取试剂盒、PCR 试剂盒、TA 克隆试剂盒、质粒提取试剂盒。

三、实验器具

试管、摇床、高速离心机、微量移液器、吸头、培养箱、冰箱、超净台等。

四、实验操作

（一）煮沸法获取基因组 DNA

见实验 3.1。

（二）16 S rRNA 序列分析

1）利用 27F 与 1492R 引物扩增细菌与古菌的 16S rRNA 基因（实验 1.9）。

2）采用 27F 与 1492R 引物对 PCR 产物进行测序，并进行 16S rRNA 基因序列的拼接。

3）利用 Blast 进行序列比对，同源性小于 97%，进一步进行 TA 克隆（实验 3.3）。

4）利用载体上的通用引物，如 pMD19T 的 M13-47 及 RV-M 引物进行测序。除去上下游质粒部分的序列，并进行序列的拼接，获取全长的 16S rRNA 基因序列（实验 3.5）。

5)采用 EzTaxon server 2.0 在线比对数据库中标准菌株的 16S rRNA 基因序列，如果相似度小于 97%可作为疑似新种（图 5-1）。

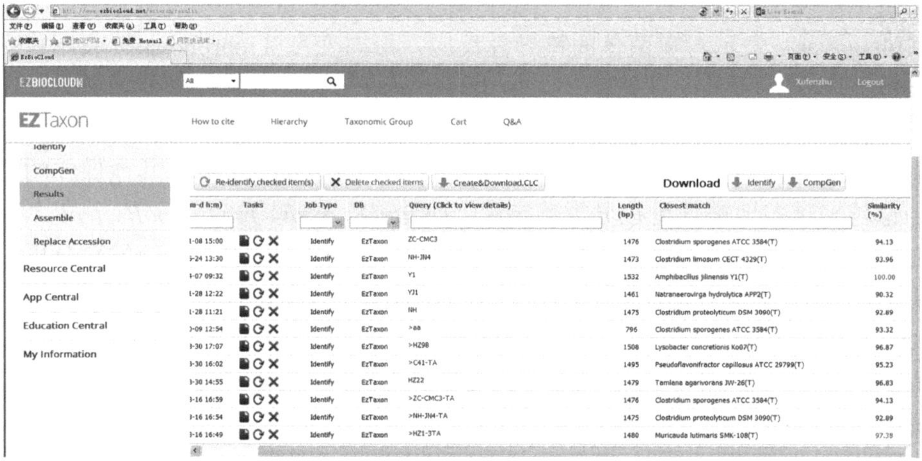

图 5-1　EzTaxon server 2.0 在线比对

6）从 EzTaxon server 2.0 在线网站上下载相关的 16S rRNA 基因序列（图 5-2 圆圈），使用 Clustal W 进行多序列比对。

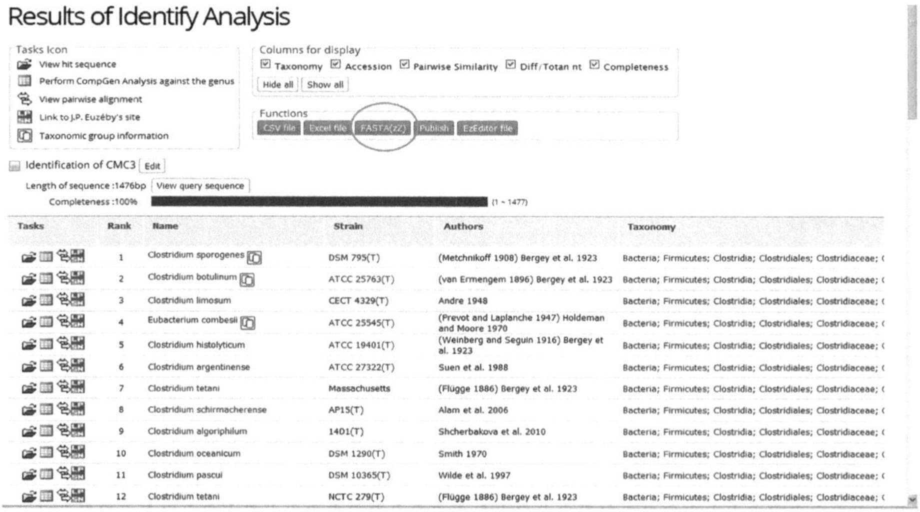

图 5-2　下载相似度相近的菌株 16S rRNA 序列

7）按顺序在 16S rRNA 基因相似度较高的菌株前加序列号（图 5-3）。

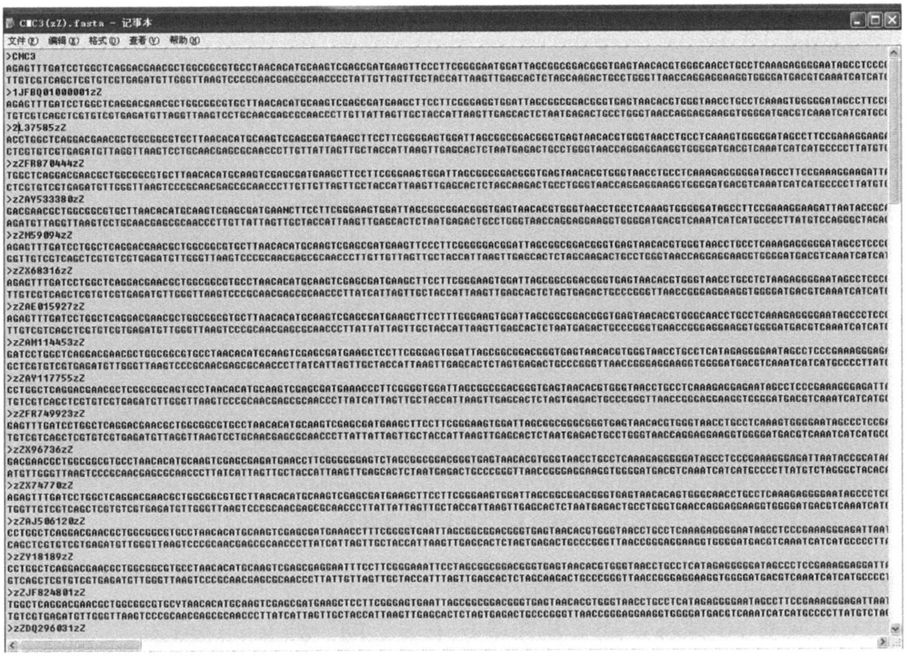

图 5-3　按 16S rRNA 基因相似度排序

8）采用 MEGA6 中的 Neighbor-Joining（NJ）、Maximum-Parsimony（MP）与 Maximum-Likelihood（ML）法构建系统发育树（图 5-4）。

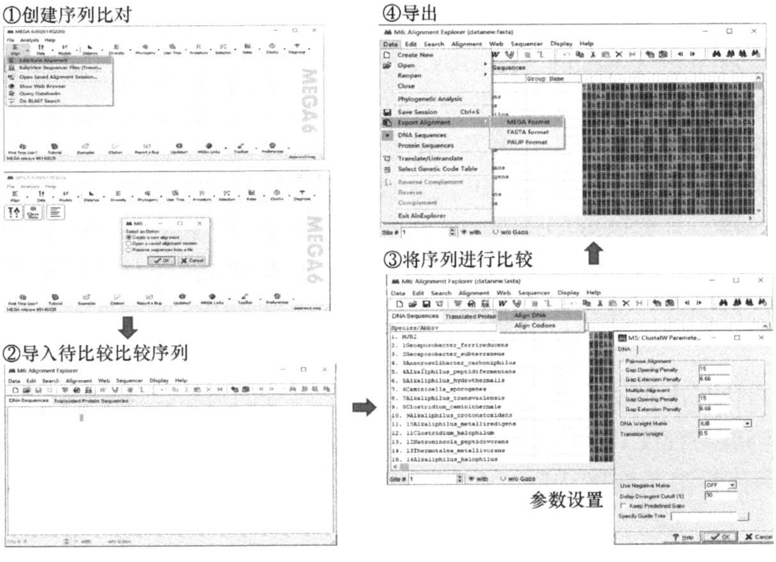

图 5-4　MEGA6 构树操作

NJ 参数选择如下（图 5-5），->Gaps/Missing Data 选择 Pairwise Deletion->Model 选择 Kimura 2-parameter，->No.of Bootstrap Replications 为 1000 其余默认，点击 Compute。

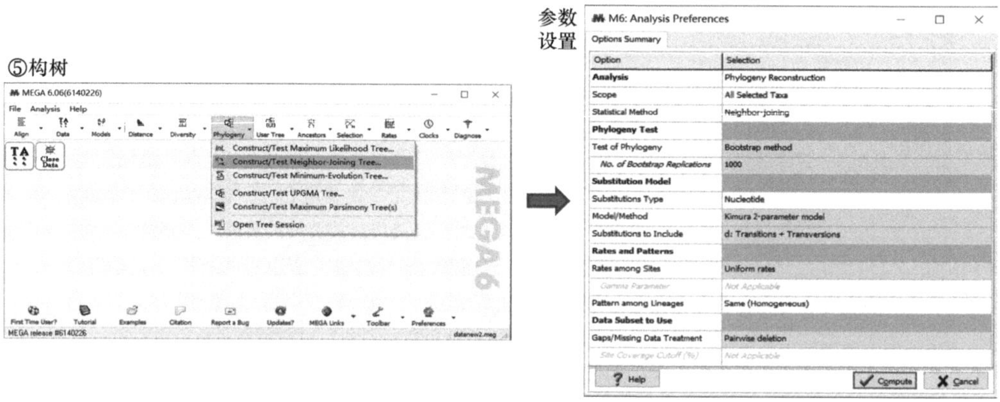

图 5-5　NJ 树构建参数

9）先构建 40～60 菌株的系统发育树（图 5-6）。

10）再取前 30 菌株，加上在图 5-6 中属于同一分支的序号为 33/35/38/58 菌株序列构建系统发育树（图 5-7）。

11）取前 20 菌株，加序号为 22/24/25/26/29 菌株序列构建系统发育树（图 5-8）。

12）前 15 加序列及 17/22/25 菌株序列构建系统发育树。

13）并添加一个适当的属外菌株枯草芽孢杆菌（*B. subtilis*），构建有根的系统发育树。

14）最后将系统树上的 16S rRNA 序列号改为菌株的学名，再加上每个菌株的 16S rRNA 序列号，成为最终发表用的系统发育树（图 5-9）。

15）构建 ML 树（图 5-10）及 MP 树（图 5-11）。

16）确定使用 NJ、ML 与 MP 法 3 种不同方法构建系统发育树的结构基本一致、相互支持，且置信度比较高，这样的结果是较为可靠的。

17）再综合系统发育树的分支关系及 16S rRNA 基因相似度，确定实验所需要的参比标准菌株，并从相关的菌种保藏中心购买参比标准菌株，为后期的鉴定做准备。

18）活化标准菌株，通过 16S rRNA 基因序列的分析，确定购买的参比标准菌株的准确度与纯度。

19）参比标准菌株确认后，开始后面一系列的多相分类学研究（实验 5.2 等）。

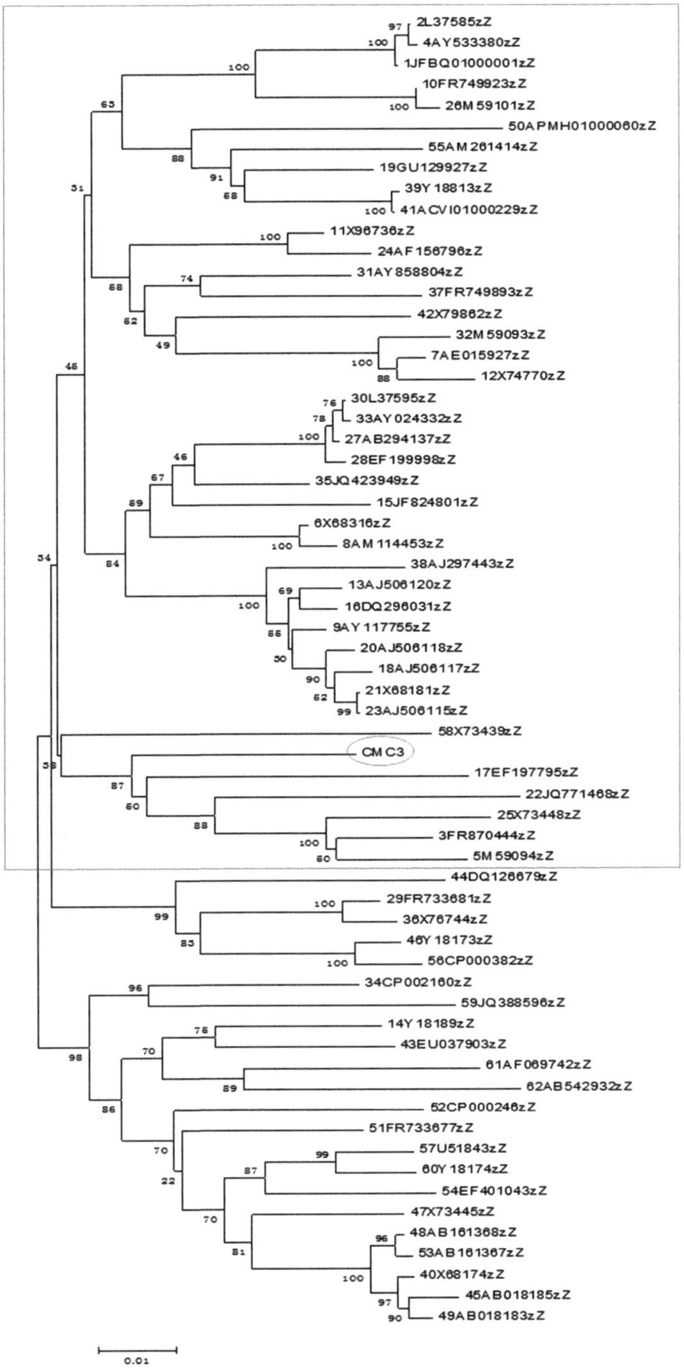

图 5-6　系统发育树（40～60 菌株）

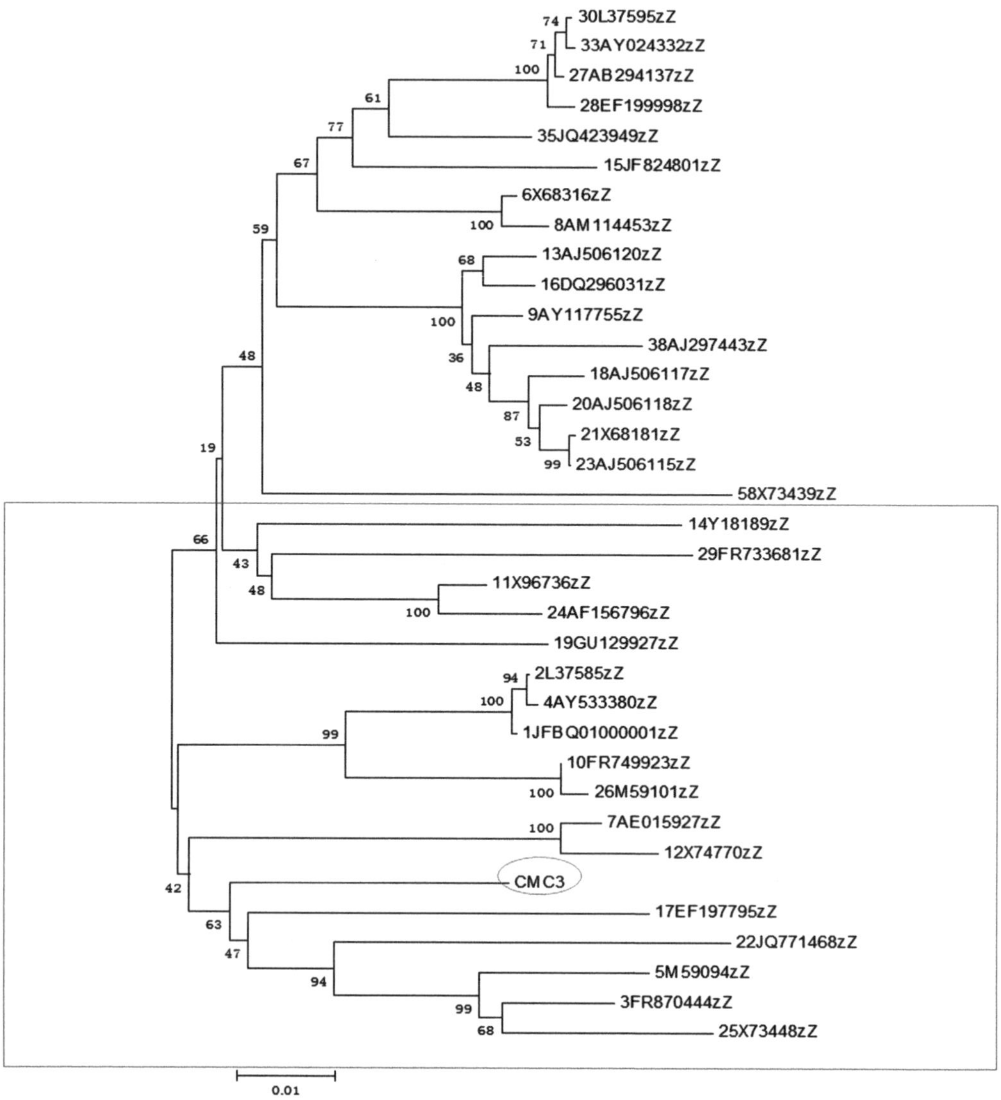

图 5-7 系统发育树（约 30 菌株）

五、实验提示与注意事项

1）芽孢杆菌用煮沸法获取 DNA，煮沸的时间应适当延长至 30 min。

2）有的疑似新种，其 16S rRNA 基因序列的相似度大于 97%，目前可能会倾向于相似度小于 97%～98.5%的菌株。

3）参比标准菌株根据 16S rRNA 基因序列相似度及进化树来确定：①与待鉴

定菌株 16S rRNA 相似度最高的菌株；②系统发育树中，与待鉴定菌株同一簇的菌株，若菌单独成一簇，需找与之相近的上下两簇菌中最近的菌株。

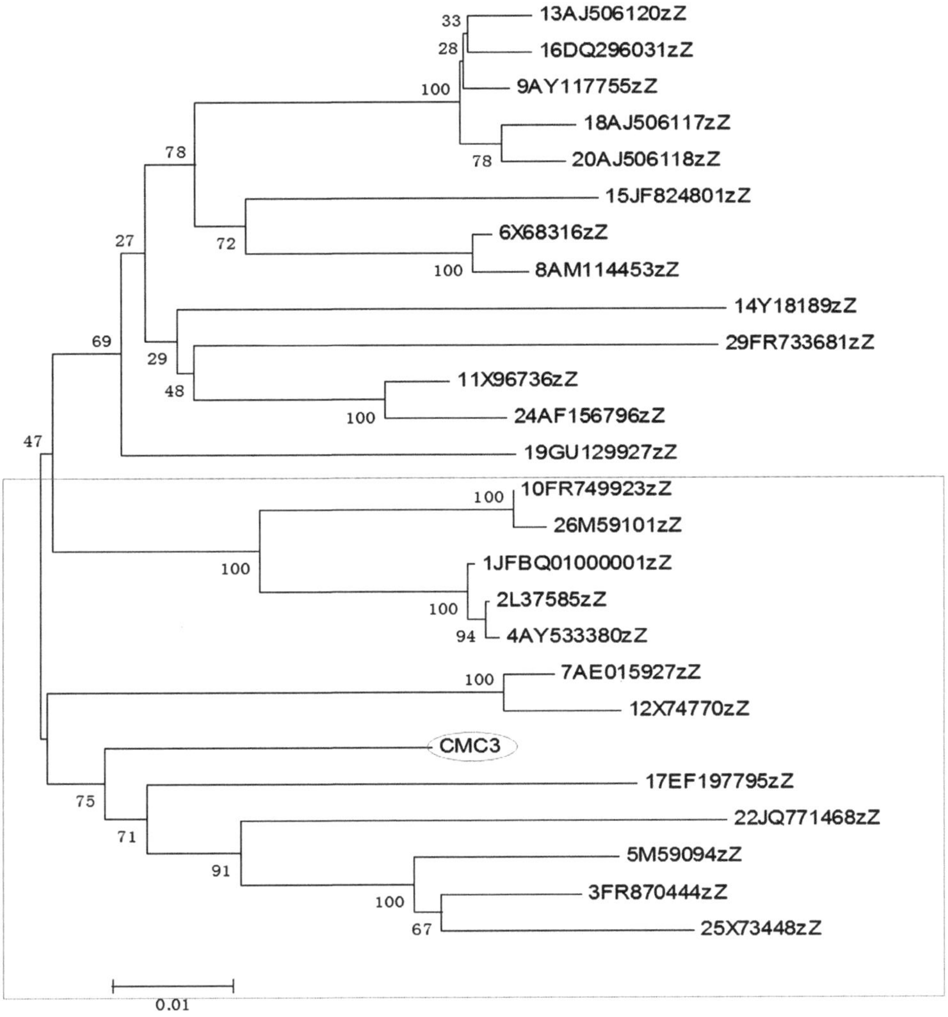

图 5-8　系统发育树（约 20 菌株）

4）系统发育树的构建过程：①将相似度最近的 40～60 株菌株的 16S rRNA 基因序列下载，构建一棵大树；②再选取近 30 株的分支，加上在一个分支上的相似度大于 30 序列的其他菌株一起构建中树；③再选近 20 株的分支，且包括中树上的该分支上且相似度大于 20 株中的菌株，以及标准属的标准菌株一起构树；④最后加一个属外种构建有根树。

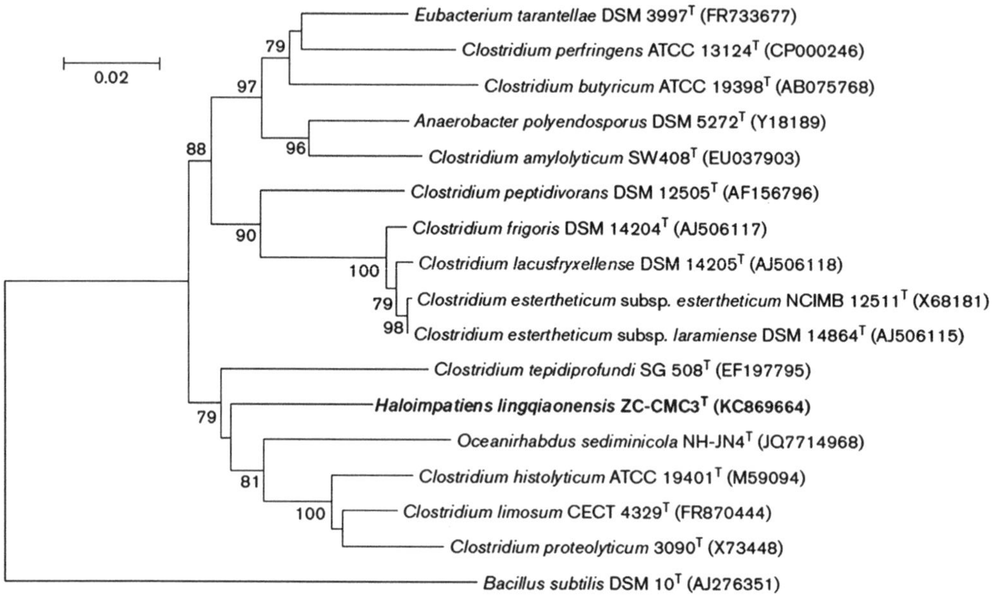

图 5-9 最终发表用的 NJ 系统发育树

粗体菌株是需要分类的疑似新属

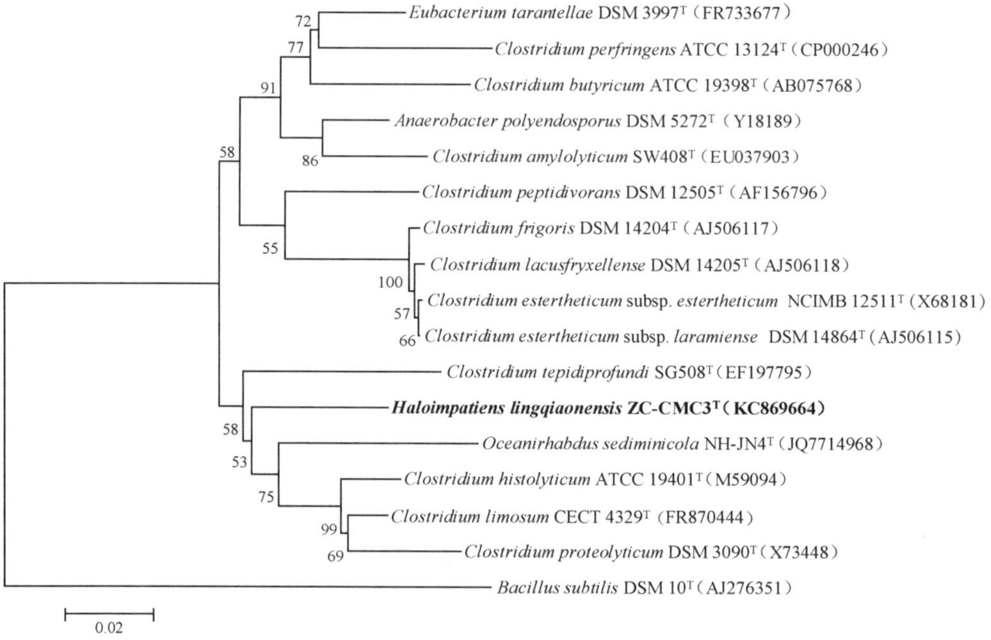

图 5-10 ML 系统发育树

粗体菌株是需要分类的疑似新属

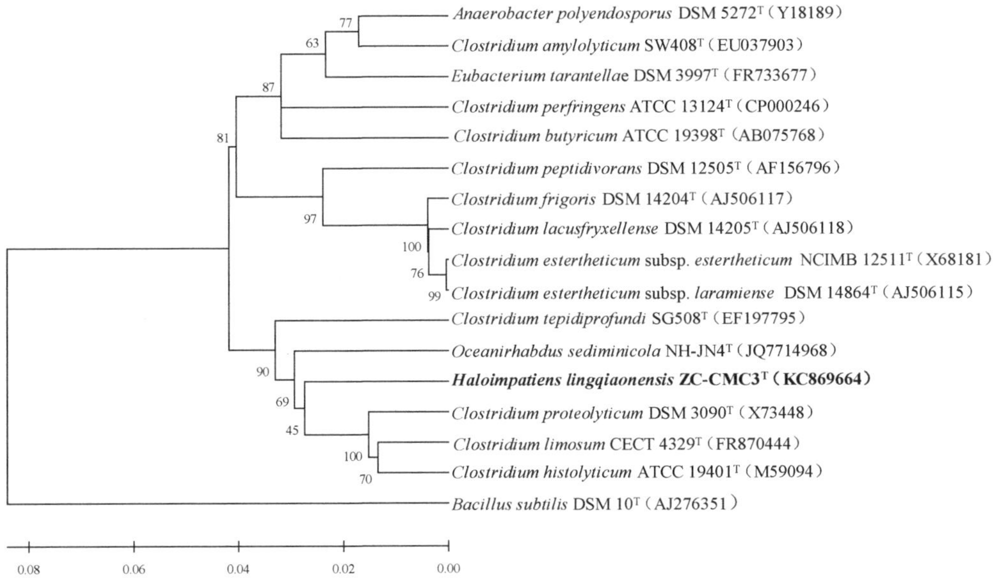

图 5-11　MP 系统发育树

粗体菌株是需要分类的疑似新属

六、思考题

1）如何确定疑似新种？

2）怎样进行系统树的构建？

实验 5.2　多相分类研究

一、实验原理

多相分类（polyphasic taxonomy）是 1970 年由 Colwell 提出的，主要指应用从分子到生态学指标的多方面的信息，如表型特征、化学分类特征、基因型及系统发育等特征，对未知物种进行全面的系统分类学研究，用尽可能多的数据来描述一个同源的菌群。多相分类包括了几乎现代分类的所有方面，如传统分类、化学分类、分子分类、数值分类等，被认为是当前研究各级分类单位的最有效手段。其研究包括系统发育特征、表型特征、基因型特征及化学分类特征等。

系统发育特征是采用邻接法 NJ、最大简约法 MP 与最大似然法 ML 构建系统发育树；表型特征有形态、生态与生理生化特征，其中形态特征主要包括菌体细胞形状、大小、革兰氏染色、芽孢、鞭毛、运动性、包含体和内含物等，以及固体培养基中形成菌落的颜色、大小、形状、边缘、透明度和凸起等；生态特征包括生长温度范围、pH 范围、盐浓度范围及对应的最适生长温度、pH 及盐度条件、是否能厌氧生长及电子受体的利用；生理生化特征包括糖醇代谢、氨基酸与蛋白质代谢、碳源氮源底物的利用、酶学特性、对各种抗生素是否敏感等；基因型特征包括（G+C）%、核酸 DNA 杂交、16S rRNA 相似性等；而化学分类特征包括细胞壁组分、极性脂组分、脂肪酸组分、呼吸醌、色素及多胺分析等。

多相分类所包括的众多分类方法中，有一些是占主导地位的，如基因型特征的研究；有一些仅仅用于区别种或亚种，甚至只能作为辅助或是支持其他分类方法的结果，如形态、生理生化特征等。多相分类方法在分类等级上的分辨率见图 5-12。

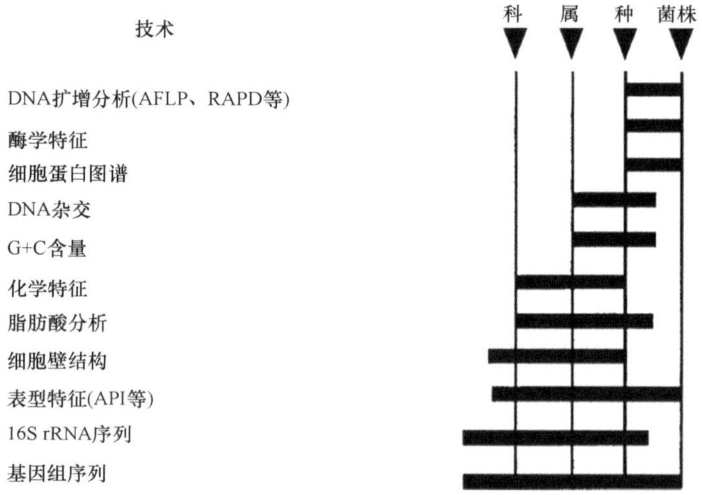

图 5-12 目前使用的一些分类技术在分类等级上的分辨率

确定一个新的分离物（菌株），可否归属于一个已确定和命名的分类单位中，可根据细菌种的定义，即菌株之间 DNA 杂交值不小于 70%或 T_m 值不超过 5℃，且其表观型和化学分类型特征应与标准菌株相一致来判断。当某一菌株被鉴定为一个新种时，该菌株就应指定为该种的模式菌株（type strain）；如果有几个菌株同时被鉴定为一个新种或亚种，则必须指定其中一个较有代表性的菌株作为该种或亚种的模式菌株。模式菌株应送交菌种保藏机构保藏，以便备查和索取模式种和模式属。

二、实验试剂

参照相关实验所用的各种试剂。

三、实验器具

试管、摇床、pH 计、离心机、PCR 仪、微量移液器、吸头、光学与电子显微镜、冷冻干燥仪、超声波发生仪、硅胶板（Merck，Kieselgel 60F 256）、高效液相色谱仪、液相色谱质谱联用、真空干燥仪、旋转蒸发仪等。

四、实验操作

1）进行细胞形态特征的研究，取处于对数生长后期的菌液，涂于载玻片上，进行适当的染色，使用光学显微镜观察活体细胞运动性、形态特征与革兰氏染色（实验 2.1）。

2）进行生长限制因子等生长特征的实验，如生长温度范围及最适温度、生长的 pH 范围及最适生长 pH、生长的盐浓度范围及最适盐浓度（实验 2.5～实验 2.7），以及生长曲线（实验 2.4）、抗生素敏感性（实验 2.8）和电子受体（实验 2.9）等。

3）进行电子显微镜观察、拍照：形态、大小（直径×长度）、有无鞭毛、是否形成芽孢、荚膜的情况（实验 2.2，实验 3.10）。

4）菌落特征：观察一定时间、温度条件下培养的菌落颜色、直径大小、形状、透明度、边缘和表面凸起、光滑度、缺刻的产生情况等（实验 2.3）。

5）进行生理生化特征的研究，如碳源与氮源等的利用情况、糖醇产酸、酶学特征及抗生素敏感性实验的研究（实验 2.10）。

6）进行基因型特征的研究，包括 16S rRNA 序列分析（实验 3.1～实验 3.6）、基因组 G+C 含量测定（实验 3.7）、核酸杂交等（实验 3.8）、亲缘关系（实验 3.9 与实验 3.11）。

7）进行化学特征的研究，包括肽聚糖组成等的分析（实验 4.1）、呼吸醌成分（实验 4.2）、脂肪酸成分（实验 4.3）、极性脂成分（实验 4.4）与多胺（实验 4.5）等分析。

8）与标准菌株进行多相分类研究的比较，确认实验菌株与参比标准菌株之间的相同点与差异的地方。判断新分离菌株是否属于新属或新种。

五、实验提示与注意事项

1）构建完成系统树后，从相关的菌种保藏中心购买研究所需的参比标准菌株并进行培养。注意一定要先获取单菌落，再进行 16S rRNA 序列的鉴定，确定菌株准确无误后再进行相关的实验。

2）与参比标准菌株一同平行进行的相关实验有：试剂条的生理生化、基因型特征，以及化学分类的肽聚糖、脂肪酸、极性脂分析等。

3）培养过程中，获取单菌落进行液体培养，无法生长时，可以先在固体培养基上液体涂布进行大量培养，再进行液体培养的实验。

4）如果确实无法获得单菌落，总是获得混合菌的话，可以将混合菌进行液体培养，然后将培养液的上清液加入配制的培养基中，灭菌后再划线挑单菌落。

5）根据参比标准菌株确定实验菌株的温度范围、pH 范围和盐浓度范围的实验点，即在参比标准菌株实验的极限点基础上，再向外延伸几个点。

六、思考题

1）什么是多相分类研究？

2）古菌域有哪些类群？

实验 5.3　菌种的命名

一、实验原理

命名（nomenclature）是按照国际命名法规给有机体唯一的名称。同种微生物在不同的国家和地区常有不同的俗名（common name）。俗名是指通俗的、地区性的名称，简明且大众化，但含义往往不确切，使用范围局限。学名（scientific name）则是指一个菌种的科学名称，按照《国际细菌命名法规》（*International Code of Nomenclature of Bacteria*，ICNB）命名的、国际学术界公认并通用的正式名字。例如，俗名“结核杆菌”（tubercle bacillus），其学名为结核分枝杆菌（*Mycobacterium tuberculosis*）；“绿脓杆菌”的学名为铜绿假单胞菌（*Pseudomonas aeruginosa*）。

《国际细菌命名法规》是由国际系统细菌学委员会（International Committee on Systematic Bacteriology，ICSB）制定，经反复修订后于 1973 年交第一届国际细菌学大会通过，并于 1975 年正式出版，在我国于 1989 年出版中译本。

《国际细菌命名法规》规定：①细菌名称发表的优先权，由斯克尔曼（Skermon）教授为首，对 1980 年 1 月 1 日以前的世界上细菌名称进行清理，保留了 3500 个菌名，废除了 26 400 个菌名。凡是保留的 3500 个菌名以外的谁先发表属于谁。②新种的命名不应与已发表的真菌、藻类、原生动物同名。③种名要用拉丁文、双名法表示，新种要有典型的模式菌株，新属要有典型模式种，并同时发表菌种的保藏号。④新种（属）要在《国际系统细菌学》杂志（*International Journal of Systematic Bacteriology*，*IJSB*）上发表，该杂志自 2000 年已更名为《国际系统和进化微生物学》（*International Journal of Systematic and Evolutionary Microbiology*，*IJSEM*）。⑤菌名的更改要得到仲裁委员会同意，并在 *IJSEM* 上发表才有效。

细菌与古菌的命名采用林奈（Linnaeus）的“双名法”（the binomial name），

即用两个拉丁文来称呼一个生物类群。名称一般体现了细菌与古菌的颜色、形状、生理生化特征或分离环境等，也可由相关人名来命名。命名细菌与古菌的新科或新目，名称需为拉丁文、希腊文或拉丁化的名词或形容词（当名词使用），词性为阴性复数形式，首字母大写。关于目以上级别的命名，一般为拉丁语或拉丁化的词语，常常根据该类群生物的特征命名。其命名的法规要点和书写的方式如下。

1）学名为属名+种的加词：学名由两个拉丁文或拉丁化词组成，即一个属名加一个种名构成。属名（genus name）在前是名词，由微生物的形态、构造或由著名科学家名字而来，用以描述微生物的主要特征；种名（species name）在后，是形容词，为细菌与古菌的颜色、形态、来源、病名、地名、生理特性、寄主或某科学家的名字等，用以描述次要特征。

如 *Staphylococcus aureus*　葡萄球菌　金黄色的

Clostridium tetani　梭菌　引起破伤风病的

2）学名第一次出现在文章及出版物的摘要中要用全名，属名第一个字母要大写。在属于同属的一系列学名中，如大肠杆菌（*Escherichia coli*），除第一学名全名外，属名可缩写成一个大写字母加一点的形式。并且属名和种名必须采用斜体字，如大肠杆菌（*E. coli*）。

3）发表新名称时，如新属（genus novum）、新种（species nova）等，应在新名称之后加上所属新分类等级的缩写词，如新目 ord. nov.、新属 gen. nov.、新种 sp. nov.、新组合后加 comb. nov.等。例如，*Pyrococcus furiosus* sp. nov.表明该菌（猛烈火球菌）是一个新发表的种。

4）所筛选分离的一株或一批若干有用菌种，其属名很容易确定，但种名的最后鉴定还未结束，若进行学术交流或发表论文时，可在属名后加种（species）的缩写词 sp.或 spp.，sp.表示单数，spp.表示复数。例如，*Micrococcus* sp.表示微球菌属的一个种，*Micrococcus* spp.表示微球菌属的一些种。属以上的名称必须是阴性复数形容词。

5）菌株的名称都放在学名的后面，可随意地用字母、符合、编号或字母加编号构成。如 *Escherichia coli* K12（或 *E. coli* K12）。

二、实验操作

（一）新属取名

如果是新属的话，则既要考虑属名又需要种名。

Oceanirhabdus sediminicola gen. nov.，sp. nov.（海洋、沉积物）

Salimesophilobacter vulgaris gen. nov.，sp. nov.（中度嗜盐、常规）

Brassicibacter mesophilus gen. nov.，sp. nov.（腌菜、嗜中性）
Extensimonas vulgaris gen. nov.，sp. nov.（伸长、常规）
Haloimpatiens lingqiaonensis gen. nov.，sp. nov.（嗜盐、地名连桥）

（二）新种取名

如果是新种的话，可以沿用属名，取一个新的种名。
Amphibacillus jilinensis sp. nov.（地名吉林）
Alkaliphilus halophilus sp. nov.（嗜盐）
Pectinatus brassicae sp. nov.（腌菜）
Parabacteroides chartae sp. nov.（造纸）
Tepidibacter mesophilus sp. nov.（嗜中性）
Anoxybacillus vitaminiphilus sp. nov.（嗜维生素）
Devosia pacifica sp. nov.（海洋）
Marinobacterium zhoushanense sp. nov.（地名舟山）

三、实验提示与注意事项

1）地方、颜色、菌株的特征（形态、生理生化、抗生素、电子受体等）、样品的来源都可以作为命名的要素。

2）可利用网络资源，进行实时查阅《细菌名称批准名录》[见：Euzéby J P. List of Bacterial Names with Standing in Nomenclature（http://www.bacterio.net/ /）]（图 5-13）。

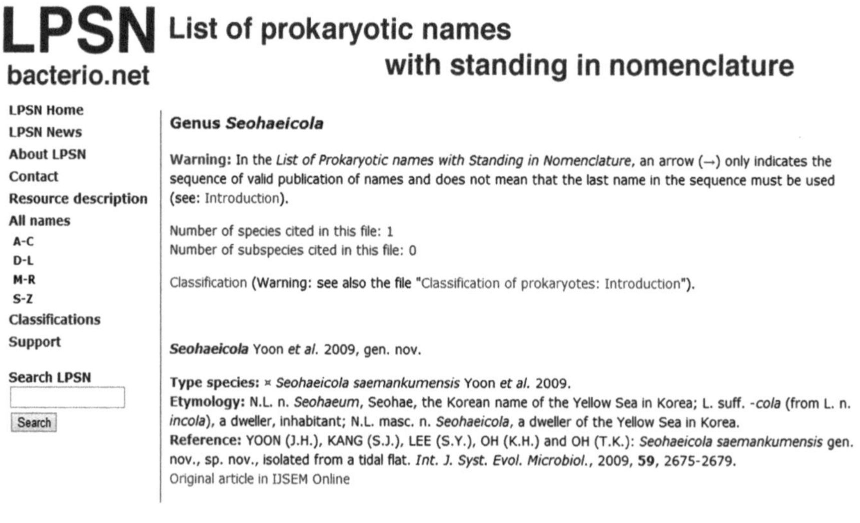

图 5-13　细菌名称批准名录 LPSN

四、思考题

如何进行新种（或新属）菌株的命名？

实验 5.4 菌种的公共保藏

一、实验原理

国际微生物学会联合会（International Union of Microbiological Societies，IUMS）还专门设立了世界菌种保藏联合会（the World Federation of Preservation），用计算机储存世界上各保藏机构提供的菌种数据资料，可通过国际互联网查询和索取，进行微生物菌种的交流、研究和使用。

新种或新属菌株（模式菌株）在文章发表前，其模式菌株的培养物应放在世界培养物保藏联盟（the World Federation for Culture Collections，WFCC）两个公开的、永久性可靠的、布达佩斯签约（Budapest treaty）国际保藏机构（International Depository Authority，IDA）（表 5-4），并获取菌种保藏号，以便备查及研究人员索取该菌种。

表 5-4 国内外菌种保藏机构

各国菌种保藏地	菌种保藏机构名称
意大利 ABC	Advanced Biotechnology Center（www.cba.unige.it）
美国的典型菌种保藏中心 ATCC	American Type Culture collection（http://www.atcc.org/）
美国农业研究菌种保藏中心 NRRL	Agricultural Research Service Culture Collection（http://nrrl.ncaur.usda.gov/）
日本 AIST	National Institute of Advanced Industrial Science and Technology（www.aist.go.jp）
比利时 BCCM	Belgian Co-ordinated Collections of Micro-organisms（http://bccm.belspo.be）
英国 NIBSC	British National Institute for Biological Standards and Control（www.nibsc.ac.uk）
荷兰微生物菌种保藏中心 CBS	Centraal Bureauvoor Schimmelcultures（http://www.cbs.knaw.nl/）
英国 CCAP	Culture Collection of Algae and Protozoa（www.ccap.ac.uk）
捷克 CCM	Czech Collection of Microorganisms（www.sci.muni.cz/ccm）
瑞典 CCUG	Culture Collection，University of Göteborg，Sweden（www.ccug.se/）
斯洛伐克 CCY	Culture Collection of Yeasts（www.natur.cuni.cz/fccm）
中国典型培养物保藏中心（武汉 CCTCC）	China Center for Type Culture Collection（http://www.cctcc.org/）
西班牙（CECT）	Collection Esjpanola de Culture Tipo（www.cect.org）
法国巴斯德研究所菌物保藏中心 CIP	Collection de L'Institut Pasteur of Institut Pasteur（www.pasteur.fr/applications / CIP/）
中国微生物菌种保藏管理中心（北京 GMCC）	China General Microbiological Culture Collection Center（www.cgmcc.net/）

续表

各国菌种保藏地	菌种保藏机构名称
法国国家菌种保藏所 CNCM	Collection National de Cultures de Microorganismes（www.pasteur.fr/recherche/unites/Cncm）
德国微生物菌种保藏中心 DSMZ	Deutsche Sammlung von Mikroorganismen und Zellkulturen GmbH（http:// www.dsmz.de/）
意大利 DBVPG	Dipartimento di Biologia Vegetale，Perugia（www.bioveg.unito.it）
英国 ECACC	European Collection of Authenticated Cell Cultures（www.ecacc. http://www.phe.culturecollections.org.uk.）
波兰 IAFB	Institute of Agricultural and Food Biotechnology（www.ibprs.pl）
日本微生物保藏中心（JCM）	Japan Collection of Microorganisms（http://www.jcm.riken.go.jp/）
韩国 KCCM	Korean Culture Center of Microorganisms（www.kccm.or.kr）
韩国 KCLRF	Korean Cell Line Research Foundation（http://cellbank.snu.ac.kr）
韩国菌种保藏（KCTC）	Korean Collection for Type Culture（http://kctc.kribb.re.kr/）
印度 MTCC	Microbial Type Culture Collection & Gene Bank（http://mtcc.imtech.res.in/）
保加利亚 NBIMCC	National Bank for Industrial Microorganisms and Cell Cultures（www.nbimcc.org）
匈牙利 NCAIM	National Collection of Agricultural and Industrial Microorganisms（www.ncaim.kee.hu）
加拿大 NMLHC	National Microbiology Laboratory（www.nml-lnm.gc.ca）
英国国家典型菌种保藏所 NCTC	National Collection of Type Cultures（www.hpacultures.org.uk/）
荷兰细菌保藏中心（NCCB）	Netherlands Culture Collection of Bacteria（www.cbs.knaw.nl/nccb/）
英国食品工业与海洋细菌菌种保藏中心 NCIMB	National Collections of Industrial，Food and Marine Bacterial（www.ncimb.com）
波兰 PCM	Polish Collection of Microorganisms（http://surfer.iitd.pan.wroc.pl/PCM）
俄罗斯 VKM	Russian Collection of Microorganisms（www.vkm.ru）

二、实验试剂

培养基、0.5 mol/L 盐酸、6 mol/L 盐酸等。

三、实验器具

试管、摇床、离心机、微量移液器、吸头、高压蒸汽灭菌锅、超净台、培养箱、接种环、冷冻保藏所需的所有仪器（实验 1.10）等。

四、实验操作

1）分离纯化的菌株进行冷冻干燥保存（实验 1.10）。

2）将冷冻菌种分别寄往两个世界菌株保藏中心进行保藏，并获取有效的保藏号码。

3）将菌种保藏号码写入发表新种的文章中。

五、思考题

1）新种或新属发表前，菌种应做如何处理？

2）熟悉各国菌种保藏机构名称的缩写语。

实验 5.5　新菌种的发表

一、实验原理

为了让科学界知道微生物的名称，国际系统细菌学委员会（ICSB）规定所有名称必须发表在该委员会的官方杂志《国际系统和进化微生物学杂志》（*IJSEM*）。*IJSEM* 杂志是微生物分类鉴定发表的官方记录，国际细菌命名法规 ICNB 规定，对于一个新名称只有发表在 *IJSEM* 上，并对新分类单元进行详细描述，才是合格发表（valid publication）。

如果新菌株的描述发表在 *IJSEM* 以外的某一科学杂志上，则叫有效发表（effective publication），有效发表的论文拷贝必须呈交 *IJSEM*，才算是合格发表。对一个分类单元只有给它的第一个名称，即最先发表的名称为正确名称，这就是优先原则，即发表优先权（priority of publication）。*IJSEM* 定期发表的名称汇编成《细菌名称批准名录》（*Approved List of Bacterial Names*，AL），为其收录伯杰氏手册做准备。现已建立了相关的网站 LPSN（list of prokaryotic names with standing in nomenclature，http://www.bacterio.net/），可进行查新确认。

二、发表程序

1）先将 16S rRNA 基因序列登录 NCBI 网站上进行公布，并获取基因序列的登录号码，如 ZC-CMC3 的 16S rRNA 基因序列为 KC869664。

2）将新种菌株保藏在两个菌种保藏中心（如 CCTCC、JCM、KCTC 等），且需要拿到两个保藏中心的有效保藏号，如 ZC-CMC3 菌种的保藏号为 KCTC 15321、JCM 19210 与 CCTCC AB 2013104 等。

3）完成菌株的命名（实验 5.3），如 ZC-CMC3 菌种的学名为 *Haloimpatiens lingqiaonensis*。

4）撰写论文要点。

a）找出与参比标准菌株的相同点及差异之处（新种、新属）。

b）菌株的学名，其拉丁文意义。例如，ZC-CMC3 菌株学名的描述：属 *Haloim-*

patiens（Ha.lo.im.pati.ens. Gr. n. hals，halos salt；L. adj. impatiens intolerant；N.L. masc. n. *Haloimpatiens* salt-intolerant）；种 *lingqiaonensis*（ling.qi.a.o.nensis. N.L. masc. adj. lingqiaonensis pertaining to the town of Lingqiao in China，where the type strain was isolated）。

c）新种的描写：细胞形状与大小、是否成对、革兰氏染色、鞭毛、孢子、厌氧与好氧、生长温度范围与最适温度、生长 pH 范围与最适 pH、生长盐浓度范围与最适盐浓度、底物利用、糖发酵产物、电子受体、主要脂肪酸、DNA 的 G+C 含量（方法），以及 16S rRNA 分析属于哪个属，与哪些种相近。

d）新属的描写：不仅需要新属特性的描写，还需要新种特性的描述。①新属特性：运动、形状（球、杆、螺旋或其他形状等）、芽孢形成与否、革兰氏染色、好氧与厌氧、中温与高温、自养与异养、糖与氨基酸利用、肽聚糖组成、呼吸醌、主要脂肪酸、主要极性脂、肽聚糖的氨基酸组成、DNA 的 G+C 含量（方法），以及 16S rRNA 分析属于哪个科，与哪些属相近。②新种特性：细胞大小、是否成对、生长温度范围与最适温度、生长 pH 范围与最适 pH、生长盐浓度范围与最适盐浓度、菌落颜色与大小、细胞可以发酵利用的物质、VP 实验与甲基红实验、氧化酶与过氧化氢酶实验、H_2S 与 NH_4 产生。生长发生在哪些底物上，哪些底物上是不能生长的。碳氢化合物发酵的主要产物、电子受体情况。

e）菌株从哪里、什么样品中分离获取及菌种的保藏号码。

5）投稿、返修、正式发表。

6）在一般的微生物学术期刊杂志上进行有效发表，在 *IJSEM* 上进行合格发表。

7）如果是在其他杂志发表，必须向 *IJSEM* 递交论文拷贝，进行备案。

三、实验提示与注意事项

如果是在非 *IJSEM* 杂志上如 *Antonie van Leeuwenhoek*、*Appl Environ Microbiol* 等杂志上进行有效发表后，还需将发表论文的拷贝提交 *IJSEM* 备案，才算合格发表。

四、思考题

1）熟悉以下缩写所代表的词意：ICSB、IJSB、IJSEM、AL、ATCC。

2）什么是合格发表？何为有效发表？

参 考 文 献

Boone DR, Castenholz RW, Garrity GM. 2001. Bergey's Manual of Systematic Bacteriology, 2nd ed. New York: Springer.

Fang MX, Zhang WW, Zhang YZ, et al. 2012. *Brassicibacter mesophilus* gen. nov., sp. nov., a strictly anaerobic bacterium isolated from food industry wastewater. Int J Syst Evol Microbiol, 62: 3018-3023.

Garrity GM. 1994. Bergey's Manual of Determinative Bacteriology. 9th ed. Baltimore: Williams & Wilkins.

Goris J, Konstantinidis KT, Klappenbach JA, et al. 2007. DNA-DNA hybridization values and their relationship to whole-genome sequence similarities. Int J Syst Evol Microbiol, 57: 81-91.

Jia YY, Sun C, Pan J, et al. 2014. *Devosia pacifica* sp. nov., isolated from deep-sea sediment in South China Sea. Int J Syst Evol Microbiol, 64: 2637-2641.

Levican A, Collado L, Aguilar C, et al. 2012. *Arcobacter bivalviorum* sp. nov. and *Arcobacter venerupis* sp. nov., new species isolated from shellfish. Syst Appl Microbiol, 35: 133-138.

Meier-Kolthoff JP, Auch AF, Klenk HP, et al. 2013. Genome sequence-based species delimitation with confidence intervals and improved distance functions. BMC Bioinformatics, 14: 60.

Pi RX, Zhang WW, Fang MX, et al. 2013. *Oceanirhabdus sediminicola* gen. nov., sp. nov., an anaerobic bacterium isolated from sea sediment. Int J Syst Evol Microbiol, 63: 4277-4283.

Tan HQ, Li TT, Zhu C, et al. 2012. *Parabacteroides chartae* sp. nov., a novel obligately anaerobic species from wastewater of a paper mill. Int J Syst Evol Microbiol, 62: 2613-2617.

Tan HQ, Wu XY, Zhang XQ, et al. 2012. *Tepidibacter mesophilus* sp. nov., a mesophilic fermentative anaerobe isolated from soil polluted by crude oil, and emended description of the genus *Tepidibacter*. Int J Syst Evol Microbiol, 62: 66-70.

Vandamme P, Pot B, Gillis M, et al. 1996. Polyphasic taxonomy, a consensus approach to bacterial systematics. Microbiol Rev, 60 (2): 407-438.

Wu D, Zhang NF, Sun C, et al. 2016. *Haloimpatiens lingqiaonensis* gen. nov., sp. nov., an anaerobic bacterium isolated from paper-millwastewater. Int J Syst Evol Microbiol, 66: 628-632.

Wu XY, Shi KL, Xu XW, et al. 2010. *Alkaliphilus halophilus* sp. nov., a strictly anaerobicand halophilic bacterium isolated from a saline lake, and emended description of the genus *Alkaliphilus*. Int J Syst Evol Microbiol, 60: 2898-2902.

Zhang WW, Fang MX, Tan HQ, et al. 2012. *Pectinatus brassica* sp. nov., a Gram-negative anaerobic bacterium isolated from salty wastewater. Int J Syst Evol Microbiol, 62: 2145-2149.

Zhang WY, Fang MX, Zhang WW, et al. 2013. *Extendomonas vulgaris* gen. nov., sp. nov., a novel member of the family Comamonadaceae. Int J Syst Evol Microbiol, 63: 2062-2068.

Zhang WY, Hu J, Zhang XQ, et al. 2015. *Aquibacillus salifodinae* sp. nov., a novel bacterium isolated from a salt mine in Xinjiang Province, China. Antonie van Leeuwenhoek, 107: 367-374.

Zhang XQ, Zhang ZL, Wu N, et al. 2013. *Anoxybacillus vitaminiphilus* sp. nov., a strictly aerobic and moderately thermophilic bacterium from the a hot spring. Int J Syst Evol Microbiol, 63: 4064-4071.

Zhang YZ, Fang MX, Zhang WW, et al. 2013. *Salimesophilobacter vulgaris* gen. nov., sp. nov., an anaerobic bacterium isolated from paper-mill wastewater. Int J Syst Evol Microbiol, 63: 1317-1322.

附录　中英文名词和缩写

缩写	英文	中文
AAI	average amino acid identity	多位点基因序列分析
Amp	ampicillin	氨苄青霉素
AGL	aminoglycolipid	氨基糖脂
AL	Approved List of Bacterial Names	细菌名称批准名录
ANI	average nucleotide identity	平均核苷酸同源性
APL	aminophospholipid	氨基磷脂
APGL	amino phosphoglycolipids	氨基磷酸糖脂
APS	ammonium persulfate	过硫酸铵
bp	base pare	碱基对
BPB	bromophenol blue	溴酚蓝
cccDNA	covalently closed circular DNA	共价闭环 DNA
CIAP	calf intestinal alkaline phosphatase	小牛小肠碱性磷酸酶
CMC	carboxymethyl cellulose	羧甲基纤维素
COG	clusters of orthologous group	蛋白直系同源簇
CTAB	cetyltrimethyl ammonium bromide	十六烷基三甲基溴化铵
DAB	diaminobutyric acid	二氨基丁酸
DAP	diaminopimelic acid	二氨基庚二酸
ddNTP	2′,3′-dideoxynucleoside 5′-triphosphate	双脱氧核苷三磷酸
DMA	dimethyl acetal	二甲基乙缩醛
DMK	deimethylmenaquinone	脱甲基甲基萘醌
DGD	diglycosyl diether	二糖基二醚
DGGE	denaturing gradient gel electrophoresis	变性梯度凝胶电泳
DPG	Diphosphatidyl glycerol	双磷脂酰甘油（心磷脂）
dNTP	2′-deoxynucleoside 5′-triphosphate	脱氧核苷三磷酸
EB	ethidium bromide	溴化乙锭
EDTA	ethylenediaminettraacetic acid	乙二胺四乙酸
FAME	fatty acid methyl ester	脂肪酸甲酯
G	*N*-acetyl-D-glucosamine	*N*-乙酰葡糖胺
GalNAc	*N*-acetylgalactosamine	*N*-乙酰半乳糖胺
GC	gas chromatography	气相色谱
GL	glycolipid	糖脂

缩写	英文	中文
GluNus	phospholinids of unknown structure containing glucosamine	含葡糖胺未知结构的磷酸类脂
GO	gene ontology	基因本体论
GOS	GenBank on-line service	GenBank 在线服务
HPLC	high performance liquid chromatography	高效液相色谱
IDA	International Depository Authority	国际保藏机构
ICNB	*International Code of Nomenclature of Bacteria*	细菌命名国际法规
ICSB	International Committee on Systematic Bacteriology	国际系统细菌学委员会
IJSB	*International Journal of Systematic Bacteriology*	国际系统细菌学
IJSEM	*International Journal of Systematic and Evolutionary Microbiology*	国际系统和进化微生物学
IPTG	isopropyl-β-D-thiogalactoside	异丙基硫代半乳糖苷
kb	kilobase pair	千碱基对
KEGG	Kyoto Encyclopedia of Genes and Genomes	京都基因与基因组百科全书
LB	Luria-Broth	LB 培养基
LPSN	list of prokaryotic names with standing in nomenclature	命名的原核生物名称列表
M	*N*-acetylmuramic acid	*N*-乙酰胞壁酸
MBC	minimal bactericidal concentration	最低杀菌浓度法
MCS	multiple cloning site	多克隆位点
MIC	minimal inhibitory concentration	最低抑制浓度
MK	menaquinone	甲基萘醌
min	minute	分钟
ML	maximum-likelihood	最大似然法
MLSA	multilocus sequence analysis	多基因序列分析
MP	maximum-parsimony	最大简约法
MPa	mega Pascal	兆帕斯卡
MS	mass spectrometry	质谱分析
NCBI	National Center for Biotechnology Information	美国国立生物技术信息中心
NIH	National Institute of Health	美国国立卫生研究院
NJ	neighbor-joining	邻接法
ocDNA	open circular DNA	开环 DNA
OD	optical density	光密度
ORF	open reading frame	可读框
ori	origin of replication	复制起点
OTU	operator taxonomy unit	操作分类单元
PA	phosphatidic acid	磷脂酸
PBS	phosphate buffer saline	磷酸缓冲液
PC	phosphatidylcholine	磷脂酰胆碱

缩写	英文	中文
PCR	polymerase chain reaction	聚合酶链反应
PDE	phosphatidyldimethyl ethanolamine	磷脂酰二甲基乙醇胺
PE	phosphatidylethanolamine	磷脂酰乙醇胺
PG	phosphatidylglycerol	磷脂酰甘油
PGL	phosphoglycolipid	磷酸糖脂
PGP	phosphatidylglycerol phosphate	磷脂酰甘油磷酸盐
PGS	phosphatidylglycerol sulfate	磷脂酰甘油硫酸盐
PGP-Me	phosphatidylglycerol phosphate methyl ester	磷脂酰甘油磷酸甲酯
PHB	poly-β-hydroxybutyric acid	β-羟基丁酸颗粒
PI	phosphatidylinositol	磷脂酰肌醇
PIM	phosphatidylinositol mannoside	磷脂酰肌醇
PL	phospholipid	磷脂
PME	phosphatidyl methyl ethanolamine	磷脂酰甲基乙醇胺
PS	phosphatidylserine	磷脂酰丝氨酸
PYG	peptone yeast extract-glucose	蛋白胨酵母膏葡萄糖培养基
RNase	ribonuclease	核糖核酸酶
PQ	plastoquinone	质体醌
RAST	rapid annotation using subsystem technology	利用子系统技术快速标注
RDP	ribosomal database project	国际核糖体数据库
S-DGD-1	sulfated diglycosyl diether	硫酸化二糖基二醚
S2-DGD-1	bis-sulfated diglycosyl diether	二硫酸化二糖基二醚
SDS	sodium dodecyl sulphate	十二烷基硫酸钠
SEM	scanning electron microscope	扫描电子显微镜
SGL	glycosphingolipid	鞘糖脂
SL	sphingolipid	鞘脂
SSC	sodium citrate-sodium chloride	氯化钠/柠檬酸钠缓冲液
SOD	superoxide dismutase	超氧化物歧化酶
S-TGD-1	sulfated triglycosyl diether	硫酸化三糖基二醚
STM	scanning tunneling microscope	扫描隧道显微镜
T	*N*-acetyltalosaminuronic acid	*N*-乙酰塔罗糖胺糖醛酸
TAE	Tris，acetate，EDTA buffer	乙酸盐缓冲液
TBE	Tris，borate，EDTA buffer	硼酸盐缓冲液
TE	Tris，EDTA（buffer）	Tris/EDTA（缓冲液）
TEM	transmission electron microscopy	透射电子显微镜
TEMED	tetramethylenediamine	四甲基乙二胺
TGD-1	triglycosyl diether	三糖基二醚
TGGE	temperature gradient gel electrophoresis	温度梯度凝胶电泳

缩写	英文	中文
TMAO	trimethylamine oxide	氧化三甲胺
TLC	thin layer chromatography	薄层层析
Tris	tris（hydroxymethyl）aminomethane	三羟甲基氨基甲烷
T_m	melting temperature	解链温度
TSB	trypticase soy broth	胰酶大豆汤
UQ	ubiquinone	泛醌
UV	ultraviolet	紫外线
UPGMA	unweighted pair-group method using arithmetic average	利用算术加权平均数法
VBNC	viable but not culturable	可生存但不可培养[微生物]
WFCC	World Federation for Culture Collections	世界培养物保藏联盟
XC	xylene cyanol	二甲苯青
X-gal	5-bromo-4-chloro-3-indolyl-β-D-galactoside	5-溴-4-氯-3-吲哚-β-D-半乳糖苷